普通高等教育
机械类课程规划教材

# 机床数控技术

## JICHUANG SHUKONG JISHU

### （第二版）

主　编　魏斯亮　张克义

副主编　王　珊　凌江华

主　审　林厚波

大连理工大学出版社

**图书在版编目(CIP)数据**

机床数控技术 / 魏斯亮,张克义主编. —2版. — 大连:
大连理工大学出版社,2012.6
普通高等教育机械类课程规划教材
ISBN 978-7-5611-3186-2

Ⅰ.机…　Ⅱ.①魏…　②张…　Ⅲ.数控机床—高等
学校—教材　Ⅳ.TG659

中国版本图书馆 CIP 数据核字(2006)第 051762 号

大连理工大学出版社出版
地址:大连市软件园路 80 号　邮政编码:116023
发行:0411-84708842　邮购:0411-84703636　传真:0411-84701466
E-mail:dutp@dutp.cn　　　　URL:http://www.dutp.cn
大连美跃彩色印刷有限公司印刷　大连理工大学出版社发行

幅面尺寸:185mm×260mm　　印张:17.25　　字数:420 千字
印数:12001~14500
2006 年 8 月第 1 版　　　　2012 年 6 月第 2 版
2012 年 6 月第 8 次印刷

责任编辑:孔泳滔　　　　　　　　责任校对:王　喆
封面设计:张　莹

ISBN 978-7-5611-3186-2　　　　　　定　价:36.00 元

# 第二版前言

《机床数控技术》自 2006 年 8 月出版以来,已经连续使用 6 年。随着数控技术特别是 CAD/CAM 技术的迅速发展,第一版中有些知识已显陈旧和落伍,需要进行修改和补充。

本版教材在第一版的基础上对常用 G 代码进行了补充,对计算机数控系统、位置检测装置、自动编程方法等章节进行了重点修改,强化了数控工艺知识和数控刀具系统知识,增加了全新编写的第 7 章"数控刀具系统"。

考虑到 MasterCAM 等自动编程软件均单独设课并配有专门培训教材,本版教材对第一版的第 7 章"自动编程"内容进行了合理概括与浓缩,摒弃了对 MasterCAM 自动编程软件具体操作指令的烦琐介绍,将自动编程的基本原理及思路、APT 语言源程序的组成及后置处理方法、图形交互式自动编程(CAD/CAM 自动编程)常用软件简介、自动编程技术的发展动向等内容改写后编入第 2 章(第 2.9节),另将增补的数控刀具系统等内容新编写为第 7 章,从而在不增加篇幅的前提下,显著扩大了教材涵盖的知识点和信息量。

本版教材还突出了实践性教学及 CAD/CAM 技术的"应用性"特点,特别是增强了课后习题的实用性,使本教材更能适应当前教学的需要。

《机床数控技术》(第二版)由华东交通大学教授(华东交通大学理工学院特聘教授)魏斯亮、东华理工大学教授张克义任主编,由焦作大学王珊、华东交通大学凌江华任副主编,由北京航空航天大学教授林厚波任主审,华东交通大学唐晓红与华东交通大学理工学院黎旭初、方军、龚燕萍和熊翔辉等参与了教材修订工作,具体分工如下:魏斯亮(第 1、第 7 章和第 2.9 节);凌江华(第 5 章);唐晓红(第 6 章);黎旭初(第 2 章);方军、龚燕萍(第 3 章);熊翔辉(第 8 章);王

新世纪

珊(第 4 章)。全书由魏斯亮负责统稿,张克义参与教材的审定工作。

在修订本教材的过程中,编者参考并引用了若干同类教材的文字或图片,谨向这些教材的编者致以衷心的感谢。限于笔者的水平,本教材中难免存在疏漏和不妥之处,敬请广大读者批评指正。

所有意见和建议请发往:dutpbk@163.com

欢迎访问我们的网站:http://www.Dutpbook.com

联系电话:0411-84706676  84707492

编　者
2012 年 6 月

# 第一版前言

制造业是国民经济的支柱产业,现代制造技术的水平和规模,是一个国家综合国力的重要体现。作为现代制造技术的核心和基础,数控技术综合了计算机、微电子、信息处理、网络通信、自动控制、自动检测和精密机械等高新技术的最新成就,使传统的机械制造技术发生了深刻的革命性变化并带来了巨大的经济效益,引起了世界各国科技界和工业界的高度重视。数控机床的技术水准、拥有量和普及程度,已经成为衡量一个国家综合国力和工业现代化水平的重要标志。

近年来,我国已经成为世界上最重要的经济地区之一,尤其是现代制造业的发展极为迅速,国内各大企业均大量引进了世界先进的数控机床设备。这一快速增长的经济形势向高等院校发出了新的呼唤:迫切需要培养大批既懂得数控工作原理、又熟悉数控机床编程操作及维修维护基本知识的工程技术人才。在这一大好形势下,相关的教材建设工作就显得尤为重要。

为了满足培养数控技术人才的教学需求,我们编写了《机床数控技术》一书。本书作者大都是工作在高等院校教学第一线的“双师型”教师,在教材内容取舍方面力求紧跟数控机床发展的步伐,突出实用性和先进性,以介绍实用技术为主,减少繁冗的数学推导内容;在编写方式上力求思路清晰、体系完整,强调通俗易懂、具有实际指导意义。全书共分8章,主要内容有:数控技术概论、数控加工编程、计算机数字控制装置、伺服系统和常用驱动元件、数控机床的机械结构、位置检测装置、自动编程技术、数控机床维修基础知识等。

本书由魏斯亮、张克义任主编,郭纪林、张兰任副主编。华东交通大学魏斯亮编写第2、5、8章,唐晓红编写第4章;东华理工学院张克义编写第1、7章,张兰编写第6章;南昌

新世纪

大学郭纪林编写第 3 章;南昌理工学院朱峰、郭庆祝参编第 2.5～2.7 节,杨连珍参与第 1、3、6、7 章的文字录入工作。全书由魏斯亮、张克义负责统稿。

本书由北京航空航天大学林厚波教授主审。

最后,恳请使用本教材的广大读者在使用过程中对书中的错误和不足予以关注,并将意见及时反馈给我们,以便修订时改进。

所有意见和建议请发往:dutpbk@163.com

欢迎访问我们的网站:http://www.dutpbook.com

联系电话:0411-84706676 84707604

编 者

2006 年 8 月

# 目　　录

# 第1章

## 数控技术概论

制造业是所有与制造有关的工业机构的总体,是一个国家国民经济的支柱产业。它一方面为全社会生产日用消费品,另一方面也为国民经济各部门提供生产资料和装备。据估计,工业化国家 $70\%\sim80\%$ 的物质财富来自制造业,约有 1/4 的人口从事各种形式的制造活动。可见,制造业对一个国家的经济地位和政治地位具有至关重要的影响,在 21 世纪的工业生产中具有决定性的地位与作用。

随着现代科学技术日新月异的发展,机电产品日趋精密和复杂,且更新换代加快,改型频繁,用户的需求也日趋多样化和个性化,中小批量的零件生产越来越多。这对制造业的高精度、高效率和高柔性提出了更高的要求,希望它能提供满足不同用户加工需求的、迅速高效且成本低廉的生产制造系统,并能大幅度地降低维护和使用的成本。同时,还要求新一代制造系统具有方便的网络功能,以适应未来车间面向任务和订单的生产组织和管理模式。

随着社会经济发展对制造业的要求不断提高,以及科学技术特别是计算机技术的高速发展,传统的制造业已发生了根本性的变革,以数控技术为主的现代制造技术占据了重要地位。数控技术集微电子、计算机、信息处理、自动检测、自动控制等高新技术于一体,是制造业实现柔性化、自动化、集成化、智能化的重要基础。这个基础是否牢固,直接影响到一个国家的经济发展和综合国力,也关系到一个国家的战略地位。因此,世界各工业发达国家均采取重大措施来发展自己的数控技术及其产业。在我国,数控技术与装备的发展亦得到了高度重视,近年来取得了相当大的进步,特别是在通用微机数控领域,基于 PC 平台的国产数控系统,已经走在了世界前列。

## 1.1 数控机床的产生和特点

### 1.1.1 数控机床的产生与发展过程

20 世纪 40 年代后期,随着航空航天技术的飞速发展,对于各种飞行器的加工提出了更高的要求,这些零件大多形状非常复杂,材料多为难加工的合金。用传统的机床和工艺方法进行加工,既不能保证精度,也很难提高生产率。为了解决具有复杂形状表面的零件加工问题,1952 年,美国帕森斯公司和麻省理工学院研制成功了世界上第一台数控机床。

半个多世纪以来,数控技术得到了飞速发展,其加工精度和生产率不断提高。数控机床的发展至今已经历了两个阶段六个时代:

**1. 硬件连接数控(NC)阶段(1952 年～1970 年)**

早期的计算机运算速度低,不能适应数控机床实时控制的要求,人们只好用数字逻辑电路"搭"成一台机床专用计算机作为数控系统,这就是硬件连接数控,简称数控(NC)。随着电子元器件的发展,这个阶段经历了三代:

1952 年起的第一代——电子管数控机床;

1960 年起的第二代——晶体管数控机床;

1965 年起的第三代——小规模集成电路数控机床。

**2. 计算机数控(CNC)阶段(1970 年～现在)**

1970 年,通用小型计算机出现并投入批量生产,人们将它移植过来作为数控系统的核心部件,从此进入了计算机数控(CNC)阶段。这个阶段也经历了三代:

1970 年起的第四代——小型计算机数控机床;

1974 年起的第五代——微型计算机数控机床;

1990 年起的第六代——基于现代个人计算机(PC)平台的数控机床。

随着微电子技术和计算机技术的不断发展,数控技术也随之不断更新,先后出现了计算机直接数控系统(DNC)、柔性制造系统(FMS)和计算机集成制造系统(CIMS)等先进制造系统,发展速度非常迅速,计算机数控在制造领域的加工优势逐渐被突出体现出来。

## 1.1.2 我国数控机床的现状与特点

**1. 我国数控机床的现状**

近年来,数控机床在我国企业中的使用率逐年上升,不仅在大型企业已经普遍使用,在中小企业甚至个体企业中也开始普遍使用。但是这些数控机床的应用水平还不高,除少量以 FMS 模式集成使用外,大多仍处于单机运行模式,还有相当部分处于使用效率不高、管理方式相对落后的状态。

我国是一个机床工业大国,机床工业总产值 2004 年进入世界前 5 名。我国的数控机床产量在 2005 年达到约 6 万台,但产值数控化率不高。2011 年我国的机床工具生产、进口及出口总体仍保持了较高速增长,其中金属加工机床产量突破 100 万台,数控机床产量超过 25 万台,创下历史新高。在保持较快增长速度的同时,我国数控机床的产业结构调整已经有序展开并明显提速,其突出表现之一就是大力依靠自主创新,使得技术产品向高端升级的步伐明显加快。

我国也是一个机床出口大国,但由于历史的原因,我国出口的数控机床品种目前仍然是以中低档为主,近年来出口额增幅较大的数控机床有数控车床、数控磨床、数控特种加工机床、数控剪板机、数控成形折弯机、数控压铸机等。

**2. 我国数控机床的特点**

(1)在新产品开发方面有较大突破,技术含量高的产品占据主导地位

我国已经出现了一大批代表数控技术最高水平的机床产品,例如高速精密加工中心、五轴联动加工中心及镗铣床、五轴高速龙门加工中心及铣镗床、九轴五联动车铣复合加工中心、干式切削数控滚齿机、六轴五联动弧齿锥齿轮磨床、慢走丝线切割数控机床、数控板材冲压生产线、冲剪复合柔性生产线等。

(2)数控机床的产量大幅度增长,数控化率显著提高

2007年我国金属切削机床的产量已超过12万台,金属切削机床的产值数控化率为43.7%,数控化率显著提高。

(3)用户对数控机床高端产品的需求较为强烈

"十二五"期间,随着振兴装备制造业领域中关键高水平新产品的发展,国民经济各领域都对数控机床提出了更高的要求。如发展大型火力发电和核电机组、制造大型化工设备、开发大型海洋运输船舶、研制大型薄板冷热连轧成套设备、发展高速列车、发展新型地铁和轨道交通车辆等,都需要大批高速、精密、高效和专用数控机床来承担加工制造。新一代武器、舰艇、飞机、卫星、导弹的发展,也同样对数控机床的高端产品提出了更高的要求。

(4)发展数控机床的关键配套产品有突破

近年来通过政府的支持,数控机床"套餐"开始摆上"餐桌"。例如:北京航天机床数控系统集团公司建立了具有自主知识产权的新一代开放式数控系统平台;烟台第二机床附件厂开发了为数控机床配套的多种动力卡盘和过滤排屑装置;湖南普来得机械技术有限公司基于中外合作技术生产了适用于数控机床(特别是数控磨床)主轴的HOB系列流体悬浮支承(液体动静压混合轴承主轴系统)等30多个系列100多个品种的数控产品"套餐",引起了人们广泛的关注。

# 1.2 数控机床的组成

## 1.2.1 数控机床的基本概念

1. 数控(Numerical Control,NC)

数控是指采用数字化信息对机床的运动及其加工过程进行控制的方法。

2. 数控机床(Numerically Controlled Machine Tools)

数控机床是指装备了计算机数控系统的机床,简称CNC机床。

3. 数控技术(Numerical Control Technology)

数控技术是指用数字化的信息对某一对象进行控制的技术,控制对象可以是位移、角度、速度等机械量,也可以是温度、压力、流量、颜色等物理量,这些量的量值不仅可以测量,而且可以经A/D或D/A转换,用数字信号来表达或控制。数控技术是近代发展起来的一种自动控制技术,是机械加工现代化的重要基础与关键技术。

4. 数控加工(Numerical Control Manufacturing)

数控加工是指采用数字信息对零件加工过程进行定义,并控制机床进行自动运行的一种自动化加工方法。数控加工技术是20世纪40年代后期为适应加工复杂外形零件而发展起来的一种自动化技术。1948年,美国帕森斯(Parsons)公司为了精确地制作直升机机翼、桨叶和飞机框架,提出了用数字信息来控制机床自动加工外形复杂零件的设想,他们利用电子计算机对机翼加工路径进行数据处理,并考虑到刀具直径对加工路径的影响,使得加工精度达到±0.001 5 in(0.038 1 mm),这种精度水平在当时是相当高的。1949年美国空军为了能在短时间内制造出需要经常变更设计的火箭零件,与帕森斯公司和麻省理工学院(MIT)伺服机构研究所合作,于1952年研制成功了世界上第一台数控机床——三坐标立式

数控铣床,它可控制铣刀进行连续空间曲面的加工,揭开了数控加工技术发展的序幕。

　　数控加工是一种具有高效率、高精度与高柔性特点的自动化加工方法,可有效解决复杂、精密、小批量多变零件的加工问题,充分适应现代化生产的需要,数控加工必须由计算机控制机床来实现。

## 1.2.2 数控机床加工零件的过程

　　利用数控机床完成零件加工的过程如图 1-1 所示,主要包括以下内容:

图 1-1　数控机床加工零件的过程

　　(1)根据零件加工图纸进行工艺分析,确定加工方案、工艺参数和刀具位移数据。

　　(2)用规定的数控程序代码和格式编写零件加工程序,或用自动编程软件直接生成零件的数控加工程序文件。

　　(3)程序的输入或传输。由手工编写的程序,可以通过数控机床的操作面板输入;由编程软件生成的程序,可以通过计算机的串行通信接口直接传输到数控机床的数控单元(MCU)。

　　(4)按输入或传输到数控单元的加工程序,在计算机上进行刀具路径模拟、试运行。

　　(5)通过对机床的正确操作,运行数控加工程序,完成零件的自动加工。

## 1.2.3 数控机床的组成

　　数控机床由输入/输出设备、计算机数控装置(CNC 装置)、伺服系统和机床本体等部分组成,其组成框图如图 1-2 所示,其中输入/输出设备、CNC 装置、伺服系统合起来就是计算机数控系统。

图 1-2　数控机床的组成框图

1. 输入/输出设备

　　在数控机床上加工零件时,首先根据零件图纸上的零件形状、尺寸和技术条件,确定加工工艺,然后编制出加工程序,程序通过输入装置输送给机床数控系统,机床内存中的零件加工程序可以通过输出装置传出。输入/输出装置是机床与外部设备的接口,常用输入装置有光电纸带阅读机、软盘驱动器、RS-232C 串行通信口、MDI 方式、USB 接口等。

### 2. CNC 装置

CNC 装置是数控机床的核心部分,它接收输入装置送来的数字信息,经过控制软件和逻辑电路进行译码、运算和逻辑处理后,将各种指令信息输出给伺服系统,使设备按规定的动作运行。现在的 CNC 装置通常由一台通用或专用微型计算机构成。

### 3. 伺服系统

伺服系统是数控机床的执行部分,其作用是把来自 CNC 装置的脉冲信号转换成机床的运动,使机床移动部件精确定位或按预定的数学规律严格按轨迹运动,最后加工出符合图纸要求的零件。每一个脉冲信号使机床移动部件产生的位移量叫做脉冲当量(也叫最小设定单位),常用的脉冲当量为 0.01 mm 或 0.001 mm。每个进给运动的执行部件都有相应的伺服系统,伺服系统的精度及动态响应特性决定了数控机床加工零件的表面质量和生产率。

伺服系统一般包括驱动元件和执行机构两大部分,常用驱动元件有步进电机、直流伺服电机、交流伺服电机等。执行机构包括机械、电子、液压等部件,它是数控装置与数控机床移动部件间的联系环节。

### 4. 机床本体

机床本体是数控机床的机械结构实体,主要包括主运动部件、进给运动部件(如工作台、刀架等)、支承部件(如床身、立柱等),还有冷却、润滑、转位部件(如夹紧、换刀机械手等辅助装置)。为了满足数控加工的要求并充分发挥其特点,数控机床的整体布局、外观造型、传动机构、工具系统及操作机构等方面与普通机床相比,都发生了很大的变化。归纳起来,包括以下方面:

(1)采用高性能主传动及主轴部件。具有传递功率大、刚度高、抗振性好及热变形小等优点。

(2)进给传动采用高效传动件。具有传动链短、结构简单、传动精度高等优点,一般采用滚珠丝杠螺母副、直线滚动导轨副等。

(3)具有完善的刀具自动交换和管理系统。

(4)在加工中心上一般具有工件自动交换、工件自动夹紧和放松机构。

(5)机床本身具有很高的动、静刚度。

(6)采用全封闭罩壳。由于数控机床是自动完成加工的,所以为了操作安全,一般采用移动门结构的全封闭罩壳,对机床的加工部件进行全封闭。对于半闭环、闭环数控机床,还带有检测反馈装置,其作用是对机床的实际运动速度、方向、位移量以及加工状态进行检测,把检测结果转化为电信号反馈给 CNC 装置。

检测反馈装置主要有感应同步器、光栅、编码器、磁栅、激光干涉测距仪等。

## 1.3　数控机床的分类

数控机床是在普通机床的基础上发展起来的,各种类型的数控机床基本上起源于同一类型的普通机床。根据数控机床的用途、功能、结构等可以按五种方法进行分类,具体内容见表 1-1。

| 分类方法 | 数控机床的类型 | | |
|---|---|---|---|
| 按工艺用途 | 金属切削类 | 金属成形类 | 特种加工类 |
| 按机床运动的控制方式 | 点位控制 | 直线控制 | 轮廓控制 |
| 按伺服控制的方式 | 开环控制 | 半闭环控制 | 闭环控制 |
| 按数控系统功能水平 | 低档型(经济型) | 中档型 | 高档型 |
| 按联动轴数 | 两轴 | 三轴 | 多轴 |

表 1-1　　　　　　　　　　　　数控机床的分类

## 1.3.1 按工艺用途分类

1.金属切削类数控机床

金属切削类数控机床是指采用车、铣、镗、铰、钻、磨、刨等各种切削工艺的数控机床。包括数控车床、数控钻床、数控铣床、数控磨床、数控镗床以及加工中心。金属切削类数控机床发展最早,目前种类繁多,功能差异也较大。这里需要特别强调的是加工中心,也称为可自动换刀的数控机床。这类数控机床都带有一个刀库和自动换刀系统,刀库可容纳 8～240 把刀具。图 1-3、图 1-4 分别是立式加工中心和卧式加工中心的外观图。立式加工中心最适于加工高度方向尺寸相对较小的工件,一般在一次装夹不变的情况下,除底面不能加工外,其余五个面都可以用不同的刀具进行轮廓和表面加工。卧式加工中心适于在一次装夹不变的情况下加工有多个加工面的大型零件或高度尺寸较大的零件。

图 1-3　立式加工中心

图 1-4　卧式加工中心

2.金属成形类数控机床

金属成形类数控机床是指采用挤、冲、压、拉等成形工艺的数控机床。包括数控折弯机、数控组合冲床、数控弯管机、数控压力机等。这类机床起步较晚,但目前发展很快。

3.特种加工类数控机床

特种加工类数控机床有数控线切割机床、数控电火花加工机床、数控火焰切割机床、数控水射流切割机床、数控激光切割机床等。

4.其他类型的数控机床

其他类型的数控机床有数控三坐标测量机、数控对刀仪、数控绘图仪等。

## 1.3.2　按机床运动的控制方式分类

1.点位控制数控机床

点位控制数控机床只控制机床的移动部件从某一位置快速移动到另一位置实现准确定位,但对于运动轨迹不作严格要求,在移动过程中刀具不进行切削加工,如图1-5所示。为了实现既快又准的定位,常采用先快速移动、然后慢速趋近定位点的方法来保证定位精度。具有点位控制功能的数控机床有数控钻床、数控冲床、数控镗床、数控点焊机等。

2.直线控制数控机床

直线控制数控机床除了控制点与点之间的准确定位外,还控制两点之间的移动轨迹为一条与机床坐标轴平行的直线,而且对移动的速度也要进行控制,因为这类数控机床在两点之间移动时需要进行切削加工,如图1-6所示。具有直线控制功能的数控机床有比较简单的数控车床、数控铣床、数控磨床等。单纯用于直线控制的数控机床并不多见。

图1-5　点位控制数控机床加工示意图

图1-6　直线控制数控机床加工示意图

3.轮廓控制数控机床

轮廓控制又称连续轨迹控制,这类数控机床能够对两个或两个以上的运动坐标的位移及速度进行连续相关的控制,因而可以进行曲线或曲面的加工,如图1-7所示。具有轮廓控制功能的数控机床有数控车床、数控铣床、加工中心等。

图1-7　轮廓控制数控机床加工示意图

## 1.3.3　按伺服控制的方式分类

1.开环控制数控机床

如图1-8所示为开环控制数控机床的系统框图。

图1-8　开环控制数控机床的系统框图

　　这类数控机床的控制系统没有位置检测元件,伺服驱动部件通常为反应式步进电动机或混合式伺服步进电动机。数控系统每发出一个进给指令脉冲,经驱动电路功率放大后,驱动步进电动机旋转一个角度,再经过齿轮减速装置带动丝杠旋转,通过丝杠螺母机构转换为移动部件的直线位移。移动部件的移动速度与位移量是由输入脉冲的频率与脉冲数所决定的。此类数控机床的信息流是单向的,即进给脉冲发出之后,实际移动值不再反馈回来,所以称为开环控制数控机床。

　　开环控制数控机床结构简单,成本较低。但是,其控制系统对移动部件的实际位移量不进行检测,也不能进行误差校正。因此,步进电动机的失步、步距角误差、齿轮与丝杠等传动误差都将影响被加工零件的精度。开环控制系统仅适用于加工精度要求不很高的中小型数控机床,特别是简易经济型数控机床。

　　2. 闭环控制数控机床

　　闭环控制数控机床是在机床移动部件上安装直线位移检测装置,直接对工作台的实际位移量进行检测,将测量的实际位移值反馈到数控装置中,与输入的指令位移值进行比较,用差值对机床进行控制,使移动部件按照实际需要的位移量运动,最终实现移动部件的精确运动和定位。从理论上讲,闭环系统的运动精度主要取决于检测装置的检测精度,与传动链的误差无关,因此其控制精度高。图 1-9 为闭环控制数控机床的系统框图。图中 A 为速度测量元件、C 为直线位移量测量元件。当位移量指令值发送到位置比较电路时,若工作台没有移动,则没有反馈量,指令值使得伺服电动机转动,通过 A 将速度反馈信号送到速度控制电路,通过 C 将工作台实际位移量反馈回去,在位置比较电路中与位移量指令值相比较,用比较后得到的差值进行位置控制,直至差值为零时为止。这类数控机床,由于把机床工作台纳入了控制环节,故称为闭环控制数控机床。

　　闭环控制数控机床的定位精度高,但调试和维修都较困难,系统复杂,成本高。

图 1-9　闭环控制数控机床的系统框图

　　3. 半闭环控制数控机床

　　半闭环控制数控机床是在伺服电动机轴或数控机床的传动丝杠上安装角位移量检测装置(如光电编码器等),通过检测丝杠的转角间接地检测移动部件的实际位移量,然后反馈到数控装置中去,并对误差进行修正。图 1-10 为半闭环控制数控机床的系统框图。图中 A 为速度测量元件、B 为角位移量测量元件。通过 A 和 B 可间接检测出伺服电动机的转速,从而推算出工作台的实际位移量,将此值与指令值进行比较,用差值来实现控制。由于工作台没有被包括在控制回路中,因而称为半闭环控制数控机床。

　　半闭环控制数控系统的调试比较方便,并且具有很好的稳定性。目前大多将角位移量

图 1-10 半闭环控制数控机床的系统框图

检测装置和伺服电动机设计成一体,这样,可使结构更加紧凑。

4.混合控制数控机床

将以上三类数控机床的特点结合起来,就形成了混合控制数控机床。混合控制数控机床特别适用于大型或重型数控机床,因为大型或重型数控机床需要较高的进给速度与相当高的工作精度,其传动链惯量与力矩大,如果只采用全闭环控制,机床传动链和工作台全部置于控制闭环中,调试比较复杂。混合控制系统又分为两种控制方式:

(1)开环补偿型

如图 1-11 所示为开环补偿型控制方式。它的基本控制部分选用步进电动机的开环伺服机构,另外附加一个校正电路。用从安装在工作台上的直线位移量测量元件得到的反馈信号校正机械系统的误差。

图 1-11 开环补偿型控制方式

(2)半闭环补偿型

如图 1-12 所示为半闭环补偿型控制方式。它是用半闭环控制方式取得高精度控制,再用安装在工作台上的直线位移量测量元件实现全闭环修正,以获得高速度与高精度的统一。其中 A 是速度测量元件(如测速发电机),B 是角位移量测量元件,C 是直线位移量测量元件。

图 1-12 半闭环补偿型控制方式

## 1.3.4  按数控系统功能水平分类

按数控系统功能水平的不同,数控机床可分为低、中、高三档。这种分类方式,在我国被广泛使用。低、中、高档的界线是相对的,不同时期的划分标准有所不同。就目前的发展水平来看,数控系统可以根据表 1-2 的功能和指标进行区分。其中,中、高档一般称为全功能型数控或标准型数控。在我国还有经济型数控的提法,经济型数控属于低档数控,是由单片机和步进电动机组成的数控系统,或其他功能简单、价格较低的数控系统。经济型数控主要用于车床、线切割机床以及由用户自行改造的旧机床等。

表 1-2          不同档次数控系统的功能及指标

| 功能 | 低 档 | 中 档 | 高 档 |
|---|---|---|---|
| 系统分辨率/$\mu$m | 10 | 1 | 0.1 |
| G00 速度/(m·min$^{-1}$) | 3～8 | 10～24 | 24～100 |
| 伺服类型 | 开环及步进电动机 | 半闭环及交、直流伺服电动机 | 闭环及交、直流伺服电动机 |
| 联动轴数 | 二～三 | 二～四 | ≥五 |
| 通信功能 | 无或 RS-232 | RS-232 或 DNC | RS-232、DNC、MAP |
| 显示功能 | 数码管 | CRT:图形、人机对话 | CRT:三维图形、自诊断 |
| 内装 PLC | 无 | 有 | 功能强大的内装 PLC |
| 主 CPU | 8 位、16 位 | 16 位、32 位 | 32 位、64 位 |
| 结构 | 单片机或单板机 | 单微处理器或多微处理器 | 分布式多微处理器 |

## 1.3.5  按联动轴数分类

数控系统按所需要的函数关系同时控制多个坐标轴协调运动,称为多坐标联动。根据数控系统的联动坐标轴数可以分为以下类型:

1. 两轴联动

两轴联动是指数控机床能同时控制两个坐标轴运动进行加工,适用于数控车床车削旋转曲面,或数控铣床铣削平面轮廓。

2. 两轴半联动

两轴半联动是指在两轴联动的基础上增加了第三轴的步进移动,即:当机床坐标系的 $X$、$Y$ 轴固定不动时,$Z$ 轴才可以进行周期性步进进给。两轴半联动加工可以实现分层加工。如图 1-13(a)所示。

3. 三轴联动

三轴联动是指数控机床能同时控制三个坐标轴的运动,适用于较高精度曲面的加工。一般的型腔模具均可采用三轴联动加工完成。如图 1-13(b)所示。

4. 多轴联动

多轴联动是指数控机床能同时控制三个以上坐标轴的运动。多轴联动数控机床的结构复杂,精度要求高,程序编制困难,适用于加工形状复杂的异型曲面零件,如直纹扭曲面、叶轮叶片等零件。如图 1-14(a)、图 1-14(b)所示。

(a) 两轴半联动        (b) 三轴联动

图 1-13 两轴半联动与三轴联动

(a) 四轴联动        (b) 五轴联动

图 1-14 多轴联动

通常三轴联动机床可以实现两轴、两轴半、三轴联动加工;五轴联动机床也可以只用到三轴联动加工,而其他两轴不联动。

# 1.4 数控加工的特点及适用范围

## 1.4.1 数控机床加工的特点

数控机床加工与普通机床相比,具有以下特点:

### 1.可以加工具有复杂型面的工件

在数控机床上加工零件,零件的形状主要取决于加工程序。因此只要能编写出程序,无论工件多么复杂都能加工。例如采用五轴联动的数控机床,就能高精度地加工螺旋桨的复杂空间曲面。

### 2.加工精度高,质量稳定

数控机床的设计精度比普通机床高,一般数控机床的定位精度为$\pm 0.01$ mm,重复定位精度为$\pm 0.005$ mm,在加工过程中操作人员不参与操作,因此工件的加工精度全部由数控机床保证,消除了操作者的人为误差;又因为数控加工采用工序集中原则,减少了工件多次装夹对加工精度的不良影响,所以工件的精度高,尺寸一致性好,质量比较稳定。

### 3. 生产率高

数控机床可有效地减少零件的加工时间和辅助时间。数控机床主轴转速和进给量的可调节范围大,允许机床进行大切削量的强力切削,从而有效地节省了加工时间。数控机床移动部件在定位中均采用了加速和减速措施,并可选用很高的空行程运动速度,缩短了定位和非切削时间。对于复杂的零件可以采用计算机自动编程,而零件又往往安装在简单的定位夹紧装置中,从而加速了生产准备过程。尤其在使用加工中心时,工件只需一次装夹就能完成多个表面、多道工序的连续加工,减少了半成品的周转时间,生产率的提高更为明显。此外,数控机床能进行重复性操作,尺寸一致性好,降低了次品率,缩短了检验时间。

### 4. 改善劳动条件

使用数控机床加工零件时,操作者的主要任务是编制程序、输入程序、装卸零件、准备刀具、观测加工状态、检验零件等,劳动强度大幅度降低,机床操作者的劳动更趋于智力型工作。另外,数控机床一般是封闭式加工,既清洁,又安全。

### 5. 有利于生产管理的现代化

使用数控机床加工零件,可预先精确计算出零件的加工时间,可对所使用的刀具、夹具进行规范化、现代化管理。数控机床使用数字信号与标准代码作为控制信息,易于实现加工信息的标准化,目前已与计算机辅助设计与制造技术(CAD/CAM)有机地结合起来,是现代集成制造技术的基础。

## 1.4.2 不同机床的适用范围

从数控机床加工的特点可以看出,数控机床加工的主要对象有:

(1)多品种、小批量生产的零件或新产品试制中的零件。

(2)几何形状复杂的零件。

(3)精度及表面粗糙度要求高的零件。

(4)需要进行多工序加工的零件。

(5)用普通机床加工时,需要昂贵工装设备(工具、夹具和模具)的零件。

由此可见,数控机床和普通机床都有各自的适用范围,如图1-15所示,其中横轴表示零件复杂程度,纵轴表示零件批量数,可以看出数控机床的适用范围很广。又如图1-16所示为在各种机床上加工时的零件批量数和综合费用之间的关系。

图 1-15　各种机床的适用范围

图 1-16　各种机床的加工批量与综合费用的关系

### 1.4.3 数控加工的主要应用范围

数控加工是一种可编程的柔性加工方法,因其设备费用相对较高,故目前多应用于加工形状比较复杂、精度要求较高的零件,以及产品更换频繁、生产周期要求短的场合。具体地说,下面这些类型的零件最适于采用数控加工。

(1)形状复杂(如用数学方法定义的复杂曲线、曲面轮廓)、加工精度要求高的零件。

(2)公差带小、互换性高、要求精确的复杂零件。

(3)用普通机床加工时,要求设计制造复杂的专用工装夹具或需要很长调整时间的零件。

(4)价值高的零件。

(5)小批量生产的零件。

(6)需一次装夹加工多部位(如钻、镗、铰、攻螺纹及铣削加工联合进行)的零件。

可见,目前的数控加工主要应用于以下两个方面:

一方面的应用是常规零件的加工,如二维车削、箱体类镗铣等,其目的在于:提高加工效率,避免人为误差,保证产品质量;以柔性加工方式取代高成本的工装设备,缩短产品制造周期,适应市场需求。这类零件一般形状较简单,实现上述目的的关键在于提高机床的柔性自动化程度、高速高精度加工能力、加工过程的可靠性与设备的操作性能。同时,合理的生产组织、计划调度和工序安排也非常重要。

另一方面的应用是复杂形状零件的加工,如模具型腔、蜗轮、叶片等。这类零件型面复杂,用常规加工方法难以实现,它不仅促进了数控加工技术的产生与发展,而且也一直是数控加工技术主要研究及应用的对象。由于零件型面复杂,所以在加工技术方面,除要求数控机床具有较强的运动控制能力(如多轴联动)外,更重要的是如何有效地编制高效优质的数控加工程序,并从加工过程整体上提高生产效率。

## 1.5 数控机床的发展趋势

数控机床是综合应用了当代最新科技成果而发展起来的新型机械加工机床。数十年来,数控机床在品种、数量、加工范围与加工精度等方面都有了惊人的发展,大规模集成电路和微型计算机的发展和完善,使数控系统的价格逐年下降,而精度和可靠性却大大提高。

数控机床不仅数量迅速增长,而且在质量、性能和控制方式上也有明显改善。

### 1.5.1 数控机床结构的发展趋势

数控机床加工工件时,完全根据计算机发出的指令自动进行加工,不允许进行频繁测量和手动补偿,这就要求数控机床的结构具有较高的静刚度与动刚度,同时还要提高结构的热稳定性,提高机械进给系统的刚度并消除其中的间隙,消除爬行,以避免振动、热变形、反向间隙等影响被加工工件的精度。同时,数控机床正由一般数控机床向数控加工中心发展,可使多道工序集中在一台数控机床上完成,减少了数控机床的数量,压缩了半成品的库存量,减少了工序的辅助时间,提高了生产率和加工质量。

继数控加工中心之后,又出现了由数控机床、工业机器人(或工件交换机)和工件台架组成的加工单元,工件的装卸、加工实现全自动化控制。如图 1-17 所示。

图 1-17 加工单元示意图

　　为实现工件的自动装卸,以镗铣床为基础的数控加工中心可使用两个可交换工作台。当一个工作台正在加工工件时,另一个工作台可由工人装夹待加工的下一个工件;工件加工完毕,在计算机控制下自动地把待加工工件送去加工,并自动卸下加工好的工件,工件由自动输送车搬运,如图 1-18 所示。如果这种加工中心有较多的交换工作台,便可实现长时间无人看管加工。这种形式的数控机床称为柔性制造单元(FMC)。

图 1-18　柔性制造单元

## 1.5.2　计算机控制性能的发展趋势

　　目前,数控系统大多采用由多个微处理器(CPU)组成的微型计算机作为数控装置(CNC)的核心,因而使数控机床的功能增强。但随着人们对数控机床的精度和进给速度的要求进一步提高,要求计算机的运算速度就更高。现在计算机控制系统使用的 16 位、32 位 CPU 已不能满足这种要求,所以国外各大公司竞相开发 64 位微处理器的计算机数控系统。这种控制系统更像通用的计算机,可以使用硬盘作为外存储器并且允许使用高级语言编程,例如 C++语言和 PASCAL 语言。

　　计算机数控系统还可含有可编程控制器(PLC),可完全代替传统的继电器逻辑控制,取消了庞大的电气控制箱。

### 1.5.3 伺服系统的发展趋势

伺服系统是数控系统的重要组成部分,伺服系统的静态和动态性能直接影响数控机床的定位精度、加工精度和位移速度。当前伺服系统的发展趋势是:

1.全数字式控制系统

伺服系统传统的位置控制是将位置控制信号反馈至数控系统,与位置指令比较后输出速度控制模拟信号至伺服驱动装置。而全数字式数控系统的位置比较是在伺服驱动装置中完成的,数控系统仅输出位置指令的数字信号至伺服驱动装置。

另外,直流伺服系统逐渐被交流数字伺服系统所代替。在全数字式数控系统中,位置环、速度环和电流环等参数均实现了数字化,实现了几乎不受负载变化影响的高速响应的伺服系统。

2.采用高分辨率的位置检测装置

现代数控机床的位置检测装置大多采用高分辨率的光栅和光电编码器,必要时还可采用细分电路,以进一步提高分辨率。

3.软件补偿

现代数控机床利用数控系统的补偿功能,通过参数设置对伺服系统进行多种补偿,如位置环增益、轴向运动误差补偿、反向间隙补偿及丝杠螺距累积误差补偿等。

4.前馈控制

传统的伺服系统是将指令位置和实际的偏差乘以位置环增益作为速度指令,经伺服驱动装置驱动伺服电动机,这种方式总是存在着位置跟踪滞后误差,使得在加工拐角及圆弧时加工情况恶化。前馈控制使跟踪滞后误差大为减小,提高了位置控制精度。

5.机械静、动摩擦的非线性控制技术

机床的静、动摩擦的非线性会导致爬行现象。除采取了降低静摩擦的措施外,新型的伺服系统还具有自动补偿机械系统静、动摩擦的非线性控制功能。

### 1.5.4 以数控机床为基础的自动化生产系统

1.自适应控制

闭环控制的数控机床主要监控机床和刀具的相对位置或移动轨迹的精度。数控机床严格按照加工前编制的程序自动进行加工,但是有一些因素,例如,工件加工余量不一致、工件的材料质量不均匀、刀具磨损等引起的切削力变化以及加工时温度的变化等,在编程时均无法准确考虑,往往只能根据可能出现的最坏情况估算,这样就没有充分发挥数控机床的能力。在加工过程中,根据参数的实际变化值,自动改变机床切削进给量,使数控机床能适应任一瞬时的变化,始终保持最佳加工状态的控制方法称为自适应控制方法,图1-19是自适应控制结构框图。其工作过程是通过各种传感器测得加工过程参数的变化信息,并传送到自适应控制器,与预先存储的有关数据进行比较分析,然后发出校正指令送到控制装置,自动修正程序中的有关数据。

图 1-19　自适应控制结构框图

　　计算机控制装置为自适应控制提供了物质条件,只要在传感器检测技术方面有所突破,数控机床的自适应能力就必将大幅度提高。

　　2.计算机群控(DNC)

　　DNC 是 Direct Numerical Control 或 Distributed Numerical Control 的简称,意为直接数字控制或分布数字控制。DNC 最早的含义是直接数字控制,其研究开始于 20 世纪 60 年代。而计算机群控可以简单地理解为用一台大型通用计算机直接控制一群机床,简称 DNC 系统。根据机床群与计算机连接的方式不同,可以分为间接型、直接型和计算机网络型三种。

　　间接型 DNC 系统是使用主计算机控制每台数控机床,加工程序全部存储在主计算机内。加工工件时,由主计算机将加工程序分送到每台数控机床的数控装置中,每台数控机床还保留插补运算等控制功能。

　　在直接型 DNC 系统中,机床群中每台机床不再安装数控装置,只有一个由伺服驱动电路和操作面板组成的机床控制器。加工过程所需要的插补运算等功能全部集中,由主计算机完成。这种系统内的任何一台数控机床都不能脱离主计算机单独工作。

　　计算机网络型 DNC 系统使用计算机网络协调各个数控机床工作,最终可以将该系统与整个工厂的计算机连成网络,形成一个比较完整的大型制造系统。

　　3.柔性制造系统(FMS)

　　柔性制造系统是一种把自动化加工设备、物流自动化加工处理和信息流自动处理融为一体的智能化制造系统。进入 19 世纪 80 年代之后,柔性制造系统得到迅速发展。

　　柔性制造系统由三个基本部分组成,如图 1-20 所示,各部分作用简述如下:

图 1-20　FMS 的构成图

（1）加工子系统

根据工件的工艺要求,加工子系统差别很大。如图 1-21 所示是 FMS 组成实例,其加工子系统由数控机床(单元 1)、数控端面外圆磨床(单元 2)、数控车床(单元 3)、立式加工中心(单元 4)、卧式加工中心(单元 5)组成,5 个加工单元配有 4 台工业机器人,单元 2 还配有中心孔清洗机。该系统可以加工伺服电动机的轴类、法兰盘类、支架体类、壳体类共 14 种零件。

图 1-21 FMS 组成实例

（2）物流子系统

物流子系统由自动输送车、输送机构、工业机器人、工件装卸站、工件存储工位、刀具输入/输出站、刀库等构成。物流子系统在计算机的控制下自动完成刀具和工件的输送工作。例如,图 1-21 中物流子系统由 4 个机器人、自动化仓库、工件出/入托盘站,机床前托盘站和自动输送车组成。

（3）信息流子系统

信息流子系统由主计算机、分级计算机及其接口、外围设备和各种控制装置的硬件和软件组成。信息流子系统的主要功能是实现各子系统之间的信息联系,对系统进行管理,确保系统的正常工作。只有通过计算机分级管理才能对一个复杂系统进行更有成效的管理,保证在工作时各部分保持协调一致。

对 FMS,计算机系统一般分为三级:

第一级为主计算机,又称为中央管理计算机。中央管理计算机根据调度作业命令或现场反馈信号(如故障、报警信号)运行"作业调度软件",实现各种工况的作业调度计划,并对下一级计算机发出相应的控制指令。

第二级为过程控制计算机,包括群控计算机(DNC)、刀具管理计算机和工件管理计算机,其作用是接受主计算机的指令,根据指令对下属设备实施具体管理。

第三级由各设备的控制计算机构成,实现具体的加工动作。

如图 1-21 所示,信息流子系统由中央管理计算机、物流控制计算机、单元控制计算机、各数控机床和机器人中的数控装置以及信息传送网络组成。

4.计算机集成制造系统(CIMS)

(1)CIMS 的概念

计算机集成制造系统是在信息技术、自动化技术、计算机技术及制造技术的基础上,通过计算机及其软件,将制造工厂的全部生产活动——设计、制造及经营管理(包括市场调研、生产决策、生产计划、生产管理、产品开发、产品设计、加工制造以及销售经营)等与和整个生产过程有关的物流、信息流实现计算机高度统一的综合化管理,把各种分散的自动化系统有机地集成起来,构成一个优化、完整的生产系统,从而获得更高的整体效益,缩短产品开发制造周期,提高产品质量,提高生产率,提高企业的应变能力,以赢得竞争。

(2)CIMS 的构成

CIMS 包括制造工厂生产、经营的全部活动,应具有经营管理、工程设计和加工制造等主要功能。如图 1-22 所示为 CIMS 的构成,它是在 CIMS 数据库的支持下,由信息管理模块、设计和工艺模块及制造模块组成的。

图 1-22　CIMS 的构成

设计和工艺模块主要包括计算机辅助设计(CAD)、计算机辅助工程(CAE)、成组技术(GT)、计算机辅助工艺规程设计(CAPP)、计算机辅助数控编程加工(CAM)等,其目的是使产品的开发更高效、优质、自动化地进行。

柔性制造系统是制造模块的主体,主要包括零件的数控加工、生产调度、刀具管理、质量检测和控制、装配、物料储运等。

信息管理模块主要包括市场预测、经营决策、各级生产计划、生产技术准备、销售及售后跟踪服务、成本核算、人力资源管理等,通过信息的集成,达到缩短产品生产周期、减少占用的流动资金、提高企业的应变能力的目的。

CIMS的核心是一个公用数据库,对信息资源进行存储与管理,并与各个计算机系统进行通信。在此基础上,需要有三个计算机系统:

一是进行产品设计与工艺设计的计算机辅助设计与计算机辅助制造系统,即CAD/CAM。

二是计算机辅助生产计划与计算机生产控制系统,即CAP/CAC,此系统对加工过程进行计划、调度与控制,FMS是这个系统的主体。

三是计算机工厂自动化系统,它可以实现产品的自动装配与测试、材料的自动运输与处理等。在上述三个计算机系统外围,还需要利用计算机进行市场预测,编制产品发展规划,分析财政状况和进行生产管理与人员管理。

CIMS是用于制造业工厂的综合性自动化大系统。它在计算机网络和分布式数据库的支持下,把各种局部的自动化子系统集成起来,实现信息集成和功能集成,走向全面自动化,从而缩短产品开发周期,提高质量,降低成本。它是工厂自动化的发展方向、未来制造业工厂的理想模式。

虽然CIMS涉及的领域相当广泛,但数控机床仍然是CIMS不可缺少的基本工作单元。

## 思考题与习题

1-1　什么是数控机床?数控机床的加工特点有哪些?

1-2　数控机床对刀具和夹具有什么要求?

1-3　数控机床由哪些部分组成?各组成部分有什么作用?

1-4　数控机床按运动的控制方式分类有哪几种?每一种的特点是什么?

1-5　什么是开环、闭环、半闭环控制数控机床?

1-6　自适应控制与普通闭环控制有何区别?

1-7　什么是计算机群控?

1-8　柔性制造系统由哪些基本部分组成?

1-9　解释下列名词术语:脉冲当量、定位精度、重复定位精度、FMC、FMS、CIMS。

# 第 2 章

## 数控加工编程技术

## 2.1 数控编程的基础知识

数控加工过程与普通机床加工过程的区别,在于数控机床是严格按照事先编制好的加工程序,自动连续地对被加工零件进行加工的。同一台数控机床输入不同的数控加工程序,可以自动加工出不同形状、不同尺寸和不同技术要求的合格零件。因此,数控加工程序的编制,是操作数控机床加工零件过程中最重要的工作之一。正确合理的数控加工程序不仅能使数控机床加工出符合图纸要求的合格零件,而且能使数控机床的功能得到充分发挥,确保数控机床安全、高效、可靠地工作。

数控机床的种类很多,用于编制数控加工程序的语言规则和编程格式基本一致,但在某些具体规则方面因机床种类和生产厂家的不同又有所不同。在编制数控加工程序时,必须严格按照所使用数控机床的编程手册的有关规定进行。

### 2.1.1 数控编程的内容和步骤

数控加工程序编制的主要内容有图纸分析、确定加工工艺过程(工艺处理)、数值计算、编写零件加工程序(程序编制)、仿真检查及首件试切。

数控编程的一般步骤如图 2-1 所示。

(图纸) → 图纸分析 → 工艺处理 → 数值计算 → 程序编制 → 仿真检查 → 首件试切 → (产品)

图 2-1 数控编程的一般步骤

### 1. 零件图纸分析、确定加工工艺过程

在编写数控加工程序时，编程人员首先应当了解所用数控机床的规格、性能、数控系统所具有的功能、所用数控机床编程格式的特点等内容，然后根据产品图纸对零件的几何形状、尺寸、技术要求等进行分析；确定数控加工部位和数控加工工艺方案，选择、设计刀具和夹具；确定数控加工的顺序和走刀路线；选择合理的切削参数，选择对刀点、换刀点和正确的刀具切入、切出方法等。编写数控加工程序时，应当考虑尽可能减少辅助加工时间，充分发挥数控机床的性能。

### 2. 数值计算

数值计算就是根据零件图纸的几何尺寸和数控工艺分析中确定的工艺路线，按设定的编程坐标系进行零件加工时的刀具运动轨迹计算。数控系统一般都具有直线插补和圆弧插补功能，因此对于由直线、圆弧构成的简单几何形状零件，只需要计算出各几何元素的起点、终点、圆弧中心的坐标值；对于由非圆曲线（如渐开线、双曲线等）构成的较复杂零件，需要用微小直线段或微小圆弧段逼近零件轮廓，根据所需零件的加工精度要求来计算逼近线段交点或切点的坐标值；对于列表曲线或自由曲面形状的零件，由于编程时的数学处理更为复杂，所以通常必须借助于电子计算机进行辅助计算。

### 3. 编写零件加工程序

在完成上述工艺处理及数值计算后，编程人员根据已确定的加工顺序、走刀路线、刀具刀号、切削参数及刀位数据，按所使用机床数控系统规定的功能指令代码集和数控程序段格式，逐段编写零件加工程序并制作控制介质。

数控加工的控制介质，是指可用于记录和存储数控加工程序的信息载体。制作控制介质就是采用标准代码，把逐段编写好的数控加工程序按规定的格式记录在控制介质上，以便通过程序传输（或程序阅读）装置输入数控系统，控制数控机床进行自动加工。

常用的控制介质有穿孔纸带、磁盘、磁带、可刻录光盘以及各种便携式数据存储装置。穿孔纸带是数控机床传统的控制介质，纸带上有机械式代码孔用于记录二进制数据，其所存储的数据量较大，且不受环境因素（温度、磁场、粉尘等）的干扰，有利于信息的长期保存；但使用穿孔纸带需要专用打孔机和光电阅读机，数控加工程序在纸带上存储之后不便于再次修改。随着计算机技术的发展和普及，各种输入快捷、便于保存和便于重复使用的计算机存储装置发展十分迅速，但在特别重要零件的数控加工程序的长期保存方面，由于穿孔纸带具有优良的抗干扰性，能够长期、可靠地保存加工数据，所以穿孔纸带永远不可能被完全淘汰。

### 4. 仿真检查及首件试切

数控加工程序单和数控加工控制介质制作好之后，还必须经过程序校核（仿真检查）和首件试切才能正式使用。程序校核的方法很多，常用的有：将控制介质上的内容直接输入机床数控装置，不装工件和刀具使机床空运转，检查机床的运动轨迹是否正确；在有 CRT 图形显示功能的数控机床上，采用计算机模拟刀具对工件切削加工的过程，进行仿真加工检验；采用石蜡、

塑料等易切削材料代替工件进行试切削,对某些复杂零件的加工程序进行校核。

值得注意的是,这些程序仿真校核方法都只能检验数控加工程序中的刀具运动轨迹是否正确,却都无法检验被加工零件所能达到的加工精度。因此在正式加工之前还应进行零件的首件试切,只有首件试切完全达到图纸要求,方可认为数控编程工作告一段落;如果首件试切出现较大的加工误差,应当认真分析产生加工误差的原因,修正数控加工程序。

## 2.1.2 数控程序编制的方法

数控程序编制的方法,一般分为手工编程和自动编程两种。

### 1.手工编程

手工编程是指数控编程过程中,各个阶段的工作主要或全部由人工完成。手工编程的主要工作内容如图 2-2 所示。

图 2-2  手工编程的主要工作内容

对于几何形状简单、数值计算较方便、加工程序段较少的零件,采用手工编程显得经济、高效、便捷,因此在点位加工或由直线、圆弧组成的简单轮廓加工中,手工编程被广泛采用。然而对于形状复杂的零件,特别是具有非圆曲线、列表曲线或异型曲面的零件,由于编程数值计算工作量太大,采用手工编程耗费时间太长,很容易出现错误,甚至不可能胜任海量的复杂繁冗的数值计算工作,所以必须采用自动编程的方法。

### 2.自动编程

自动编程是指借助于计算机大型应用工程软件进行辅助工作,自动计算和自动生成复杂零件数控加工程序的方法。自动编程时,首先由数控编程人员根据零件图纸进行工艺分析,并使用数控语言(APT 语言)或使用人机对话方式生成数控加工的"源程序",在源程序中详细描述零件的加工工艺过程和产品图纸的最终要求,然后由计算机根据源程序进行数值计算及后置处理,自动编写出所需零件的数控加工程序单。根据具体需要,计算机可以自动打印数控加工程序单,可以自动制作相应的程序载体,甚至可以通过网络将数控加工程序直接输入数控机床,指挥机床进行自动加工,从而获得合格的产品。由于有计算机进行辅助工作,自动编程能够高效地完成烦琐的数值计算,有效解决手工编程难以解决的各类模具及复杂零件的编程问题。但在自动编程过程中,计算机不可能自动完成工艺分析工作,数控加工工艺分析工作必须由具有丰富专业知识的人才有可能完成。

按照编写源程序时输入图纸信息方式的不同,自动编程可分为基于 APT 自动编程语言的自动编程系统、基于计算机图形学的人机对话图形交互式自动编程系统、语音自动编程系统、视觉自动编程系统等,有关内容将在 2.9 节进行介绍。

# 2.2 数控机床的坐标系

数控机床的坐标系和坐标运动的正方向,国际上已有统一规定,我国也已经制订了与 ISO 841:1974 等效的专业标准(JB/T 3051—1999《数控机床的坐标和运动方向的命名》)。该标准确定了数控机床坐标轴的命名及其运动的正、负方向,可使编程统一简便,消除误解和歧义,并可使所编制的数控程序对同类型数控机床具有互换性。

## 2.2.1 数控机床的标准坐标系

如图 2-3 所示,数控机床的标准坐标系采用笛卡儿直角坐标系,规定 $X$、$Y$、$Z$ 三个坐标轴互相垂直正交,三个坐标轴的正方向采用右手法则判定;规定围绕 $X$、$Y$、$Z$ 坐标轴的回转运动分别为 $A$、$B$、$C$ 转动轴,其正方向采用右手螺旋法则判定。

图 2-3 右手直角笛卡儿坐标系

## 2.2.2 坐标运动的正方向

零件加工时的机床运动因机床的具体结构不同而有两种方式:可以是刀具移动工件不动,也可以是工件移动刀具不动。为了消除误解和歧义,数控编程时统一规定:无论实际加工时是刀具移动还是工件移动,一律以(工件不动)刀具移动的坐标轴 $X$、$Y$、$Z$ 构成标准坐标系,并以刀具移动远离工件的方向为标准坐标系各坐标轴的运动正方向。按此规定并考虑到零件加工时的刀具移动等效于工件反向移动的事实,所以在图 2-3 中以虚线所示的坐标轴＋$X'$、＋$Y'$、＋$Z'$ 来表示(刀具不动)工件移动的坐标轴。根据这项统一规定,各类数控机床实际运动部件的坐标轴及其正方向的命名规定如图 2-4～图 2-6 所示。

图 2-4　数控车床坐标系　　　图 2-5　数控铣床坐标系　　　图 2-6　数控镗床坐标系

### 2.2.3　编程用坐标系

数控机床的结构比较复杂,各类数控机床实际的运动部件坐标系与它的标准坐标系不完全一致,但根据统一规定,$+X'$与$+X$、$+Y'$与$+Y$、$+Z'$与$+Z$是互为反向且一一对应的,必要时完全可用后者改变符号之后替代前者。因此为了简化统一,编程时可以在零件图纸上建立一个与标准坐标系平行的工件坐标系作为编程用坐标系,将图纸视为静止不动的工件,假想刀具在图纸上顺序移动进行数控加工,从而可以很直观地编制出所需的数控加工程序。

### 2.2.4　数控机床坐标轴的确定方法

**1. $Z$ 轴的确定方法**

规定消耗切削功率的主轴为 $Z$ 轴,取刀具移动远离工件的方向为$+Z$方向。当实际机床有多个主轴时,取消耗功率最大的主轴为 $Z$ 轴。

**2. $X$ 轴的确定方法**

$X$ 轴为垂直于 $Z$ 轴方向并且平行于工件装夹面的水平轴。对于工件做旋转运动的机床(如车床、磨床等),取平行于横向滑座的方向(工件径向)为 $X$ 坐标轴,取刀具移动远离工件的方向为$+X$方向;对于刀具做旋转运动的机床(如铣床、镗床等),对于卧式主轴,沿刀具主轴的后端往工件方向看,刀具向右方向移动为$+X$方向;对于立式主轴,面对主轴向立柱方向看,刀具向右方向移动为$+X$方向。图 2-4~图 2-6 列举了几种典型机床的坐标系示例。

**3. $Y$ 轴的确定方法**

$Y$ 轴与 $X$ 轴、$Z$ 轴相互两两垂直,构成直角坐标系。当 $X$ 轴和 $Z$ 轴确定之后,用右手法则即可确定 $Y$ 轴及其正方向。

**4. 附加坐标轴的确定方法**

将上述 $X$、$Y$、$Z$ 定义为主运动坐标系,即机床的第一坐标系。若一台机床上具有平行于第一坐标系的其他运动,则相应地将它们定义为第二坐标系 $U$、$V$、$W$ 及第三坐标系 $P$、$Q$、$R$ 等,依次类推。在有多个坐标系的情况下,第一坐标系是指最接近机床主轴的直线运动,例如,图 2-6 中工作台沿床身导轨的左右运动、主轴箱沿立柱导轨的升降运动及主轴箱套筒相对于主轴箱体伸缩的前后运动构成机床的第一坐标系,而主轴箱套筒随同立柱沿床身导轨移动的前后运动却只能定义为平行于 $Z$ 轴的 $W$ 坐标轴运动,$W$ 是机床第二坐标系中的坐标轴,它属于附加坐标轴。

5. 旋转运动坐标轴的确定方法

$A$、$B$、$C$ 分别表示绕 $X$、$Y$、$Z$ 轴轴线旋转的旋转运动坐标轴,其正方向分别参考 $X$、$Y$、$Z$ 轴的正方向用右手螺旋法则判定,如图 2-3 中的 +$A$、+$B$、+$C$ 以及图 2-6 中的工作台回转运动 +$B'$。

6. 主轴回转运动方向的确定方法

主轴回转运动的方向可用"顺时针方向"或"逆时针方向"来表示。"顺时针方向"是指沿刀具主轴的后端往工件方向看,刀具按顺时针方向做旋转运动。当主轴安装右旋麻花钻头(标准麻花钻)按顺时针方向旋转时,钻头能正常地切入工件进行钻削加工。

## 2.2.5　机床坐标系

机床坐标系(G53)是由数控机床制造厂设定好了的固有的坐标系,它的坐标轴及坐标轴正方向与数控机床标准坐标系保持一致,但有特定的坐标原点,即机床原点(也称为机械原点)。

机床原点是数控机床各运动部件在移动时退至极限位置的一个固定点(由限位开关精密定位),机床原点在数控机床的使用说明书上有详细说明。数控机床的机床原点在机床出厂前就已经设置好了,用户使用时不必调整,必要时可参照机床使用说明书测定。

数控机床开机上电时必须完成"回参考点"操作,目的就是为了初始化重建和恢复机床坐标系,使数控机床上的各固有点(如机床的基准点、换刀点、托板的交换点、各限位开关等)准确返回到机床坐标系中的特定坐标位置处,以利于后续数控加工坐标的协调统一。

## 2.2.6　工件坐标系

工件坐标系是数控编程人员根据被加工零件图纸所确定的编程用坐标系。在编制零件的数控加工程序时,编程人员在零件图纸上选定一个固定点作为工件坐标系原点,通过该点在零件图纸上建立一个与数控机床标准坐标系平行的工件坐标系,假想加工时零件不动刀具移动,编程时的尺寸计算都按刀具在工件坐标系中的坐标值变化量来确定。

在工件安装到数控机床上进行加工之前,首先必须设法测出工件坐标系原点到机床坐标系原点之间的距离 $X_1$ 和 $Y_1$,并将测得的 $X_1$ 和 $Y_1$ 输入机床数控系统,这项工作称为"工件原点偏置"(图 2-7),或称为"工件坐标系设定"。执行工件原点偏置指令之后,机床数控系统会将原点偏置参数值 $X_1$ 和 $Y_1$ 自动叠加到工件坐标系数值上,确保加工时数控系统按照机床坐标系中的坐标值进行自动加工。这就是说,"工件原点偏置"功能可以使编程人员在编程时不必考虑工件在数控机床上的安装位置和安装精度,从而降低了编程人员的工作难度。

图 2-7　工件原点偏置

## 2.2.7　绝对坐标与相对(增量)坐标

刀具或工件的运动位置相对于某一固定坐标系原点进行计算,所得的坐标值称为绝对坐标。如图 2-8 所示,$A$、$B$ 两点的坐标值如果都相对于固定坐标系原点 $O$ 计算,则它们的

坐标值分别为 $X_A=30, Y_A=40; X_B=80, Y_B=70$。

以刀具或工件运动位置的终点坐标相对于起点坐标进行计算，所得的坐标值称为相对坐标或增量坐标。如图 2-8 所示，如果刀具由 $O$ 运动到 $A$，再由 $A$ 运动到 $B$，若采用相对坐标表示动点 $A$、$B$ 的位置，则它们的坐标值分别为 $X_A=30, Y_A=40; X_B=50, Y_B=30$。

图 2-8　绝对坐标与相对坐标

## 2.3　数控程序代码结构

为了正确地编写零件的数控加工程序，在数控编程时必须深入了解数控程序的结构、编码规则和有关规定，并学习和掌握必要的数控编程技巧。

图 2-9　铣削零件周边轮廓的加工简图

### 2.3.1　数控程序的组成部分

图 2-9 为某数控铣床铣削零件周边轮廓的加工简图，图中粗实线表示所需加工的零件轮廓，点画线表示加工时指状立铣刀的运动中心轨迹。开始加工之前立铣刀位于坐标系原点位置，加工时立铣刀沿图示箭头方向移动一周并返回到起点。按照该数控铣床的编程手册规定进行编程，该零件的数控加工程序如下：

| | | | | | | |
|---|---|---|---|---|---|---|
| % | | | | | | |
| O0022 | | | | | | 程序号 |
| N0010 | G90 | G92 | X0 | Y0 | Z0 | LF | 程序主体 |
| N0020 | G42 | G01 | X10.0 | Y10.0 | D01 F80 | LF | （同上） |
| N0030 | X30.0 | LF | | | | | （同上） |
| N0040 | G03 | X40.0 | Y20.0 | R10.0 | LF | | （同上） |
| N0050 | G02 | X30.0 | Y30.0 | R10.0 | LF | | （同上） |
| N0060 | G01 | X10.0 | Y20.0 | LF | | | （同上） |
| N0070 | Y10.0 | LF | | | | | （同上） |
| N0080 | G00 | G40 | X0 | Y0 | LF | | （同上） |
| N0090 | M30 | LF | | | | | 程序结束 |

由上述程序可以看出，一个完整的数控程序，通常由"程序号""程序主体"和"程序结束"三部分组成。现将数控程序的三个组成部分简要说明如下：

1. 程序号

程序号又称程序名，置于数控程序的开头位置，单独占一行，作为具体零件的数控加工程序标志，便于 CNC 数控系统进行存储、检索和调用。程序号一般由字符 O、P 及其后加 2～4 位阿拉伯数字组成。字符称为"程序号地址符"，数字为该数控程序的编号。示例中表示的是 O0022 号数控加工程序。程序号之前的符号"%"将程序与前面的内容分隔开来，表示下面开始一个新的程序。

不同的数控系统，程序号地址符有所不同，编程时一定要按照数控机床编程说明书中规定的符号编写程序,否则数控机床无法正确识别和执行。

**2.程序主体**

程序主体是数控加工程序的核心,由若干条程序段顺序排列构成。每一条程序段单独占一行,由程序段号 N 开始,至程序段结束字 LF(或 CR)结束;从 N 到 LF(或 CR)之间允许写入多个或一个加工指令字,表示需要同时执行的连续完整的加工运动或操作。根据具体零件的加工复杂性程度,可以由几十、几百、几千甚至几万条程序段顺序排列在一起,组成一个数控程序的程序主体,共同完成某一零件的数控加工工作。

**3.程序结束**

带有 M02 或 M30 指令的程序段表示程序结束,该程序段单独占一行,位于数控加工程序的最后位置,成为数控程序的最末一行。在构成数控程序的所有程序段中,通常程序结束指令所在程序段的程序段号数字最大。

## 2.3.2　数控程序段格式

数控程序段是指程序主体中的一条单独的程序段,它是可作为独立单元执行处理的连续的字组。"数控程序段格式"是指一条程序段中的字的安排形式。不同的数控系统采用不同的程序段格式,通常数控机床的程序段格式有三种:字地址可变长度程序段格式、分隔符程序段格式和固定程序段格式。目前国内外广泛采用的是字地址可变长度程序段格式,其示例为

N05・G02・X±043・Y±043・Z±043・F04・S04・T03・M02・LF

具体含义为:

N05——程序段号,地址符后为 5 位阿拉伯数字;

G02——准备功能字,地址符后为 2 位阿拉伯数字;

X±043——$X$ 方向的尺寸,可取正、负号,小数点前为 4 位、小数点后为 3 位阿拉伯数字;

Y±043——$Y$ 方向的尺寸,可取正、负号,小数点前为 4 位、小数点后为 3 位阿拉伯数字;

Z±043——$Z$ 方向的尺寸,可取正、负号,小数点前为 4 位、小数点后为 3 位阿拉伯数字;

F04——机床进给速度,地址符后 4 位阿拉伯数字;

S04——机床主轴转速,地址符后 4 位阿拉伯数字;

T03——指定刀具的刀号,地址符后 3 位阿拉伯数字;

M02——辅助功能字,地址符后 2 位阿拉伯数字;

LF——程序段结束字;

・——分隔符。

按"字地址可变长度程序段"格式,用不同的字母代表"字地址符",便于计算机寻址;由字母加阿拉伯数字构成"字",称为"指令代码",表示某种特定的机床功能,这些功能字大多已经标准化了;由若干个字构成"程序段",表示需要同时连续执行的机床运动或操作;由若干条程序段构成"数控加工程序",表示一个零件的完整加工过程。

该程序段格式规定:编程时一条程序段中"字"的数目(指令的数目)与"字"的位数(字长)按需给定,可长可短;与上一条程序段相同的续效字可以省略,以使程序简化、缩短;字母

后面的 0 如果是不起作用的前导零则可删除，例如 N00150 可写成 N150 或 N0150；再后续的数字，分别表示小数点前、后允许取值的位数；在实际编写程序时，可以将"字"连续顺序输入，字与字之间允许没有分隔符或空格。

以上介绍的是字地址可变长度程序段的一般格式和规定，但有些数控系统制造商为了满足自己产品的特殊需要，往往采用一些与基本规定不矛盾的专门规定，因此在编制零件的数控加工程序之前，必须详细阅读所使用机床的数控编程说明书。

### 2.3.3 字地址符的含义

在字地址可变长度程序段格式中，数控机床的每一个坐标轴和数控机床的每一项功能，都以字母和数字合成的"字"表示。字地址符的功能及含义见表 2-1。

表 2-1 字地址符的功能及含义

| 地址 | 功能 | 地址的含义 | 地址 | 功能 | 地址的含义 |
|---|---|---|---|---|---|
| A | 坐标字 | 绕 X 轴旋转 | N | 程序段号 | 程序段顺序号 |
| B | 坐标字 | 绕 Y 轴旋转 | O | 程序号 | 程序号、子程序号的指定 |
| C | 坐标字 | 绕 Z 轴旋转 | P | | 暂停或程序中某功能开始使用的顺序号 |
| D | 补偿号 | 刀具半径补偿指令 | Q | | 固定循环终止段号或固定循环中的定距 |
| E | 第二进给功能 | | R | 坐标字 | 固定循环中定距离或圆弧半径的指定 |
| F | 进给速度 | 进给速度的指令 | S | 主轴功能 | 主轴转速的指令 |
| G | 准备功能 | 指令动作方式 | T | 刀具功能 | 刀具编号的指令 |
| H | 补偿号 | 补偿号的指定 | U | 坐标字 | 与 X 轴平行的附加轴的增量坐标值或暂停时间 |
| I | 坐标字 | 圆弧中心 X 轴向坐标 | V | 坐标字 | 与 Y 轴平行的附加轴的增量坐标值 |
| J | 坐标字 | 圆弧中心 Y 轴向坐标 | W | 坐标字 | 与 Z 轴平行的附加轴的增量坐标值 |
| K | 坐标字 | 圆弧中心 Z 轴向坐标 | X | 坐标字 | X 轴的绝对坐标值或暂停时间 |
| L | 重复次数 | 固定循环及子程序的重复次数 | Y | 坐标字 | Y 轴的绝对坐标值 |
| M | 辅助功能 | 机床开/关指令 | Z | 坐标字 | Z 轴的绝对坐标值 |

在表 2-1 中列举的字地址符，按特点可以分为以下 8 类：

1. 程序段号 N

程序段号又称为程序段顺序号，用于程序段自动检索、人工查找、宏程序中的无条件转移、显示正在执行的当前程序段等。N 后面一般允许取 5 位阿拉伯数字，表示在一个数控加工程序中最多可容纳 99 999 条程序段，这对于一般零件的数控加工绰绰有余。通常将程序段号采用 5 进位或 10 进位，写成 N5、N10、N15 等形式，以便于修改程序时增添新的程序段。需要指出的是，有些数控机床的数控系统按照程序段的排放位置依次执行操作，而不是按照程序段号 N 后面的数字大小顺序来执行操作，因此在修改数控加工程序时，应当将新增添的程序段排放在相应的位置上。

2. 准备功能字 G

准备功能字称为准备功能指令，又称为 G 指令或 G 代码，它是使数控机床建立起某种运动方式的准备指令。准备功能指令用来表示不同的机床操作或动作，由地址符 G 和后面的 2 位阿拉伯数字组成，常用的为 G00～G99，有些数控系统的准备功能指令已扩充到 G180。我国 JB/T 3208—1999 标准规定的准备功能 G 代码见表 2-2。

表 2-2 　　　　　　　　　　　准备功能 G 代码(JB/T 3208—1999)

| 代码 | 模态 | 非模态 | 功 能 | 代码 | 模态 | 非模态 | 功能 |
|------|------|--------|-------|------|------|--------|------|
| G00 | a | | 点定位 | G50 | #(d) | # | 刀具偏置 0/- |
| G01 | a | | 直线插补 | G51 | #(d) | # | 刀具偏置＋/0 |
| G02 | a | | 顺时针方向圆弧插补 | G52 | #(d) | # | 刀具偏置-/0 |
| G03 | a | | 逆时针方向圆弧插补 | G53 | f | | 直线偏移注销 |
| G04 | | * | 暂停 | G54 | f | | 直线偏移 X |
| G05 | # | # | 不指定 | G55 | f | | 直线偏移 Y |
| G06 | a | | 抛物线插补 | G56 | f | | 直线偏移 Z |
| G07 | # | # | 不指定 | G57 | f | | 直线偏移 XY |
| G08 | | * | 加速 | G58 | f | | 直线偏移 XZ |
| G09 | | * | 减速 | G59 | f | | 直线偏移 YZ |
| G10~G16 | # | # | 不指定 | G60 | h | | 准确定位 1(精) |
| G17 | c | | XY 平面选择 | G61 | h | | 准确定位 2(中) |
| G18 | c | | ZX 平面选择 | G62 | h | | 快速定位(粗) |
| G19 | c | | YZ 平面选择 | G63 | | * | 攻螺纹 |
| G20~G32 | # | # | 不指定 | G64~G67 | # | # | 不指定 |
| G33 | a | | 螺纹切削,等螺距 | G68 | #(d) | # | 刀具偏置,内角 |
| G34 | a | | 螺纹切削,增螺距 | G69 | #(d) | # | 刀具偏置,外角 |
| G35 | a | | 螺纹切削,减螺距 | G70~G79 | # | # | 不指定 |
| G36~G39 | # | # | 永不指定 | G80 | e | | 固定循环注销 |
| G40 | d | | 刀具补偿/刀具偏置注销 | G81~G89 | e | | 固定循环 |
| G41 | d | | 刀具补偿-左 | G90 | j | | 绝对尺寸 |
| G42 | d | | 刀具补偿-右 | G91 | j | | 增量尺寸 |
| G43 | #(d) | # | 刀具偏置-正 | G92 | | * | 预置寄存 |
| G44 | #(d) | # | 刀具偏置-负 | G93 | k | | 时间倒数进给率 |
| G45 | #(d) | # | 刀具偏置＋/＋ | G94 | k | | 每分钟进给 |
| G46 | #(d) | # | 刀具偏置＋/- | G95 | k | | 主轴每转进给 |
| G47 | #(d) | # | 刀具偏置-/- | G96 | i | | 恒线速度 |
| G48 | #(d) | # | 刀具偏置-/＋ | G97 | i | | 每分钟转数(主轴) |
| G49 | #(d) | # | 刀具偏置 0/＋ | G98~G99 | # | # | 不指定 |

注:①#:如选作特殊用途,必须在程序格式说明中说明。

②如在直线切削控制中没有刀具补偿,则 G43~G52 可指定作其他用途。

③在表中左栏括号中的字母(d):可以被同栏中没有括号的字母 d 所注销或代替,亦可被有括号的字母(d)所注销或代替。

④G45~G52 的功能可用于机床上任意两个预定的坐标。

⑤控制机上没有 G53~G59、G63 功能时,可以指定作其他用途。

⑥表中凡有小写字母 a、b、c、d……指示的 G 代码为同一组续效性代码,称为模态指令。

准备功能 G 指令与程序段中的其他指令有着千丝万缕的联系,使用规则比较复杂,编程时需要特别注意。可以将 G 指令根据功能分成若干组,同一程序段中只能使用同组 G 指令中的一个;若同组 G 指令在同一程序段中出现两个或两个以上时,则只有最后出现的一个有效。但是,同一程序段中不同组的 G 指令却可以出现多个,分别用于不同的目的。G 指令还可分为模态指令和非模态指令两种:有些 G 指令如 G00、G01、G02、G03 等,在某个程序段中一经指定便对后续程序段全部有效,一直保持到被同组的其他 G 指令取代或被注销时为止,指令的这种特性称为续效性,具有这种特性的指令称为模态指令,也称为续效性指令;有些指令如 G04、G08、G09 等,仅仅在它所出现的当前程序段中才有效,这种指令称为非模态指令。关于 G 指令续效性的分组情况,请参阅表 2-2 中的注⑥。

在表 2-2 中有些"不指定"代码或"永不指定"代码,这两类代码原则上可由数控系统生产厂商在编程说明书中自行定义使用。但由于数控机床的功能日趋多样化,以及历史上数控系统生产厂商之间缺乏有效协调等原因,这些 G 代码的使用已经陷入了"万国牌"混乱局面,因此使 G00～G99 的 100 条 G 指令显得远远不够用,目前已经被扩充到 G180。

3. 坐标字 X、Y、Z 等

坐标字是用来给定机床各坐标轴运动方向和位移量数值的。紧跟在各坐标轴代码后面的是正、负号,然后是数值。进给运动中坐标字的代码可分为两类。

(1)平行移动:X、Y、Z、U、V、W、P、Q、R。

(2)绕轴转动:A、B、C。

各坐标轴的位移量可以采用毫米为单位,也可以采用最小设定单位(脉冲当量)来表示。各轴坐标原点的设定由指令 G90 或 G91 确定(G90 为绝对坐标,G91 为增量坐标)。

4. 进给功能字 F

进给功能字用来规定机床的进给速度,表示方法有如下几种:

(1)每分钟进给量。

(2)主轴每转进给量。

(3)时间倒数进给率。

在机床数控系统中,某一时刻只能使用一种进给率,该进给率对机床所有工作台的驱动电动机都有效;而且该进给率一经指定,对后续程序段也都有效,并一直保持到出现新指定的进给率时为止。

编程时为了指定数控机床进给速度的表示方法,还需要在数控加工程序中指定相应的准备功能 G 代码,具体规定为:

G93——后面编程时采用时间倒数进给率;

G94——后面编程时采用每分钟进给量,mm/min;

G95——后面编程时采用主轴每转进给量,mm/r。

5. **主轴功能字 S**

主轴功能字用来指定数控机床的主轴转速,它对后续程序段仍然有效,并一直保持到被新的主轴转速指令改变时为止。没有必要在每个程序段中都指定主轴转速,只有在更换新的刀具时才可能需要重新指定。指定主轴转速的方法有以下几种:

(1)主轴每分钟转数,r/min。

(2)恒切削速度,m/min。

(3)根据数控机床说明书中提供的主轴转速表选择指定。

同理,编程时为了指定数控机床主轴转速的表示方法,也需要在数控加工程序中指定相应的准备功能 G 代码,具体规定为:

G96——恒线速度,m/min;

G97——主轴每分钟转数,r/min。

按常用习惯,加工中心机床、数控铣床、数控钻床大多采用主轴每分钟转数方式;数控车床在车削加工较大直径端面时采用恒线速度方式;还有一些数控机床在编程说明书中有特殊规定。

6. **刀具交换功能字 T**

刀具交换功能字用于指定自动换刀时等待装上主轴的新刀具的刀号,根据 T 后面的刀号,换刀机械手就能在刀库中自动识别刀具,完成自动换刀动作。

T03 表示数控加工程序中最多允许使用 999 把刀,这一数字与数控机床刀库形式和刀库的容量有关,盘式刀库通常不超过 60 把刀,链式刀库通常不超过 240 把刀。

7. **辅助功能字 M**

辅助功能字称为辅助功能指令,也称为 M 指令或 M 代码,由地址符 M 和后面的 2 位阿拉伯数字组成,用来指定数控机床加工时的机床状态及辅助动作,如主轴的启停与旋向、冷却液的开关状态、刀具的更换操作、工件的夹紧与松开等。M 指令也分模态指令和非模态指令两类,其意义与 G 指令中的模态和非模态相似。

我国根据 ISO 1056:1975(E)制订了部颁标准 JB/T 3208—1999,它所规定的辅助功能指令 M00~M99 的功能见表 2-3,同样,在 M 代码中也有已规定、不指定、永不指定三类。

8. **程序段结束字**

在每一条程序段结束时,都要写上程序段结束字 LF(或 CR),表示本程序段到此结束。如果后面还有程序内容,在程序单中应当换行之后再写下一条程序段。

应当注意:有些机床编程说明书中规定,程序单中的程序段结束字 LF(或 CR)可以使用符号";"替代,还有的编程说明书规定可以省略。

表 2-3　　　　　　　　　　　　辅助功能 M 代码(JB/T 3208—1999)

| 代码 | 功能开始时间 | | 模态 | 非模态 | 功能 | 代码 | 功能开始时间 | | 模态 | 非模态 | 功能 |
|---|---|---|---|---|---|---|---|---|---|---|---|
| | 与程序段指令运动同时开始 | 在程序段指令运动完成后开始 | | | | | 与程序段指令运动同时开始 | 在程序段指令运动完成后开始 | | | |
| M00 | | * | | * | 程序停止 | M36 | * | | * | | 进给范围1 |
| M01 | | * | | * | 计划停止 | M37 | * | | * | | 进给范围2 |
| M02 | | * | | * | 程序结束 | M38 | * | | * | | 主轴速度范围1 |
| M03 | * | | * | | 主轴顺时针方向 | M39 | * | | * | | 主轴速度范围2 |
| M04 | * | | * | | 主轴逆时针方向 | M40~M45 | # | # | # | # | 如有需要可作为齿轮换挡指令,此外不指定 |
| M05 | * | | * | | 主轴停止 | M46~M47 | # | # | # | # | 不指定 |
| M06 | # | # | | * | 换刀 | M48 | | * | * | | 注销 M49 |
| M07 | * | | * | | 2号冷却液开 | M49 | * | | * | | 进给率修正旁路 |
| M08 | * | | * | | 1号冷却液开 | M50 | * | | * | | 3号冷却液开 |
| M09 | | * | * | | 冷却液关 | M51 | * | | * | | 4号冷却液开 |
| M10 | # | # | # | | 夹紧 | M52~M54 | # | # | # | # | 不指定 |
| M11 | # | # | | * | 松开 | M55 | * | | * | | 刀具直线位移,位置1 |
| M12 | # | # | # | # | 不指定 | M56 | * | | * | | 刀具直线位移,位置2 |
| M13 | * | | * | | 主轴顺时针方向,冷却液开 | M57~M59 | # | # | # | # | 不指定 |
| M14 | * | | * | | 主轴逆时针方向,冷却液开 | M60 | | * | | * | 更换工件 |
| M15 | | * | | * | 正运动 | M61 | * | | * | | 工件直线位移,位置1 |
| M16 | | * | | * | 负运动 | M62 | * | | * | | 工件直线位移,位置2 |
| M17~M18 | # | # | # | # | 不指定 | M63~M70 | # | # | # | # | 不指定 |
| M19 | | * | * | | 主轴定向停止 | M71 | * | | * | | 工件角度位移,位置1 |
| M20~M29 | # | # | # | # | 永不指定 | M72 | * | | * | | 工件角度位移,位置2 |
| M30 | | * | | * | 程序结束并返回 | M73~M89 | # | # | # | # | 不指定 |
| M31 | # | # | | | 互锁旁路 | M90~M99 | # | # | # | # | 永不指定 |
| M32~M35 | # | # | # | # | 不指定 | | | | | | |

注:①＊:该代码具有表头中列出的相应功能。

　　②#:如选作特殊用途,必须在程序说明中说明。

　　③M90~M99 可指定为特殊用途。

## 2.3.4　字地址可变长度程序段格式的特点

字地址可变长度程序段格式的特点是:由字地址符和若干数字合成字,由若干个字构成程序段,由若干条程序段构成一个完整的数控加工程序。程序段是数控加工程序最重要的基本单元,一条程序段中字的数目与字长(字的位数)可按实际加工需要给定,前面程序段已出现的模态字可以省略,从而可使程序简化、缩短。字首为地址符,可以区分字的功能类型与存储单元。一条程序段中除程序段号与程序段结束字以外,其余各字的排列顺序可先可后,顺序要求并不严格,但习惯上可按 N,G,X,Y,Z,…,F,S,T,M 的顺序排列。

### 2.3.5 主程序与子程序

在一个数控加工程序中,如果有几条连续的程序段完全相同,即当零件有几处重复的加工工序内容时,可将这些重复的工序内容编制成子程序,子程序以外的工序内容为主程序。通过主程序可重复调用子程序,从而简化编程工作,减少出错的可能性。

主程序调用子程序的流程如下:

主程序与子程序的工序内容不同,但两者的程序段格式相同,子程序的具体编程方法,可按机床编程说明书的规定执行。

## 2.4 常用指令的编程方法

### 2.4.1 有关坐标系的指令

1.绝对尺寸与增量尺寸指令——G90、G91

数控编程时,G90 表示程序段中的尺寸为绝对坐标值,G91 表示程序段中的尺寸为相对增量坐标值。图 2-10 中有 *AB* 和 *BC* 两条线段,假设刀具沿 *BC* 线段做插补运动,当用 G90 编程时,*C* 点坐标为 *C* 点相对于 *XOY* 坐标系原点的绝对坐标值;当用 G91 编程时,*C* 点坐标为 *C* 点相对于起点 *B* 的增量坐标值,即相对坐标值。两种方法编制的程序如下:

用绝对尺寸编程:G90　G00　X30.0　Y40.0;
用增量尺寸编程:G91　G00　X−50.0　Y−30.0;
2.工件坐标系设定指令——G92、G54~G59

采用绝对尺寸方式编程时,必须设定工件坐标系。"设定工件坐标系"是指将被加工工件安装在数控机床上之后,应当测量工件坐标系的原点在机床坐标系中的坐标位置,并将测得值输入机床的数控系统。设定工件坐标系之后,机床数控系统可以将数控加工程序单上记录的各数据点的工件坐标系参数值自动转换为机床坐标系参数值,以便于数控机床进行自动加工。工件坐标系有两种设定方法:

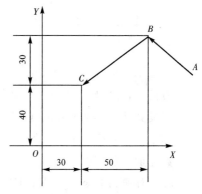

图 2-10　绝对尺寸与相对尺寸

**方法 1:**用 G92(车床用 G50)指令设定

如图 2-11 所示,用 G50 指令设定工件坐标系的程序为

　　　　G50　$X_0$　$Z_0$;

图 2-11　数控车床坐标系

该程序表明起刀点 A 位于工件坐标系 $XOZ$ 的($X_0$,$Z_0$)位置处,亦即在距离起刀点 A 的($-X_0$,$-Z_0$)处为工件坐标系原点 O。当"G50　$X_0$　$Z_0$;"指令被执行之后,参数值 $X_0$ 与 $Z_0$ 便被输入机床数控系统的计算机存储器中,在机床数控系统中建立了工件坐标系与机床坐标系的某种固定的联系,但在执行"G50　$X_0$　$Z_0$;"指令的过程中,数控机床不会产生任何机械运动或动作。

同理,图 2-12 中的坐标系设定程序为"G92　$X_1$　$Y_1$;",表示工件坐标系原点设定在机床坐标系的($X_1$,$Y_1$)处,或机床坐标系原点在工件坐标系的($-X_1$,$-Y_1$)处。

**方法 2:**用原点偏移设定工件坐标系(常用 G54～G59)

此方法是将机床原点与要设定的工件坐标系原点之间的偏置坐标值事先输入机床数控系统记忆,然后用 G54～G59 中的任一指令调用。如图 2-13 所示,机床坐标系 M 中有两个工件坐标系 $P_1$ 和 $P_2$,$P_1$ 距 M 的偏置值为 X12 和 Y20,$P_2$ 距 M 的偏置值为 X35 和 Y10。将偏置值用 MDI 方式输入数控系统中,并分别由 G54 和 G59 调用,图 2-13 中刀具从任意点到达 A 点或 B 点的程序分别为

图 2-12　机床原点与工件原点

图 2-13　用原点偏移设定工件坐标系

刀具到达 A 点:　G90　G54　G00　X12.0　Y8.0…;

刀具到达 B 点:　G90　G59　G00　X15.0　Y7.0…;

G54～G59 可供设定 6 个工件坐标系,适用于在机床工作台上同时安装多个相同工件进行数控加工的情况。

3.坐标平面指令——G17、G18、G19

G17、G18、G19 分别表示在 $XY$、$ZX$、$YZ$ 坐标平面内的编程。常用这些指令来定义数控铣床或加工中心机床在哪一个坐标平面内运动。由于大多数情况下的运动都位于 $XY$ 平面,故 G17 可省略;由于数控车床只能在 $ZX$ 平面内运动,故数控车床编程时 G18 也可省略。

4.返回参考点指令——G28 或 G30

参考点是机床上的固定点,机床接通电源后和机床进行对刀前,必须返回参考点一次。

返回参考点操作可在机床上电初始化时采用返回参考点按键手动返回,也可在加工过程中采用返回参考点指令 G28 或 G30 自动返回。其中,G28 为返回第一参考点指令,G30 为返回第二(或第三、第四)参考点指令。

## 2.4.2 有关刀具运动的指令

### 1.快速点定位指令——G00

G00 是刀具快速点定位指令,命令刀具以数控机床固有的最快速度全速前进,从刀具当前位置移动到指定点位置。G00 指令的格式为

G00  $X_A$   $Y_A$ ;

式中,$X_A$ 和 $Y_A$ 表示刀具所要到达的目标点的坐标值。

快速点定位时刀具的运动轨迹依机床数控系统的差别而有所不同。在数控加工程序中所指定的进给速度 F 对 G00 指令一律无效。G00 是续效性指令。

### 2.直线插补指令——G01

G01 是直线插补指令,命令刀具以两坐标(或三坐标)联动的方式进行插补,按数控加工程序指定的进给速度 F 做所需的直线轨迹运动。G01 指令的格式为

G01  $X_A$   $Y_A$   F__;

式中,$X_A$ 和 $Y_A$ 表示刀具所要到达的目标点的坐标值,F 表示刀具的进给速度。

G01 指令所在的程序段中必须含有 F 指令。F 和 G01 都是续效性指令。

如图 2-14 所示,$P$ 点为刀具当前位置,加工时刀具由 $P$ 点快速移动至 $A$ 点,然后沿 $A \to B \to O \to A$ 轨迹以进给速度 $F$ 进行加工,最后快速返回 $P$ 点。其程序主体如下。

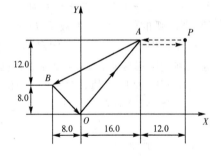

图 2-14  G01 程序示意图

采用绝对坐标值编程:

N001  G90  G92  X28.0  Y20.0  LF

N002  G00  X16.0  S__  T__  M__  LF

N003  G01  X−8.0  Y8.0  F__  LF

N004  X0  Y0  LF

N005  X16.0  Y20.0  LF

N006  G00  X28.0  LF

N007  M02  LF

采用增量坐标值编程:

N001  G91  G00  X−12.0  S__  T__  M__  LF

N002  G01  X−24.0  Y−12.0  F__  LF

N003  X8.0  Y−8.0  LF

N004  X16.0  Y20.0  LF

N005  G00  X12.0  LF

N006  M02  LF

### 3. 圆弧插补指令——G02、G03

G02 为顺时针圆弧插补指令，G03 为逆时针圆弧插补指令。圆弧插补的顺、逆方向可按如下方法判断：假设操作者位于第 I 卦限空间（第 I 卦限是指 $X$、$Y$、$Z$ 均为正值的三维坐标空间）内，面朝基本投影面，观察位于该基本投影面上的圆弧线段，顺时针方向圆弧插补为 G02，逆时针方向圆弧插补为 G03，如图 2-15 所示。

图 2-15  圆弧顺、逆方向的区分

圆弧插补程序段应当包括圆弧的顺逆方向、圆弧的终点坐标、圆弧的圆心坐标 I、J、K（或圆弧的半径 R）等参数，其格式为

$$\left.\begin{matrix} G17 \\ G18 \\ G19 \end{matrix}\right\} \left\{\begin{matrix} G02 \\ G03 \end{matrix}\right\} \quad X\_\_ \quad Y\_\_ \quad Z\_\_ \left\{\begin{matrix} I\_\_ \quad J\_\_ \quad K\_\_ \\ R\_\_ \end{matrix}\right\} \quad F\_\_ ;$$

当机床只有一个坐标平面时，平面选择指令可以省略（如数控车床）；当机床具有三个坐标平面时，G17 可以省略（如数控铣床）。

圆弧的终点坐标参数 $X$、$Y$、$Z$，可以用圆弧终点的绝对坐标值表示，也可以用终点相对于起点的增量坐标值表示。

圆弧的圆心坐标参数，无论采用绝对坐标值编程还是采用相对坐标值编程，I、J、K 总是表示圆心相对于圆弧起点在 $X$、$Y$、$Z$ 坐标方向上的增量坐标值。如果在需要插补的圆弧起点处建立一个与工件坐标系协调一致的小坐标架，则圆弧圆心在小坐标架中的增量坐标值，即圆弧的圆心坐标参数 I、J、K。

编程中也可用 R 值来指定圆弧插补的半径。由于在同一圆弧半径 R 的条件下，由圆弧起点到达圆弧终点的轨迹存在着优弧与劣弧两种可能性，所以为了区别二者，规定轨迹为劣弧或半圆时 R 取正值，规定轨迹为优弧时 R 取负值。

**注意**：采用 R 参数编程时，不能用于描述整圆。例如，图 2-16 为封闭圆，只能采用 I、J 编程。设刀具起点在坐标原点 $O$，快速移动至 $A$，再按箭头方向以 F100 速度切削一个整圆移动至 $A$，再返回原点 $O$。

用绝对坐标值编程：

G90  G92  X0  Y0；

G00  X20.0  Y0；

G03  X20.0  Y0  I－20.0  J0  F100；

G00  X0  Y0；

M02；

用增量坐标值编程：

G91  G00  X20.0  Y0；

G03  X0  Y0  I－20.0  J0  F100；

G00  X－20.0  Y0；

M02；

又如图 2-17 为圆弧采用 R 编程。设 $A$ 为起刀点，刀具从点 $A$ 沿圆弧 $C1$、$C2$、$C3$ 至 $D$ 点停止，圆弧采用 R 值表达时的数控加工程序如下：

用绝对坐标值编程：

G90  G92  X0  Y18.0；

G02  X18.0  Y0  R18.0  F100；

G03  X68.0  Y0  R25.0；

G02  X88.0  Y20.0  R－20.0；

M02；

用增量坐标值编程：

G91  G02  X18.0  Y－18.0  R18.0  F100；

G03  X50.0  Y0  R25.0；

G02  X20.0  Y20.0  R－20.0；

M02；

**4. 暂停（延迟）指令——G04**

暂停指令 G04 可使刀具在指定的短暂时间（约几秒钟）内不进给，由主轴空转进行光整加工，常用于钻盲孔、车槽、镗平面、锪孔等场合。例如，锪孔到达所要求的孔深度后，可用暂停指令使刀具不进给空转几秒钟，可以将孔底的形状修整得更精确，使工件的表面粗糙度得到明显改善。

图 2-16　封闭圆编程

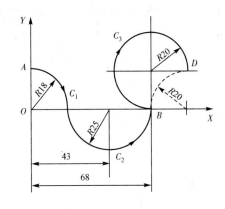

图 2-17　圆弧采用 R 编程

G04 为非续效性指令，仅在当前程序段有效。G04 指令有两种使用格式：

　　　G04　X2.5　LF　或　G04　P2500　LF

式中，X 和 P 后面的数值均为延时时间，但具体机床编程说明书的规定有不同含义。使用 X 格式时后面的数值必须带小数点，其单位为秒（s）或表示主轴空转2.5 圈；使用 P 格式时后面的数值不能带小数点，其单位为毫秒（ms）。

图 2-18 所示为锪孔底平面加工，由于孔底有较高的表面粗糙度要求，所以锪到孔深后不能立即退回刀具，否则孔底将会出现残缺不全的螺旋面凸起。此时应当采用暂停指令 G04 在孔底作短暂停留，其数控加工程序为

图 2-18　锪孔底平面加工

刀具暂停进给 5 s

N01　G91　G01　Z−7.0　F0.12　LF

N02　G04　X5.0　LF

N03　G00　Z7.0　LF

N04　M02　LF

## 2.4.3　刀具补偿指令

**1. 刀具半径补偿指令——G41、G42、G40**

当用圆形刀具（立铣刀、圆头车刀等）进行数控加工时，为了简化计算，可以按被加工零件的轮廓尺寸预先编程，然后现场输入所用刀具的半径值，由数控计算机自动计算出加工所需的刀心轨迹，自动完成数控加工。数控系统的这种功能，称为刀具半径补偿功能。当刀具的实际半径与理论半径不一致、刀具磨损、更换新刀或使用同一把刀具实现不同切削余量的

加工时,只需现场改变输入的刀具半径值,而无须改变原来的数控加工程序即可完成加工,从而使操作变得十分简便。现代数控机床一般都具有刀具半径补偿功能。

G41 为刀具半径左补偿指令,即顺着刀具的前进方向看,刀心偏于零件轮廓的左边;G42 为刀具半径右补偿指令,即顺着刀具的前进方向看,刀心偏于零件轮廓的右边;G40 为刀具半径补偿注销指令,用于注销 G41、G42 指令。G41、G42、G40 为同一组模态指令。

以图 2-19 为例:当机床数控系统不具备 G41 与 G42 指令功能时,需按 $O$、$A'$、$B'$、$C'$……编程;当机床数控系统具有刀具半径补偿功能时,则可按工件轮廓 $O$、$A$、$B$、$C$……编程,从而使编程工作大大简化。本例按图 2-19 所示,采用刀具半径补偿功能用绝对坐标值编程如下:

| | | |
|---|---|---|
| G90　G92　$X_0$　$Y_0$; | | 工件坐标系原点设定在 $O$ 点 |
| G00　G41　$X_A$　$Y_A$　T01　D01; | | $O \rightarrow A$,执行刀具半径左补偿指令 |
| G01　$X_B$　$Y_B$　F＿; | | $A \rightarrow B$ |
| ⋮ | | ⋮ |
| …　$X_A$　$Y_A$; | | $D \rightarrow A$ |
| G00　G40　$X_0$　$Y_0$; | | $A \rightarrow O$,取消刀具半径补偿指令 |
| M02; | | 程序结束 |

本例加工程序中,T01 表示使用 01 号刀具进行加工,D01 表示存放 01 号刀具半径补偿值的寄存器为 01 号补偿寄存器。在有些数控机床中,编程时也可使用 T0101 指令,表示 01 号刀具使用 01 号补偿寄存器。

刀具半径补偿功能有许多具体应用:当刀具被磨损或更换新刀具时,实际刀具的半径发生了变化,此时只需现场改变输入的刀具半径值。如图 2-20 所示为使用同一把指状铣刀进行零件粗、精加工时的补偿方法:设精加工余量为 $\Delta$,半精加工时先输入刀具半径值$(r+\Delta)$,将工件加工至虚线位置,精加工时改为输入刀具半径值 $r$ 即可。合理改变现场输入的刀具半径值,还可以精确地控制被加工零件的尺寸精度等。

图 2-19　刀具半径补偿

图 2-20　粗、精加工时的补偿方法

**注意:**刀具半径补偿指令 G41、G42、G40 应当与 G00 或 G01 指令置于同一条程序段中,或者应当在 G02、G03 程序段之前单独设一条刀具直线运动程序段。此外,由于刀具半径补偿是在工件轮廓的法线方向实现偏置,所以有时在两几何元素的转接部位可能出现刀心轨迹不连续或刀心轨迹重叠干涉的现象,因此需要采用 C 刀补功能来处理程序段之间的尖角

过渡问题。(详见第3.5.2节)

2.刀具长度补偿指令——G43、G44、G49

刀具长度补偿功能又称为刀具长度偏置功能。在刀具的长度尺寸方向($Z$方向),当程序的给定值($Z_{指令}$)与加工实际需要的位移值($Z_{实际}$)不一致时,可利用刀具长度补偿值($H$)对程序的给定值($Z_{指令}$)予以补偿,而不必修改已有的数控加工程序,即

$$Z_{实际} = Z_{指令} \pm H$$

式中,$Z_{实际}$、$Z_{指令}$、$H$ 都具有方向性,均为代数值。代数值相加使用 G43 指令;代数值相减使用 G44 指令。如图 2-21 所示,程序给定的 $Z$ 轴进给高度为 $-Z_{指令}$,加工时实际需要的进给高度为 $-Z_{实际}$,由于两者不相等,所以图 2-21(a)与图 2-21(b)均需进行刀具长度补偿。

设刀具长度补偿寄存器号为 H01,已输入到 H01 寄存器内的数据为($-e$),则刀具长度补偿计算公式为

图 2-21(a) $-Z_{实际} = -Z_{指令} + H01 = -Z_{指令} + (-e) = -(Z_{指令} + e)$

图 2-21(b) $-Z_{实际} = -Z_{指令} - H01 = -Z_{指令} - (-e) = -(Z_{指令} - e)$

图 2-21　刀具长度偏置

若将 H01 寄存器中的预置值改为($+e$),则编程时的刀具长度补偿指令 G43 应改为 G44;G44 应改为 G43,可见 G43 与 G44 的应用是比较灵活的。采用 G43、G44 指令之后,就可按实际加工情况选用不同的刀具长度进行编程;当刀具重磨或更换新刀具时,只需修改寄存器中的预置值,而不必修改数控加工程序,使操作简单化。一般可使用 G40(或 G49)指令注销 G43、G44 指令,刀具长度补偿指令取消后,刀具只移动到程序给定的坐标位置。

## 2.4.4　辅助功能 M 代码

M 代码用于控制数控机床的辅助动作,例如:主轴正转、反转、停止;冷却液开、关;工作台夹紧、松开;选刀、换刀;计划停止;程序结束等。数控编程时必须透彻了解 M 代码的功能和特点,确保 M 代码在加工程序中的正确使用,否则数控机床不能正常工作。常用的 M 代码有:

1.程序停止指令——M00

M00 用于进入程序暂停状态,停止主轴转动,关闭冷却液,停止进给,以便操作者执行诸如手动变速、换刀、测量工件等操作。如果要继续执行数控程序,须重按"程序启动"键。M00 在当前程序段中的其他指令执行完毕之后生效。

2.计划停止指令——M01

M01 与 M00 相似,差别仅在于执行 M01 指令时,操作者要预先将控制面板上的"计划停止"按钮接通,否则 M01 功能被屏蔽不起作用。M01 指令常用于一些关键尺寸的抽样检测,以及交接班时的临时停止等情况。

3.程序结束指令——M02

M02 指令通常位于整个数控加工程序的最后一条程序段中。当全部加工程序执行完

毕之后,用 M02 指令使主轴、进给、冷却液均停止,并使数控系统处于复位状态,但程序不返回最前面。

4.主轴正转、反转、停止指令——M03、M04、M05

M03、M04、M05 指令用于控制主轴的正转、反转和停止。"主轴正转"指站在主轴位置面向工件观察,主轴按顺时针方向旋转。

机床执行 M03、M04、M05 指令时具有"先开后停"的特征,即:当遇到含有 M03 或 M04 指令的程序段时,机床先开启主轴,再执行其他操作;当遇到含有 M05 指令的程序段时,机床先执行完其他操作,最后停止主轴。

5.换刀指令——M06

M06 指令常用于加工中心机床,实现自动换刀所需要的选刀、抓刀、拔刀、换位、装刀等一系列自动换刀连续动作。

6.冷却液控制指令——M07、M08、M09、M13、M14

M07、M08、M09 分别为 2 号冷却液开、1 号冷却液开、冷却液关指令,用于切削加工需要使用不同冷却液的场合。至于数控编程时究竟使用哪一种冷却液(例如雾状冷却液还是液状冷却液),需要根据数控机床的配置结构和零件加工时的工艺需要来决定。

M13、M14 分别为主轴顺时针方向旋转时冷却液开或主轴逆时针方向旋转时冷却液开,该指令用于大导程螺纹车削时需要利用退刀机会观察零件表面加工质量的场合。

7.程序结束指令——M30

M30 指令与 M02 指令的功能相似,都表示数控加工程序结束,使主轴、进给、冷却液均停止,并使数控系统处于复位状态;但 M30 指令可使数控加工程序返回到最前面,以便于重复加工下一个相同的零件。

# 2.5 数控车床的程序编制

在数控车床中以卧式数控车床的应用较为广泛,特别适合于加工中小型回转体高精度小批量零件。近年来数控车削中心逐渐被加工行业所采用,它可以在将工件车削完成之后,利用主轴分度或圆周进给功能进行铣削、钻削等工作,将工件轮廓的几何要素全部加工完成,因而工序高度集中。本节主要讨论卧式数控车床的编程。

## 2.5.1 数控车床工艺分析

1.刀具

数控车床常用的刀具有中心钻、外圆车刀、切槽刀、外螺纹车刀、45°端面车刀、麻花钻、内孔车刀、切断刀等。加工时可根据加工内容、工件材料等选用刀具,力求保证刀具的强度和耐用度。应当尽量使用机夹可转位不重磨刀具,以减少换刀和缩短对刀时间。

2.夹具

在数控车床上,多采用三爪自定心卡盘来夹持工件;轴类零件也常采用两顶尖方式夹持;为了提高刚度,可采用跟刀架作为辅助支承。为了减少细长轴加工时的受力变形,提高加工精度,以及在加工中空轴类工件的内孔时,可以采用自动定心中心架,以提高工艺系统的刚度和定心精度。

3.合理选择加工路线

在数控加工中,刀具刀位点相对于工件运动的轨迹称为加工路线。编程时,加工路线的确定原则主要应保证被加工工件的加工精度和表面粗糙度;同时力求使数值计算简便,以减少编程工作量;力求使加工路线最短,以减少程序段和缩短空行程时间。

对于普通数控车削加工,切削起始点的位置取决于毛坯余量的大小,以刀具快速移动到达该点时不发生刚性碰撞为原则;对于螺纹加工,为了保证螺距精度,应留有一定的切入量和切出量。

下面介绍如何实现最短的空行程路线和最短的切削走刀路线。

(1)巧用起刀点

图 2-22 所示为采用矩形循环方式粗车的一般情况。其中图 2-22(a)将对刀点与起刀点设置在同一点,即 $A$ 点,其走刀路线如下:

第一刀:$A{\rightarrow}B{\rightarrow}C{\rightarrow}D{\rightarrow}A$

第二刀:$A{\rightarrow}E{\rightarrow}F{\rightarrow}G{\rightarrow}A$

第三刀:$A{\rightarrow}H{\rightarrow}I{\rightarrow}J{\rightarrow}A$

图 2-22(b)则将对刀点 $A$ 与起刀点 $B$ 分离,设置为两点,其走刀路线如下:

空行程:$A{\rightarrow}B$

第一刀:$B{\rightarrow}C{\rightarrow}D{\rightarrow}E{\rightarrow}B$

第二刀:$B{\rightarrow}F{\rightarrow}G{\rightarrow}H{\rightarrow}B$

第三刀:$B{\rightarrow}I{\rightarrow}J{\rightarrow}K{\rightarrow}B$

采用图 2-22(b)所示的走刀路线,显然可以缩短走刀总行程,提高加工效率。

(a) 对刀点与起刀点重合　　　　　　　(b) 对刀点与起刀点分离

图 2-22 矩形循环方式粗车的走刀路线

(2)巧设换刀点

为了换刀时的方便和安全,可将换刀点设置在离工件较远的某一位置处;但这样做会导致换刀空行程增加,所以在保证换刀运动安全的前提下可将换刀点设置在离工件较近的位置,以缩短换刀运动中的空行程。

(3)合理安排"回零"路线

安排"回零"路线时,应使前一刀终点与后一刀起点间的距离尽量缩短,或者为零,以满足走刀路线为最短的要求。在确保返回对刀点时不会发生干涉的前提下,应尽量使两坐标轴同时"回零",此时的"回零"路线最短。

(4)选择最短的切削进给路线

如图 2-23 所示为零件粗车时几种不同走刀路线的安排示意图。其中图 2-23(a)所示为封闭形复合循环的走刀路线;图 2-23(b)所示为三角形复合循环的走刀路线;图 2-23(c)所示为矩形复合循环的走刀路线。这三种走刀路线中,矩形复合循环路线的进给总长度最短。

(a) 封闭形复合循环          (b) 三角形复合循环          (c) 矩形复合循环

图 2-23　粗车加工时的走刀路线

4.合理选择切削用量

切削速度的提高,会使刀刃的温度急剧上升,刀具的机械、化学、热磨损加剧,刀具寿命将大大缩短;增大进给量也会引起切削温度上升,同样会造成刀具磨损,但这种磨损对刀具寿命的影响比加大切削速度所造成的影响要小得多。因此,要根据被加工零件的精度、工件硬度和刀具的硬度、工艺系统的刚性等因素合理选择切削用量三要素,尽可能使用较大的吃刀深度和进给量,切不可盲目提高切削速度。

## 2.5.2　数控车床编程特点

### 1.数控车床坐标系

数控车床的主轴轴线方向为 $Z$ 轴,大拖板带动刀具移动远离工件的方向为 $+Z$ 方向;水平径向为 $X$ 轴,中拖板带动刀具移动远离工件的方向为 $+X$ 方向。为了方便编程和简化数值计算,数控车床工件坐标系原点一般选定在主轴回转中心线与卡盘卡爪端面的交点处,如图 2-24 中的 $O$ 点位置;根据需要,工件坐标系原点也可选在工件回转中心与工件右端面或工件左端面的交点处。数控车床的机床坐标系原点,通常由机床制造厂在机床说明书中进行指定。

图 2-24　数控车床的工件坐标系与机床坐标系

### 2.混合编程

在数控车床编程时,规定同一条程序段中可以采用混合编程的方式。这就是说,在同一条程序段中书写的坐标值,既可以采用绝对坐标值表达,也可以采用相对坐标值表达,还可以采用两者混用表达;数控车床混合编程时不必在程序段中特别注明 G90 或 G91,只要以 $(X,Z)$ 表示绝对坐标值,以 $(U,W)$ 表示相对坐标值即可。

### 3.直径值编程

在数控车床编程时,为了符合人们操作数控车床的普遍习惯,规定 $X$ 的编程值采用工件的直径值表示;$U$ 的编程值采用刀具沿 $X$ 轴方向位移增量值的两倍表示,并要标明位移方向符号。这是因为操作数控车床时,人们习惯于测量工件的直径,而不习惯于测量工件的半径。

**4. 多种固定循环**

数控车床加工工件的毛坯常采用棒料或铸、锻件,所以粗车的余量较大,需要多次重复循环加工才能车去大部分余量。为了简化编程和提高效率,在数控车床的控制系统中设置了各种不同形式的固定循环功能,采用一条指令实现一连串固定连续的加工动作或多次重复加工循环。

**5. 车削螺纹的编程方法**

在数控车床上车削螺纹时,程序段中的 $F$ 值应等于被加工螺纹的导程;按照被加工螺纹牙型的尺寸大小,有"不借刀直进车削较小螺纹"和"借刀车削较大螺纹"两种车削螺纹的加工进刀方法。

## 2.5.3　车削常用固定循环指令

车削常用固定循环指令有内外圆柱面循环、内外圆锥面循环、切槽循环、端面循环、内外螺纹循环、复合循环等,这些固定循环指令的格式与功能随不同的数控系统会有所差别,使用时应参考所使用数控机床的编程说明书。下面介绍 FANUC 0I 系统的一部分循环指令。

**1. 单一切削循环**

(1)单一圆柱面或圆锥面切削循环

单一圆柱面切削循环程序段格式为

$$G90 \quad X(U)\_\_ \quad Z(W)\_\_ \quad F\_\_ \quad LF$$

单一圆锥面切削循环程序段格式为

$$G90 \quad X(U)\_\_ \quad Z(W)\_\_ \quad I\_\_ \quad F\_\_ \quad LF$$

式中:$X$、$Z$ 为圆柱面或圆锥面切削终点坐标值;$U$、$W$ 为圆柱面或圆锥面切削终点相对于循环起点的坐标值增量;$I$ 为锥体切削起始点与切削终点的半径差。循环过程如图 2-25 所示。

(a) 圆柱面切削循环　　　　(b) 圆锥面切削循环

图 2-25　圆柱面与圆锥面切削循环

加工如图 2-26 所示圆柱面和圆锥面时的切削循环程序可分别写成

图 2-26　圆柱面、圆锥面切削循环加工示例

（加工圆柱面的切削循环程序）　　　　（加工圆锥面的切削循环程序）

......

N010　G90　X45.0　Z−25.0　F50　LF　　　N010　G90　X55.0　Z−35.0　I−10.0　F50　LF

N020　X40.0　LF　　　　　　　　　　　　N020　X50.0　LF

N030　X35.0　LF　　　　　　　　　　　　......

（2）单一端面切削循环

单一端面切削循环程序段格式为

$$G94 \quad X(U)\_\_ \quad Z(W)\_\_ \quad F\_\_ \quad LF$$

式中，$X$、$Z$ 为端面切削终点坐标值；$U$、$W$ 为端面切削终点相对于循环起点的坐标值增量。切削循环过程如图 2-27 所示。

如果假定工件原点设定在被加工工件的右端面，则加工程序为

......

N010　G94　X30.0　Z−5.0　F50　LF

N020　Z−10.0　LF

N030　Z−15.0　LF

......

图 2-27　端面切削固定循环及加工示例

（3）螺纹切削循环

螺纹切削循环程序段格式为

$$G92 \quad X(U)\_\_ \quad Z(W)\_\_ \quad I\_\_ \quad F\_\_ \quad LF$$

式中，$X$、$Z$ 为螺纹切削终点坐标值；$U$、$W$ 为螺纹切削终点相对于循环起点的坐标值增量；$I$ 为锥螺纹切削起点与切削终点的半径差，$I$ 为 0 时可以省略，表示加工圆柱螺纹，$F$ 为螺纹的导程。螺纹切削循环的加工过程如图 2-28 所示。

图 2-28 圆锥螺纹、圆柱螺纹切削循环

**2.多重复合循环**

使用多重复合循环指令,可以使数控编程工作得到进一步简化。在多重复合循环中,只需指定精加工路线和粗加工的背吃刀量,数控系统就会自动计算出粗加工路线和走刀次数。

(1)外圆粗车复合循环指令——G71

外圆粗车复合循环指令 G71 的程序段格式为

        G71   U(Δd)   R(e)   LF

        G71   P(ns)   Q(nf)   U(Δu)   W(Δw)   F＿   S＿   T＿   LF

        N(ns)······

        ······

        N(nf)······

式中　　$\Delta d$——背吃刀量,半径值,mm,无正负号;

      $e$——退刀量,半径值,mm;

      ns——精加工程序的开始程序段号;

      nf——精加工程序的结束程序段号;

      $\Delta u$——$X$ 轴方向的精加工余量,直径值,mm;

      $\Delta w$——$Z$ 轴方向的精加工余量,mm。

外圆粗车复合循环的加工路线如图 2-29 所示。$A'$ 为精车循环起点,$A$ 是毛坯外径与轮廓端面的交点,$\Delta u/2$ 是 $X$ 方向的精车余量半径值,$\Delta w$ 为 $Z$ 方向的精车余量,$e$ 为退刀量,$\Delta d$ 为背吃刀量。

例如,要粗车图 2-30 所示短轴的外圆,假设粗车切削深度为 4 mm,退刀量为 0.5 mm,$X$ 方向精车余量为 2 mm,$Z$ 方向精车余量为 2 mm,则加工程序为

图 2-29　外圆粗车复合循环　　　　　图 2-30　外圆粗车复合循环示例

……

```
N020   G00   X125.0  Z12.0  LF
N030   G71   U4.0  R0.5  LF
N040   G71   P050  Q110  U2.0  W2.0  F0.3  LF
N050   G00   X40.0  Z6.0  LF
N060   G01   Z-30.0  F0.1  LF
N070   X60.0  Z-60.0  LF
N080   Z-80.0  LF
N090   X100.0  Z-90.0  LF
N100   Z-110.0  LF
N110   X120.0  Z-130.0  LF
N120   G00   X125.0  Z12.0  LF
```

……

(2)端面粗车复合循环指令——G72

端面粗车复合循环指令 G72 的程序段格式为

G72   W($\Delta$d)   R(e)   LF

G72   P(ns)   Q(nf)   U($\Delta$u)   W($\Delta$w)   F＿   S＿   T＿   LF

N(ns)……

……

N(nf)……

式中各参数的含义与外圆粗车复合循环程序段中的各参数含义相同。加工路线如图 2-31 所示。

(3)成形车削复合循环指令——G73

G73 指令适用于毛坯轮廓与零件轮廓基本接近的工件的粗车,例如模锻件或精铸件的粗车加工。成形车削复合循环指令的程序段格式为

G73   U($\Delta$I)   W($\Delta$k)   R(d)   LF

G73   P(ns)   Q(nf)   U($\Delta$u)   W($\Delta$w)   F＿   S＿   T＿   LF

N(ns)……

……

N(nf)……

图 2-31　端面粗车复合循环

式中,$\Delta I$ 为沿 $X$ 轴方向的退刀总量(半径编程);$\Delta k$ 为沿 $Z$ 轴方向的退刀总量;$d$ 为重复加工次数,其他参数的含义与 G71 相同。该指令的执行过程如图 2-32 所示。

例如,加工如图 2-33 所示的短轴,$X$ 轴方向退刀总量为 9.5 mm,$Z$ 轴方向退刀总量为 9.5 mm,$X$ 轴方向精车余量为 1.0 mm,$Z$ 轴方向精车余量为 0.5 mm,重复加工次数为 3,则加工程序为

图 2-32 成形车削复合循环

图 2-33 成形车削复合循环示例

......

N020　G00　X200.0　Z200.0　LF

N030　G73　U9.5　W9.5　R3　LF

N040　G73　P050　Q110　U1　W0.5　F0.3　LF

N050　G00　X20.0　Z1.0　LF

N060　G01　Z−20.0　F0.15　LF

N070　X40.0　Z−30.0　LF

N080　Z−50.0　LF

N090　G02　X80.0　Z−70.0　R20.0　LF

N100　G01　X100.0　Z−80.0　LF

N110　G00　X200.00　Z200.00　LF

......

（4）精车复合循环指令——G70

在采用 G71、G72、G73 指令进行粗车后，用 G70 指令可以进行精车复合循环切削，其程序段格式为

G70　P(ns)　Q(nf)　LF

式中　ns——精加工程序的开始程序段号；

nf——精加工程序的结束程序段号。

**注意**：在执行 G70 时，程序段号"ns"和"nf"之间指定的 F、S 和 T 有效 S；G70～G73 中，ns～nf 的程序段不能调用子程序。

## 2.5.4　其他常用的车床编程指令

**1.工件坐标系设定指令——G50**

有些数控车床在编程时，"工件坐标系设定"不采用 G92 指令，而是采用 G50 指令，其程序段格式为

G50　X__　Z__　LF

式中，X、Z 坐标为刀具刀位点在工件坐标系中的坐标值。例如，如图 2-34 所示的坐标系可用 G50 指令设定为

G50　X128.7　Z375.1　LF

图 2-34　设定加工坐标系

**2.返回参考点指令——G28 或 G30**

G28 为返回第一参考点指令，其程序段格式为

G28　X(U)__　Z(W)__　LF

式中，X(U)、Z(W)为返回第一参考点时刀具所经过的中间点的坐标值。

G30 为返回第二（或第三、第四）参考点指令，其程序段格式及用法与 G28 指令相似。

**3.刀具补偿功能指令**

数控车床编程时，通常把刀具号和刀具补偿号组合在一起，采用四位数字表示刀具补偿

功能。例如"T0101",前两位数字表示选01号刀具,后两位数字表示使用01号刀补量寄存器中的刀具补偿值,该补偿值与刀补拨盘号或屏幕刀补显示位置号对应。当后两位数值为0时,如"T0100",表示刀具X、Z向的补偿值均为零,这相当于取消01号刀具的刀具补偿功能。

## 2.5.5 数控车削编程实例(FANUC系统)

【**例2-1**】 小轴零件如图2-35所示,工件毛坯为$\phi85$ mm×340 mm棒料,材质为45钢,表面已经粗车完成,试编制该零件的数控车削精加工程序。(其中$\phi85$ mm外圆不必精车)

图2-35 小轴零件简图

(1)工艺分析

工件以$\phi85$ mm外圆及右端面上的中心孔为定位基准,用三爪自动定心卡盘夹持$\phi85$ mm外圆,用机床尾座顶尖顶住右端面上的中心孔。精加工时自右向左进行外轮廓面的加工,其走刀路线为:1号刀倒角C1→车螺纹顶径→车端面→车圆锥面→车$\phi62$ mm外圆柱面→车端面→倒角C1→$\phi80$ mm外圆柱面→车R70 mm圆弧→车$\phi80$ mm外圆柱面→车端面→换2号刀切螺纹退刀槽→换3号刀车削螺纹。

根据上述安排,加工过程中共需要使用三把刀:1号外圆车刀(车外圆),2号切槽刀(切螺纹退刀槽),3号螺纹刀(车削外螺纹)。车刀安装在可自动转位四方刀架上,由数控加工程序控制自动换刀。

(2)小轴零件的数控车削精加工程序

```
%
O0003                                     程序号
N010  G50  X200.0  Z350.0  LF            工件坐标系设定(刀尖位于A点)
N020  S630  M03  T0101  LF               换1号刀(90°外圆车刀),主轴正转
N030  G00  X41.8  Z292.0  M08  LF        快速点定位,开冷却液,准备倒角
N040  G01  X47.8  Z289.0  F0.15  LF      倒角C1
N050  U0  Z230.0  LF                     车螺纹顶径(外圆柱面)
N060  X50.0  W0  LF                      车端面
N070  X62.0  W−60.0  LF                  车圆锥面
N080  U0  Z155.0  LF                     车$\phi62$ mm外圆柱面
```

| N090 | X78.0 W0 LF | 车端面 |
|---|---|---|
| N100 | X80.0 W−1.0 LF | 倒角 C1 |
| N110 | U0 W−19.0 LF | 车 $\phi$80 mm 外圆柱面 |
| N120 | G02 U0 W−60.0 R70.0 LF | 车 R70 mm 圆弧(假定可以跨象限加工) |
| N130 | G01 U0 Z65.0 LF | 车 $\phi$80 mm 外圆柱面 |
| N140 | X90.0 W0 LF | 车端面,退出切削区 |
| N150 | G00 X200.0 Z350.0 M05 T0100 M09 LF | 刀具快退到换刀点 A;取消刀补;主轴停转;<br>关冷却液 |
| N160 | S315 M03 M08 LF | 变速,主轴正转;开冷却液 |
| N170 | X51.0 Z230.0 T0202 LF | 换 2 号刀,快速点定位,准备切槽 |
| N180 | G01 X45.0 W0 F0.1 LF | 切退刀槽 |
| N190 | G04 X0.5 LF | 暂停进给 0.5 s,修光退刀槽的底部 |
| N200 | G00 X51.0 W0 LF | 2 号切槽刀按原路线退回 |
| N210 | X200.0 Z350.0 M05 T0200 M09 LF | 刀具快退到换刀点 A;取消刀补;主轴停转;<br>关冷却液 |
| N220 | S200 M03 M08 LF | 变速,主轴正转,开冷却液 |
| N230 | X62.0 Z298.0 T0303 LF | 换 3 号刀,快速点定位,切入量为 8 mm |
| N240 | G92 X47.2 Z231.5 F1.5 LF | 螺纹切削循环,第一刀,$\phi$47.2 mm |
| N250 | X46.8 LF | 螺纹切削循环,第二刀,$\phi$46.8 mm |
| N260 | X46.4 LF | 螺纹切削循环,第三刀,$\phi$46.4 mm |
| N270 | X46.2 LF | 螺纹切削循环,第四刀,$\phi$46.2 mm |
| N280 | G00 X200.0 Z350.0 T0300 LF | 刀具快退回到换刀点 A;取消刀补 |
| N300 | M30 LF | 机床停止并复位,程序结束(返回开头) |

**【例 2-2】** 如图 2-36 所示为缸套零件简图,试编制该零件的数控加工程序。

图 2-36　缸套零件简图

(1)缸套零件的加工工步安排

缸套零件的加工工步内容、所需使用的刀具及有关工艺参数,见表 2-4。

表 2-4 缸套零件简化工步表

| 工步号 | 加工内容 | 刀具 | $S/(\text{r} \cdot \text{min}^{-1})$ | $F/(\text{mm} \cdot \text{r}^{-1})$ |
|---|---|---|---|---|
| 1 | 外圆粗车循环 | T0101 | 300 | 0.2 |
| 2 | 内孔粗车循环 | T0303 | 300 | 0.2 |
| 3 | 精车端面、短锥面、精车 $\phi 110$ mm 外圆 | T0505 | 600 | 0.1 |
| 4 | 车 $\phi 93.8$ mm 槽 | T0707 | 200 | 0.2 |
| 5 | 内孔倒角、精车内孔阶梯面、$\phi 80$ mm 内孔等 | T0909 | 600 | 0.1 |
| 6 | 车 4.1 mm×2.5 mm 槽 | T1111 | 240 | 0.1 |

（2）缸套零件的加工程序

```
%
00012                                      程序号
N001  G50  X400.0  Z400.0  T0101;          建立工件坐标系,换1号刀,执行01号补偿寄
                                           存器中的补偿
N002  M03  S300;                           主轴正转,300 r/min
N003  G00  X118.0  Z145.0;                 快速定位到端面外方,外圆粗车循环起点
N004  G71  U2.0  R0.5;                      定义粗车循环,切削深度为2.0 mm,退刀量
                                           为0.5 mm
N005  G71  P006  Q011  U0.5  W0.1  F0.2;
N006  G00  X90.0;
N007  G01  Z141.0  F0.1;
N008  X102.0;                              车端面
N009  U8.0  W-6.93;                        车短锥面
N010  Z-2.0;                               车 $\phi 110$ mm 外圆
N011  G00  X112.0;
N012  X400.0  Z400.0  T0100  M05;          返回对刀点,撤销01号刀刀补,主轴停转
N013  T0303;                               换03号刀,执行03号补偿寄存器中的刀补值
N014  M03  S300;                           开主轴,正转,300 r/min
N015  G00  X70.0  Z145.0;                  快速定位到内孔粗车循环起点
N016  G71  U2.0  R0.5;                      定义粗车循环,切削深度为2.0 mm,退刀量
                                           为0.5 mm
N017  G71  P018  Q025  U-0.5  W0.1  F0.2;
N018  G00  X94.0;
N019  G01  Z142.0  F0.1;
N020  X90.0  Z140.0;                       内孔倒角
N021  Z61.0;                               车 $\phi 90$ mm 内孔
N022  X80.0;                               车内孔阶梯面
N023  Z-2.0;                               车 $\phi 80$ mm 内孔
N024  G00  X75.0;
N025  Z142.0;
N026  X400.0  Z400.0  T0300  M05;          返回对刀点,取消03号刀刀补,主轴停转
N027  T0505;                               换05号刀(外圆精车刀),执行05号补偿寄存
                                           器中的刀补值
```

| N028 | M03 | S600.0; | | | 开主轴,正转,600 r/min |
|------|-----|---------|--|--|------|

N028  M03  S600.0;　　　　　　　　开主轴,正转,600 r/min
N029  G00  X118.0  Z142.0;　　　　刀具定位到外圆精车循环起点
N030  G70  P006  Q011;　　　　　　外圆精车循环
N031  G00  X400.0  Z400.0  T0500  M05;　返回对刀点,取消 05 号刀刀补,主轴停转
N032  T0707;　　　　　　　换 07 号刀(挖槽刀),执行 07 号补偿寄存器中的刀补值
N033  M03  S200.0;　　　　开主轴,正转,200 r/min
N034  G00  X88.0  Z180.0;　　刀具快速接近内孔
N035  Z131.0  M08;　　　　刀具快速定位,开冷却液,准备车槽
N036  G01  X93.8  F0.1;　　车 φ93.8 mm 槽
N037  G00  X85.0;　　　　X 方向退刀
N038  Z180.0;　　　　Z 方向退刀
N039  X400.0  Z400.0  T0700  M09  M05;　退回对刀点,取消 07 号刀刀补,关冷却液,主轴停转
N040  T0909;　　　　换 09 号刀(内孔精车刀),执行 09 号补偿寄存器中的刀补值
N041  M03  S600;　　　开主轴,正转,600 r/min
N042  G00  X70.0  Z145.0;　　刀具定位到内孔精车循环起点
N043  G70  P018  Q025;　　内孔精车循环
N044  G00  X400.0  Z400.0  T0900  M05;　返回对刀点,取消 09 号刀刀补,主轴停转
N045  T1111;　　　　换 11 号刀(切刀),执行 11 号补偿寄存器中的刀补值
N046  M03  S240.0;　　　开主轴,正转,240 r/min
N047  G00  X115.0  Z71.0  M08;　刀具定位,到达 4.1 mm×φ105 mm 切槽位置,开冷却液
N048  G01  X105.0  F0.1;　　车 4.1 mm×2.5 mm 槽
N049  X115.0;　　　　切刀退回
N050  G00  X400.0  Z400.0  T1100  M09;　返回对刀点,取消刀补,关冷却液
N051  M30;　　　　机床停止并复位,程序结束(返回程序开头)

## 2.6　数控铣床的程序编制

数控铣床的应用非常广泛,它可以进行平面铣削、型腔铣削、轮廓铣削、复杂型面铣削,也可以进行钻削、镗削、螺纹切削等孔加工,还可以进行两至五轴联动的各种平面轮廓和复杂曲面形状零件的加工。数控加工中心机床、柔性制造单元、柔性制造系统等都是在数控铣床的基础上发展起来的。

### 2.6.1　数控铣床工艺分析

#### 1. 确定加工内容

确定数控铣床的加工内容时,应从需要性和经济性两个方面考虑,通常选择下列对象为其加工内容:零件上的曲线轮廓,特别是由数学表达式描述的非圆曲线和列表曲线等复杂轮廓;已给出数学模型的空间曲面;形状复杂、尺寸繁多、划线与检测较困难的部位;使用普通铣床难以观察、难以测量和难以控制进给的内外凹槽加工;采用数控铣削能显著提高生产效

率和降低劳动强度的零件加工工作。

**2. 选择加工路线**

数控铣床铣削零件的外轮廓时应采用切向切入、切出,尽量采用逆铣,以避免进给停顿。铣削零件的内轮廓时最好采用圆弧切入、切出,尽可能不留刀痕。铣削型腔时可先平行切削,再环形切削。铣削曲面时常采用行切法(图 2-37)进行加工,尽可能使刀具与被加工表面之间的切点轨迹平行排列,其行距可根据零件的加工精度来确定。对于某些复杂曲面,可能需要采用三坐标联动或多坐标联动方式进行加工,如图 2-38 所示。

(a) 三坐标联动加工　　　　(b) 多坐标联动加工

图 2-37　行切法加工　　　　　　图 2-38　三坐标或多坐标联动行切法加工

**3. 夹具和刀具**

数控铣床的夹具可根据被加工零件的批量来选择。对单件、小批量、工件尺寸较大的模具加工来说,一般可将工件直接安装在机床工作台台面上,通过调整法实现定位与夹紧。数控铣床采用的刀具要根据被加工零件的材质、尺寸、形状、表面质量要求、热处理状态、切削性能及加工余量等因素综合考虑,尽可能选择刚性好、耐用度高的高速切削刀具。

## 2.6.2　数控铣床编程基础

**1. 数控铣床的主要功能**

各类数控铣床所配置的数控系统,除一些特殊功能不相同外,其主要功能基本相同。

(1)点位控制功能

点位控制功能可使刀具准确快速定位,实现对位置精度要求很高的孔系加工。

(2)连续轮廓控制功能

连续轮廓控制功能可以实现直线插补、圆弧插补及非圆曲线的加工。

(3)刀具半径补偿功能

刀具半径补偿功能可以不必考虑所用刀具的实际尺寸,仅仅根据零件图纸上标注的工件轮廓尺寸来编程,从而减少了编程时复杂数值计算的工作量。

(4)刀具长度补偿功能

刀具长度补偿功能可以自动补偿刀具的长短,以适应加工时对刀具长度尺寸自动调整的要求。

(5)比例及镜像加工功能

比例加工功能是指可将编好的加工程序按指定的比例,由机床数控系统自动改变坐标值之后执行。镜像加工功能又称为轴对称加工功能,是指当零件形状关于某坐标轴对称时,只需要编制某一个或两个象限的程序,然后通过镜像加工功能实现其余象限内的轮廓加工。

（6）旋转功能

旋转功能可将编好的加工程序在加工平面内旋转任意角度之后执行。

2.数控铣床编程常用指令

（1）绝对编程和相对编程指令——G90、G91

在编程时如果程序指定了 G90，则后续坐标都采用绝对坐标值方式进行编程；如果指定了 G91，则都采用相对坐标值方式编程。G90、G91 都是模态指令。一般开机状态默认为 G90 方式。

（2）工件坐标系设定指令——G92

G92 指令的功能，是将工件坐标系原点设定在相对于刀具起始点位置（当前位置）的空间某一点上。其程序段格式为

$$G92 \quad X\underline{\quad} \quad Y\underline{\quad} \quad Z\underline{\quad} \quad LF$$

$X$、$Y$、$Z$ 后面的数字为刀具在工件坐标系中的坐标值。例如

$$G92 \quad X20 \quad Y10 \quad Z10 \quad LF$$

如图 2-39 所示，该指令设定的工件坐标系原点位于距离刀具当前位置点 $X=-20$，$Y=-10$，$Z=-10$ 的位置上。

除了可以用 G92 指令设定工件坐标系外，在铣削加工编程中还可采用另一组坐标系设定指令，即 G54～G59 设定工件坐标系。如图 2-40 所示，G53 为机床坐标系，它是数控机床制造厂设定的固有的坐标系，一般此坐标系是不允许变

图 2-39　G92 设定工件坐标系

动的；操作者在采用 G54～G59 指令进行实际加工之前，应测量各工件坐标系原点相对于 G53 机床坐标系原点的偏置值，MDI 手动输入机床数控系统，设定工件坐标系。

图 2-40　相对于 G53 采用 G54、G55 设定工件坐标系

相对于 G53 机床坐标系的原点 $O$，对于每一个原点偏置值，可分别对应 G54、G55、G56、G57、G58、G59 指令，一共可以设定 6 个工件坐标系。有些数控系统还可以设定更多的工件

坐标系,供编程人员选用。

(3)刀具快速点定位与插补指令——G00、G01、G02、G03

(4)刀具半径补偿建立与取消指令——G41、G42、G40

(5)刀具长度补偿建立与取消指令——G43、G44、G49

(6)比例缩放/取消指令——G51、G50

有些数控铣床的控制系统可以对被加工零件进行按比例加工,从而简化程序。这一功能常用于形状相似的零件。其程序段格式为

$$G51 \quad X\_\_ \quad Y\_\_ \quad Z\_\_ \quad P\_\_ \quad LF$$

式中,$X$、$Y$、$Z$ 为比例中心的绝对坐标值,$P$ 为缩放系数,范围为 $0.001\sim999.999$。执行该指令后,后续程序段中的所有坐标值,均相对于比例中心缩放了 $P$ 倍。

(7)子程序调用功能

为了简化编程,当工件上有相同的重复加工内容时,常采用子程序调用的方法进行编程。调用子程序的程序叫做主程序。子程序的编号与一般程序基本相同,只是程序结束字为 M99,表示子程序结束,并返回到调用子程序的主程序中。调用子程序的程序段格式为

$$M98 \quad P\underline{\times\times\times\times} \quad \underline{\times\times\times\times} \quad LF$$

式中,M98 表示调用子程序,P 表示具体的调用情况。P 后共有 8 位数字,后 4 位数字表示所调用的子程序号,前 4 位数字表示调用子程序的次数。前 4 位数字可以省略,省略时表示子程序只调用一次。

3.铣削编程实例(FANUC 系统)

**【例 2-3】** 在数控铣床上加工如图 2-41 所示零件的环形槽,毛坯为 70 mm×70 mm×16 mm 板材,工件材质为 45 钢,六个面已经过粗加工,要求编制数控铣削精加工程序。

图 2-41　铣削加工零件示例

(1)工艺分析

工件以已加工过的底面为定位基准,以机用台虎钳夹紧两侧面固定于铣床工作台上。

加工时先完成两个圆轨迹,再加工 50 mm×50 mm 带有圆角的正方形凹槽,切削深度为
3.0 mm。工件坐标系原点设在工件表面的中心点处。采用直径为 8 mm 的平底指状立铣
刀,主轴转速为 600 r/min,进给速度为 80 mm/min。

(2)该零件的数控铣削加工程序为

```
%
O1000                                            程序号
N010   G90   G92   X35.0   Y35.0   Z100.0;       工件坐标系设定(刀具位于 A 点)
N020   S600   M03;                               主轴正转,600 r/min
N030   G00   X14.0   Y0   Z1.0   M08;            快速点定位,下刀接近工件,开冷却液
N040   G01   Z−3.0   F80;                        加工进到槽深 3 mm,进给速度为 80 mm/min
N050   G03   X14.0   Y0   I−14.0   J0;           加工圆轨迹 φ36 mm
N060   G01   X20.0;
N070   G03   X20.0   Y0   I−20.0   J0;           加工圆轨迹 φ48 mm
N080   G41   G01   X25.0   Y0   D01;             加工槽的外轮廓,建立刀具半径补偿
N090   Y15.0;                                    以下均为加工槽的外轮廓程序
N100   G03   X15.0   Y25.0   I−10.0   J0;
N110   G01   X−15.0;
N120   G03   X−25.0   Y15.0   I0   J−10.0;
N130   G01   Y−15.0;
N140   G03   X−15.0   Y−25.0   I10.0   J0;
N150   G01   X15.0;
N160   G03   X25.0   Y−15.0   I0   J10.0;
N170   G01   Y0;
N180   G00   Z100.0;                             提刀
N190   G40   X35.0   Y35.0;                      取消刀补,返回 A 点
N200   M30;                                      机床停止并复位,程序结束(返回程序开头)
```

# 2.7   加工中心的程序编制

加工中心(Machining Center)简称 MC,它将铣、镗、钻、攻等多项功能集中在一台数控
机床上,一次装夹可完成多面、多部位、多工序自动加工,是适用于高精度大型复杂零件加工
的高效率、高度自动化数控机床。加工中心所配置的数控系统各有不同,各种数控系统的编
程格式也有一定的区别,但是编制程序的方法和过程是基本相同的。以下以配置 FANUC
数控系统的加工中心为例展开讨论。

## 2.7.1   加工中心编程基础

### 1.加工中心的分类

加工中心从外观上可分为立式、卧式、龙门式和复合加工中心。立式加工中心的主轴铅
垂放置,垂直于水平工作台,主要适用于加工板材类、壳体类工件,也可用于加工模具等。卧
式加工中心的主轴水平放置,它的工作台大多配有由伺服电动机驱动的数控回转台,借助于
数控回转台可实现工件一次装夹多面切削,特别适合于箱体类工件的加工。龙门式加工中

心具有龙门式结构,主轴大多铅垂放置,除自动换刀装置外还有可更换的主轴头附件,能够一机多用,适合于大型复杂零件加工。复合加工中心又称五面体加工中心,是指在一台加工中心上有立、卧两个主轴,或者有一个可绕水平轴做 90°俯仰摆动的主轴头,因而在工件一次装夹条件下可完成除安装面之外其余五个面的全部加工。

2.加工中心的特点

加工中心带有刀库和自动换刀装置,能自动识别和更换刀具,可在一次装夹中连续完成铣、钻、扩、铰、镗、攻螺纹等加工,工序高度集中。加工中心还带有可自动摆角主轴,可以在工件一次装夹后,完成多个平面和多个角度位置的加工,获得较高的定位精度和加工精度。许多加工中心还带有可交换自动工作台,当一个工作台上的工件正在加工时,另一个工作台可以实现工件的装夹,从而使辅助时间与机动时间重合,大大提高数控机床的开机率。加工中心能实现三轴或多轴联动控制,能够完成高难度复杂曲面的加工;加工中心除具有直线插补和圆弧插补功能外,还具有多种加工固定循环指令、刀具半径自动补偿功能、刀具长度自动补偿功能以及加工过程的图形显示、人机对话、故障自动诊断等功能。

3.最适合加工的对象

加工中心最适合加工形状复杂、工序繁多、精度要求较高、普通机床需要多次装夹和调整才能完成加工的零件。其主要加工对象有以下五类:

(1)箱体类零件,如汽车发动机缸体、变速箱体、柴油机缸体、机床床头箱、主轴箱、齿轮泵壳体等。

(2)复杂曲面类零件,如叶轮、螺旋桨、型腔模具、覆盖件模具等。

(3)异形件,如形状不规则的试制零件、特殊模具等。

(4)盘套板类零件,如带法兰的轴套、带键槽或方头的转轴、各种电机端盖等。

(5)有特殊加工要求的零件,如金属表面刻字、刻线、刻图案以及需要在加工中心上加装高频电火花装置、高速磨头装置等才能完成的特殊零件。

4.加工中心数控编程特点

(1)加工中心可以实现多工序加工,因此可根据零件特征及加工内容设定多个工件坐标系。在编程时通过合理选用相应的坐标系,可以达到简化编程的效果。

(2)当零件加工工序较多时,为了便于程序调试,主程序中一般只安排换刀程序及子程序的调用,而将各工序具体加工内容分别安排到不同的子程序中。这种安排方式便于按工序内容编写独立的加工程序,也便于程序调试时对加工顺序进行调整。

(3)多数加工中心都规定了固定的换刀点位置,各运动部件只有移动到该位置,才能开始换刀动作。因此,编制自动换刀程序时要留出足够的换刀空间,以避免换刀时刀具与零件或机床发生碰撞事故。

(4)不同的加工中心,其换刀过程是不完全一样的,通常选刀和换刀可分开进行。在编写加工中心程序时,选刀动作可以与机床的机动加工时间重合,即可利用切削加工的时间进行选刀;选刀后,再利用 M06 指令让各运动部件快速移动到换刀点执行换刀动作;换刀完毕后方可执行下一程序段的加工内容。选刀和换刀程序段的格式为

    N010   T02   LF         选 02 号刀

    N020   M06   LF        主轴动作换 02 号刀

(5)对于位置精度要求较高的孔系加工,要特别注意各孔的加工顺序与加工路线的安

排。为了减少热变形和切削力变形对工件精度的不良影响,加工时应掌握先粗后精、先面后孔等工艺原则。

(6)注意检查零件图纸表达的准确性和完整性,尺寸标注应尽量采用统一的设计基准,尽可能化为双向公差,以便简化编程和保证零件的加工精度。

## 2.7.2 加工中心的固定循环指令

为了提高加工中心编程的效率,FANUC 系统设计了多种固定循环功能,将典型孔加工常用的固定、连续动作用一条 G 指令来表达,这就是孔加工点位固定循环指令。

### 1.孔加工点位固定循环指令概述

孔加工点位固定循环指令能完成的工作有钻孔、钻深孔、锪孔、攻螺纹孔、镗孔等。如图 2-42 所示,这些固定循环通常包括下列 6 个基本动作:

(1)主轴在 $XY$ 平面内准确定位于某一点$(X,Y)$。

(2)主轴快速下移到 $R$ 平面($R$ 平面是主轴快速下移与工作进给的转换位置平面)。

(3)实现孔的切削加工。

(4)完成孔底动作(包括暂停、主轴反转等)。

(5)主轴向上返回到 $R$ 平面。

(6)主轴向上快速返回到起始点。

图 2-42 孔加工点位固定循环的 6 个基本动作

孔加工点位固定循环的程序段格式为

  G90/G91   G98/G99   G73~G89   X \_\_  Y \_\_  Z \_\_  R \_\_  Q \_\_  P \_\_  F \_\_  L \_\_;

式中  G90/G91——绝对坐标编程或增量坐标编程;

      G98/G99——完成加工之后返回到起始平面或返回到 $R$ 平面;

      G73~G89——各种不同的孔加工方式,如钻孔、分级进给钻深孔、镗孔等;

      $X,Y$——被加工孔的位置坐标;

      $Z$——被加工孔的孔底坐标(孔的深度);

      $R$——快速进给终点平面的坐标,增量方式时为起始点到 $R$ 平面的距离;绝对方式时为 $R$ 平面的绝对坐标值;

      $Q$——钻深孔时的每次进给深度;

      $P$——孔底暂停的时间;

      $F$——切削进给速度;

      $L$——循环次数。

固定循环指令通常由 G80 或 a 组续效性 G 代码撤销。

### 2.高速钻削深孔循环指令——G73

G73 指令用于高速钻削深孔,在钻削时采取间断进给的固定循环方式,钻进一小段后,稍作回退再钻进,如此反复进行,有助于断屑,避免钻头被切屑卡阻折断,适用于塑性材料钢件或铝件的深孔加工。如图 2-43 所示为高速钻深孔加工的过程,其中:$Q$ 为每次钻削的一小段的深度,在编程时指定;$d$ 为断屑回退量,由机床数控系统的系统参数设定。

高速钻深孔固定循环的程序段格式为

　　　　G98/G99　G73　X __ 　Y __ 　Z __ 　R __ 　Q __ 　F __；

式中，G98 表示钻孔达总深度之后，钻头退回到起始平面位置，如图 2-43(a)所示；G99 表示钻孔达总深度之后，钻头仅返回到 R 平面位置，如图 2-43(b)所示。

**【例 2-4】**　某工件的外形如图 2-44 所示，工件材质为 45 钢，工件厚度为 60 mm，需要钻 5 个 $\phi$8 mm 的通孔，用加工中心进行加工，试编制数控加工程序。

图 2-43　高速钻深孔加工的过程　　　　　　图 2-44　高速钻深孔循环示例

显然，这属于钢件钻深孔加工问题，我们采用 G73 固定循环指令进行编程。

```
%
O0016                                               程序号
N010  G54  G90  G00  Z60.0；                        选择坐标系，钻头快移到 Z 方向起始点
N020  M03  S600；                                    主轴正转，600 r/min
N030  G98  G73  X0  Y0  Z-65.0  R5.0  Q5.0  F50；    选择高速钻深孔方式，钻通 1 号孔
N040  X40.0 ；                                       钻通 2 号孔
N050  X0  Y40.0；                                    钻通 3 号孔
N060  X-40.0  Y0；                                   钻通 4 号孔
N070  X0  Y-40.0；                                   钻通 5 号孔
N080  G00  Z60.0；                                   返回 Z 方向起始点
N090  M05；                                          主轴停止
N100  M30；                                          程序结束(返回开头)
```

　3. 攻螺纹固定循环指令——G74、G84

　　G74 用于左旋螺纹加工，动作过程为：开始切削螺纹时主轴反转，向下进给；攻完螺纹后进给暂停，主轴停止；然后主轴正转，向上退刀返回到 R 平面；主轴停止，快速回退到起始平面。程序段格式为

　　　　　　　G74　X __ 　Y __ 　Z __ 　R __ 　P __ 　F __　LF

　　G84 用于右旋螺纹加工，动作过程为：主轴正转进刀，反转退刀，正好与 G74 指令中的

主轴旋向相反,其他运动均与 G74 指令相同。程序段格式为

$$G84 \quad X\_\_ \quad Y\_\_ \quad Z\_\_ \quad R\_\_ \quad P\_\_ \quad F\_\_ \quad LF$$

在上述指令 G74、G84 中,F 表示螺纹的导程。攻螺纹时值得注意的是,在切削螺纹期间修调速率无效,直到攻螺纹固定循环结束。

**4. 主轴定向停止精镗孔加工固定循环指令——G76**

G76 用于精镗孔加工,镗削至孔底时,主轴定向准确停止,刀尖偏移离开被加工表面,然后退刀。这一组动作可确保退刀时刀具不损伤已加工表面。程序段格式为

$$G98/G99 \quad G76 \quad X\_\_ \quad Y\_\_ \quad Z\_\_ \quad R\_\_ \quad Q\_\_ \quad P\_\_ \quad F\_\_ \quad LF$$

式中,Q 表示刀尖的偏移量,一般为正数,移动方向由机床参数设定。此指令的加工过程包括以下步骤:

(1)在 XY 平面内快速定位。

(2)沿 Z 方向快速移动到 R 平面。

(3)向下以给定的进给速度精镗孔。

(4)在孔底,主轴定向准确停止。

(5)刀具横向偏移离开被加工表面。

(6)刀具从孔内快速退刀。

如图 2-45 所示为 G76 主轴定向停止精镗孔固定循环指令的工作示意图。

图 2-45　G76 精镗孔固定循环指令的工作示意图

**5. 钻孔固定循环指令——G81、G82、G83**

G81 固定循环指令通常用于钻削通孔,或者用于中心钻定位。使用 G81 指令时,刀具快速移动到 R 点,从 R 点开始以工进速度进给。钻孔到达所需深度后,主轴继续旋转,在孔底处不停留,立即快速退回至起始平面(G98 方式下)或快速回退到 R 平面(G99 方式下)。G81 程序段格式为

$$G98/G99 \quad G81 \quad X\_\_ \quad Y\_\_ \quad Z\_\_ \quad R\_\_ \quad F\_\_ \quad LF$$

G82 是带孔底停留功能的钻孔固定循环,一般用于孔底要求平整、孔深要求准确的不通孔钻削。与 G81 的不同之处,是钻孔到达孔底后主轴继续旋转但进给暂停,经过停留时间 P(s)之后钻头快速退回至起始平面(G98 方式下)或快速回退到 R 平面(G99 方式下)。该指令适用于盲孔、沉孔、螺纹底孔等加工。G82 程序段格式为

$$G98/G99 \quad G82 \quad X\_\_ \quad Y\_\_ \quad Z\_\_ \quad R\_\_ \quad P\_\_ \quad F\_\_ \quad LF$$

G83 是分级进给钻深孔固定循环指令,该指令采用了最可靠的断屑和排屑措施,使钻头得到了有效保护,特别适合于深长孔及脆性材料铸铁件深孔的钻孔加工。G83 与 G73 指令的区别是:使用 G83 指令时,每次钻头钻进 Q 深度后都退回到 R 平面,以确保切屑完全被排出到孔外,然后再进行第二次进给,这样做更有利于钻深孔时的断屑和排屑。如图 2-46 所示,第二次进给时为了防止发生碰撞,钻头快进至前一孔底端面 d 处,即转换为工进,如此反复循环,直至钻达全部孔深。G83 程序段格式为

$$G98/G99 \quad G83 \quad X\_\_ \quad Y\_\_ \quad Z\_\_ \quad R\_\_ \quad Q\_\_ \quad F\_\_ \quad LF$$

(a) G83 (用G98)　　　　　(b) G83 (用G99)

图 2-46　分级进给钻深孔循环指令 G83

用 G98 表示加工完成后,钻头快速退回到起始平面;用 G99 表示加工完成后,钻头先退回到 R 平面,再快速退回到起始平面。Q 为每次进给量(单次钻进深度);d 为系统参数设定的安全距离。

**6. 镗孔固定循环指令——G86**

G86 镗孔固定循环规定:镗孔达到所要求的深度后,主轴停止旋转(M05),然后沿轴向快速退刀;退刀完成后按原来的旋向再次自动开启主轴。与 G81 指令相比较,除主轴停止旋转及再次自动开启之外,其余动作都相同。G86 程序段格式为

$$G86 \quad X\_\_ \quad Y\_\_ \quad Z\_\_ \quad R\_\_ \quad F\_\_ \quad LF$$

## 2.7.3　应用示例

**【例 2-5】**　使用加工中心机床,加工如图 2-47 所示端盖零件上的各孔,试编制数控加工程序。

(1)工艺分析

根据图纸要求,该零件有多个通孔、沉孔、螺纹孔需要加工,可选择 A 面为定位基准面,用两块平行垫铁将工件垫起,采用压板夹紧,以便一次装夹完成所有孔的加工。工件的 X 方向和 Y 方向原点选在工件中心,Z 方向原点选在工件上表面,快速进给切换点(R 点)选在工件表面上方 2 mm 处,对刀点选在 Z 方向原点上方 400 mm 处。

加工中需要用到的刀具为:$\phi$3 mm 中心钻(T01)、$\phi$10 mm 麻花钻头(T02)、$\phi$11.85 mm 扩孔钻(T03)、$\phi$12H8 铰刀(T04)、$\phi$16 mm 锪孔钻(T05)、$\phi$14 mm 麻花钻头(T06)、M16 机

图 2-47 端盖零件图

用丝锥(T07)。刀具长度补偿号分别为 H01、H02……H06 和 H07。

该零件的加工路线如下：钻/扩/铰 6×φ12H8 通孔和钻/锪同轴沉孔→钻 2×M16 螺纹底孔→攻 2×M16 螺纹孔。

（2）加工程序

```
      %
      O1600                                     程序号
   N010  G90  G92  X0  Y0  Z400.0;              工件坐标系设定
   N020  T01  M06;                              换 01 号刀，中心钻
   N030  G00  X60.0  Y0;                        6# 孔快速定位
   N040  G43  Z4.0  H01  S1000  M03;            刀具长度补偿，开主轴，正转 1 000 r/min，下刀
   N050  G98  G81  Z−5.0  R2.0  F50;            固定循环，钻中心孔
   N060  M98  P0005;                            调用子程序钻 1# ～5# 孔
   N070  G00  G49  Z350.0  M05;                 取消刀具长度补偿，主轴停转，提刀
   N080  T02  M06;                              换 02 号刀，麻花钻头 φ10 mm
   N090  X60.0  Y0;                             6# 孔快速定位
   N100  G43  Z4.0  H02  S600  M03;             刀具长度补偿，开主轴，正转 600 r/min，下刀
   N110  G98  G81  Z−18.0  R2.0  F75;           钻 φ10 mm 孔固定循环
   N120  M98  P0005;                            调用子程序
   N130  G00  G49  Z350.0  M05;                 取消刀具长度补偿，主轴停转，提刀
   N140  T03  M06;                              换 03 号刀，扩孔钻 φ11.85 mm
   N150  X60.0  Y0;                             6# 孔快速定位
   N160  G43  Z4.0  H03  S300  M03;             刀具长度补偿，开主轴，正转 300 r/min，下刀
   N170  G98  G81  Z−19.0  R2.0  F45;           扩 φ11.85 mm 孔固定循环
   N180  M98  P0005;                            调用子程序
```

| | | | |
|---|---|---|---|
| N190 | G00 | G49 | Z350.0　M05; | 取消刀具补偿,主轴停转,提刀 |

N190　G00　G49　Z350.0　M05;　　　　取消刀具补偿,主轴停转,提刀
N200　T04　M06;　　　　　　　　　　换 04 号刀,铰刀 $\phi$12H8
N210　X60.0　Y0;　　　　　　　　　　6# 孔快速定位
N220　G43　Z4.0　H04　S50　M03　M08;　刀具长度补偿,开主轴,开冷却液,下刀
N230　G98　G81　Z−17.0　R2.0　F45;　铰 $\phi$12H8 孔固定循环
N240　M98　P0005;　　　　　　　　　　调用子程序
N250　G00　G49　Z350.0　M05　M09;　　取消刀具长度补偿,主轴停转,关冷却液,提刀
N260　T05　M06;　　　　　　　　　　换 05 号刀,锪孔钻 $\phi$16 mm
N270　X60.0　Y0;　　　　　　　　　　6# 孔快速定位
N280　G43　Z4.0　H05　S500　M03;　　刀具长度补偿,开主轴,正转 500 r/min,下刀
N290　G98　G82　Z−5.0　R2.0　P2500　F45;　锪 $\phi$16 mm 孔固定循环
N300　M98　P0005;　　　　　　　　　　调用子程序
N310　G00　G49　Z350.0　M05;　　　　取消刀具长度补偿,主轴停转,提刀
N320　T06　M06;　　　　　　　　　　换 06 号刀,麻花钻头 $\phi$14 mm
N330　X0　Y60.0;　　　　　　　　　　7# 孔快速定位
N340　G43　Z4.0　H06　S500　M03;　　刀具长度补偿,开主轴,正转 500 r/min,下刀
N350　G99　G81　Z−20.0　R2.0　F40;　钻 $\phi$14 mm 孔固定循环,7# 孔位
N360　X0　Y−60.0;　　　　　　　　　钻 $\phi$14 mm 孔固定循环,8# 孔位
N370　G00　G49　Z350.0　M05;　　　　取消刀具长度补偿,主轴停转,提刀
N380　T07　M06;　　　　　　　　　　换 07 号刀,机用丝锥 M16
N390　X0　Y60.0;　　　　　　　　　　7# 孔快速定位
N400　G43　Z4.0　H07　S50　M03　M08;　刀具长度补偿,主轴慢速正转,开冷却液,下刀
N410　G99　G84　Z−20.0　R8.0　F2;　攻螺纹固定循环,7# 孔位
N420　X0　Y−60.0;　　　　　　　　　攻螺纹固定循环,8# 孔位
N430　G00　G49　Z350.0　M05　M09;　　取消刀具长度补偿,主轴停转,关冷却液,提刀
N440　G91　G28　Z0;　　　　　　　　Z 方向返回参考点
N450　G28　X0　Y0;　　　　　　　　　X、Y 方向返回参考点
N460　M30;　　　　　　　　　　　　机床停止并复位,程序结束(返回开头)
O0005　　　　　　　　　　　　　　　子程序号
N10　X56.57　Y56.57;　　　　　　　1# 孔位
N20　X−56.57;　　　　　　　　　　2# 孔位
N30　X−60.0　Y0;　　　　　　　　　3# 孔位
N40　X−56.57　Y−56.57;　　　　　　4# 孔位
N50　X56.57;　　　　　　　　　　　5# 孔位
N60　M99;　　　　　　　　　　　　返回主程序

# 2.8　程序编制中的数学处理

程序编制中数学处理的任务,主要是根据被加工零件的轮廓特征和加工精度要求,进行基点坐标和节点坐标的计算。当采用自动编程时,因自动编程软件中已有各种数学模型与算法,故无须人工计算;当采用手工编程时,除不太复杂的基点计算及较简单的节点计算外,其余都必须借助计算机进行辅助计算。

### 2.8.1 直线与圆弧平面轮廓的基点计算

基点是指被加工零件轮廓上简单几何要素(直线、圆弧等)的交点或切点。基点坐标的计算比较简单,用普通数学中的几何、三角函数、联立方程等方法不难求解。

### 2.8.2 非圆曲线的节点计算

生产中经常会遇到阿基米德螺线、抛物线、椭圆、双曲线等由非圆曲线轮廓构成的零件,由于大多数数控机床的数控系统只具有直线插补与圆弧插补的功能,无法使用基本指令直接编程,故常用多条微小的直线段或圆弧段去逼近非圆曲线。非圆曲线与逼近线段的交点称为节点。在进行非圆曲线轮廓编程时,通常按节点划分程序段。逼近线段的近似区间愈大,则误差 $\delta$ 愈大,节点数愈少,相应地程序段也就愈少。但逼近线段的逼近误差 $\delta$ 不得大于加工方法所允许的最大逼近误差 $\delta_允$。一般情况下,$\delta_允$ 取被加工零件公差的 $1/10\sim1/5$。

以下简介常用的直线逼近与圆弧逼近的数学处理方法。

1. 等间距直线逼近的节点计算

等间距直线逼近如图 2-48 所示。已知方程 $Y=f(X)$,根据给定的间距 $\Delta X$ 可取一系列 $X_i$,将 $X_i$ 代入 $Y=f(X)$ 即可求得对应的 $Y_i$。这一系列 $(X_i,Y_i)$ 即各逼近线段的端点坐标。根据这一系列 $(X_i,Y_i)$ 即可编制直线逼近轮廓的数控加工程序。这是最简单的一种节点计算方法。

等间距直线逼近时 $\Delta X$ 的取值大小与曲线上任意点的切线斜率和所允许的最大逼近误差 $\delta_允$ 有关,通常先取 $\Delta X=0.1$ mm 试算并校验,一般要求 $\delta\leqslant\delta_允$。

虽然等间距直线逼近的节点计算法比较简单,但由于 $\Delta X$ 为定值,所以当曲线的切线斜率变化较大且 $\delta_允$ 较小时,所编制的程序段的数量就会过多过繁。

2. 等步长直线逼近的节点计算

等步长直线逼近如图 2-49 所示,它是使所有逼近线段的长度相等,即 $ab=bc=cd=de=\cdots\cdots$由于曲线各处的曲率不等,所以用相等步长截取节点后,最大误差 $\delta_{\max}$ 必然出现在轮廓曲线的曲率半径最小处(图 2-49 中的 $de$ 段)。当曲线各处的曲率半径相差较大时,等步长直线逼近法所求得的节点数过多,所以该方法适用于曲率半径变化不大的非圆曲线的节点计算。

图 2-48　等间距直线逼近

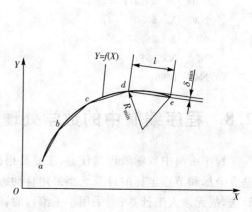

图 2-49　等步长直线逼近

3.等误差直线逼近的节点计算

等误差直线逼近的节点计算方法可以使所有逼近线段的逼近误差都相等,且等于预先确定的数值,该方法如图 2-50 所示。

(1)根据零件的加工图纸要求,确定直线逼近时的逼近误差 $\delta$。

(2)以轮廓曲线的起点 $a$ 为圆心,以 $\delta$ 为半径画小圆。

(3)作小圆和轮廓曲线的外公切线 $PT$。

(4)作线段 $ab /\!/ PT$,与轮廓曲线相交于 $b$,$b$ 即所求的节点。

图 2-50 等误差直线逼近

(5)以 $b$ 为圆心以 $\Delta$ 为半径画小圆,重复步骤(2)~(5),即可求得所需要的一系列节点 $c$,$d\cdots\cdots$

对于曲率变化较大的轮廓曲线,采用等误差直线逼近的节点计算方法所求得的节点数最少,但计算的过程比较烦琐。

4.圆弧逼近的节点计算

以圆弧线段逼近非圆曲线也可以求得非圆曲线的节点,具体方法有许多种。三点圆法是通过三个已知节点求圆,并编制一个圆弧程序段;相切圆法是通过四个已知节点分别作两个相切的圆,可编制两个圆弧程序段。这两种方法都需要先用直线逼近方法求出各节点,再求出各圆,计算比较烦琐。此外还有曲率圆法,这是一种等误差的圆弧逼近方法。在非圆曲线的直线逼近和圆弧逼近中,由于直线逼近的节点计算方法比较简便,故较多采用。

## 2.8.3 列表曲线的拟合方法

列表曲线是指所加工的零件轮廓在图纸上没有给出曲线方程,只是以表格形式给出了曲线上有限个特征点的坐标值,这些特征点(列表点)称为"型值点",这样的曲线称为"列表曲线"。飞机的机翼、机头罩、发动机的叶片、各种模具及样板等,都是实际生产(特别是航空工业生产)中常见的列表曲线轮廓零件。

对列表曲线轮廓零件进行数控编程时,如果型值点密集到不至于影响所加工曲线精度的程度,则可以在相邻列表点之间用直线段或圆弧段连接,直接进行编程;如果给出的型值点比较稀疏,则需要对列表曲线进行处理,增加新的节点,这项工作称为列表曲线的拟合。

列表曲线拟合的一般方法是二次逼近法:根据已知型值点拟合出插值方程(常称第一次拟合或第一次逼近);再根据插值方程用直线段或圆弧段求得新的节点及其坐标数据(常称第二次拟合或第二次逼近),其逼近计算与处理非圆曲线节点计算的方法基本相同。

插值方程应能满足以下要求:应通过各型值点,并与列表曲线的凸凹性一致;应尽可能简单,最多是三次方程;为使相邻曲线段光滑连接,在连接点处应有一阶导数连续和二阶导数连续。此外,为便于曲线的拟合,需要对给出的列表点进行"光顺"处理,即找出误差比较大的"坏点",并予以修正。

列表曲线的拟合方法,早期有牛顿插值法、拉格朗日插值法等,后来又发展了不少新的拟合方法。目前在生产中常用的有三次样条法、三次参数样条法、圆弧样条法、双圆弧样条法、B 样条法等数学方法。

1.牛顿插值法

一般用相邻两个列表点建立二次方程拟合。此方法计算简单,但曲线段连接处的一阶导数不连续,仅用于列表曲线本身比较平滑的场合。

**2. 三次参数样条法**

所谓样条,是指用压铁对一根弹性细梁加力,使梁通过给定的型值点而模拟出具有力学特性的曲线。在两个支点间的样条函数是一个以二阶导数为系数的三次样条函数,且其一阶导数和二阶导数都是连续的。将分段的三次样条曲线递推到整个型值点范围,便可拟合出整条三次样条曲线。有了样条函数,即可用直线逼近或圆弧逼近的方法计算各节点的坐标值。

三次样条具有一阶导数连续、二阶导数连续的特点,是一种较好的拟合方法。但由于三次样条函数是建立在小挠度梁曲线基础上的,所以在处理大挠度曲线时会产生较大的误差,甚至会出现多余的拐点;另外其所拟合的曲线随坐标的变化而变化,不具有几何不变性。改善这些缺陷的一种有效方法是采用三次参数样条法。

三次参数样条也是分段的三次多项式,且一阶导数连续、二阶导数连续,整体光滑,只是采用参数方程描述。三次参数样条曲线与坐标系的选择无关,具有几何不变性,而且能对大挠度甚至封闭曲线进行拟合,生产中被广泛应用。

**3. 双圆弧样条法**

所谓双圆弧样条法,是指在每两个型值点间用两段彼此相切的圆弧来拟合一个给定的列表曲线,或对已知的三次样条曲线进行第二次逼近计算。其数学处理简单,节点数少,分段曲率相等,总体上为一阶导数连续光滑,可满足数控加工要求,是一种较好的方法。

**4. 圆弧样条法**

圆弧样条法是我国发展的一种较简单的拟合方法。该方法是过每一型值点作一段圆弧,使相邻两段圆弧在相邻两型值点连线的中垂线上的某一点处相切,所构成的两段连续圆弧即圆弧样条曲线。

圆弧样条的优点是:总体上属于一阶导数连续光滑、分段曲率相等的圆弧;圆弧几何特性不随坐标而变,具有几何不变性,可处理大挠度曲线;采用圆弧一次性逼近列表曲线,节点数少,计算简单。圆弧样条的不足之处是:由于二阶导数不连续,所以只适用于曲率变化不大,比较平滑的列表曲线的拟合处理。

### 2.8.4 列表曲面数学处理简介

列表曲面又称自由曲面,通常是指一些比较复杂的异型曲面,如电话机外壳、手机外壳等型腔模具的成形工作表面。在零件图纸上一般不给出曲面的数学方程表达式,只列表给出曲面上某些点的三维坐标值$(X_i,Y_i,Z_i)$,以列表数据的方式来描述被加工曲面的轮廓特征。

与列表曲线的数学处理方法相类似,这时要设法找出曲面的方程来近似描述该列表曲面,然后进行节点坐标的计算。

列表曲面常用双参数的参数方程或矢量方程描述:

参数方程 $X=X(u,v)$ $Y=Y(u,v)$ $Z=Z(u,v)$

矢量方程 $r=r(u,v)$

列表曲面的拟合方法,请参阅有关参考资料。

## 2.9 自动编程技术概要

### 2.9.1 自动编程原理

高效率地编制数控加工程序是推广数控技术的关键,但传统的手工编程方法复杂、烦琐、容易出错、难以检查,不能充分发挥数控加工的优势,更无法胜任复杂形状零件的编程。数控编程自动化是发展现代数控技术的主要趋势。

自动编程也称为计算机辅助自动编程,即程序编制工作的大部分或全部由计算机完成,如进行坐标值计算、编写零件加工程序单等,有时甚至能实现计算机辅助工艺处理(CAPP)。自动编程编出的程序还可通过计算机检验刀具运动轨迹,或通过专用数控加工仿真软件来检查程序的正确性并及时修改,大大减轻了编程人员的劳动强度,极大地提高了编程效率和正确率,同时解决了许多手工编程无法解决的复杂零件的编程难题。工作表面形状越复杂、工艺过程越繁琐的零件,计算机自动编程加工的优势就愈明显。

自动编程是通过计算机数控自动编程系统实现的。数控自动编程系统的一般工作过程如图 2-51 所示。

图 2-51 自动编程原理

自动编程的方法和主要类型有多种,例如基于 APT 语言的自动编程、图形交互式自动编程(基于 CAD/CAM 技术的自动编程)、语音式自动编程和实物反求式自动编程等。当前,基于 CAD/CAM 技术的图形交互式自动编程得到越来越广泛的使用,已经成为制造行业当前和未来数控技术发展的重点。

### 2.9.2 基于 APT 语言的自动编程

#### 1. APT 语言的种类

为了使数控编程人员从烦琐的手工编程工作中解脱出来,人们一直在研究各种自动编程技术,其中以美国的 APT(Automatically Programmed Tools)语言系统为最具代表性、流行最广、影响最深的数控加工自动编程语言系统。

美国 1955 年研制成功的 APT-Ⅰ型系统,只能处理简单的曲线,如直线、圆弧等;1958 年研制成功的 APT-Ⅱ型系统能进行平面曲线轮廓自动编程;1961 年研制成功的 APT-Ⅲ型系统能进行三至五轴空间曲面轮廓的自动编程;1970 年研制成功的 APT-Ⅳ型系统能进行自由曲面轮廓自动编程和完成多种后置处理格式,并可实现联机和图形输入。APT 语言系统经过多次改进,在 20 世纪 70 年代发展成熟,成为当时普遍使用的自动编程系统。APT 语言系统的编程语言词汇较多,定义的几何类型也较全面,后置处理程序达 1 000 多个。但基于 APT 语言的自动编程需要以大型计算机为运行平台,其硬件设备价格昂贵,系统软件庞大,运行成本极高,当时主要是在航空、造船等大型行业中获得应用。

20 世纪 60 年代以 APT 语言系统为基础,世界各国都竞相发展了带有本国特色的专业性更强的 APT 衍生语言,如德国的 EXAPT 系统、法国的 IFAPT-P 系统、日本的 FAPT 系统以及我国的 SKC 系统等。这些自动编程语言系统具有不同的特色,更适应零件加工的特点和用户的需求。在使用 APT 语言系统进行自动编程时,编程人员仍然需要从事烦琐的源程序编写工作,但由于使用了计算机代替人的劳动来完成繁重的数值计算任务,并省去了编写程序清单的烦琐工作,所以可将数控编程的效率提高数十倍以上。

2. APT 语言自动编程系统的基本思路

(1)直线近似

APT 语言系统中假设刀具只能沿直线运动。当所需刀具运动轨迹为曲线时,假设必须用一系列首位相连的微小直线段逼近代替它,即采用直线近似方式,使近似误差控制在指定的精度范围内。

(2)三个控制面

APT 语言系统中用三个互相垂直正交的表面(图 2-52)来确定刀具沿微小线段移动进行数控加工的运动轨迹,它们是导动面(DS 面)、零件面(PS 面)和停止面(CS 面)。

图 2-52 APT 系统的三个控制面

(3)静止的工件

APT 语言系统中计算刀具轨迹时,先将工件坐标系固定在适当位置,并且假定工件不动而刀具移动完成数控加工。这样计算出来的刀路轨迹称为 CL 数据(Cutter Location Data),或者称为 CL 文件,它是数控加工时刀位点坐标的一般解。

3. APT 语言源程序的组成

APT 语言源程序包括以下三大部分信息:操作信息;零件几何形状信息;运动信息,即规定刀具运动途径的信息。

使用 APT 语言编写零件几何形状信息的源程序示例如图 2-53 所示。

P0 = POINT/0,0
P1 = POINT/−3,18
P2 = POINT/10,−5
C1 = CIRCLE/CENTER,P1,RADIUS,8
C2 = CIRCLE/CENTER,P2,P0
L1 = LINE/P1,P2
P3 = POINT/YSMALL,INTOF,L1,C1
L2 = LINE/P3,LEFT,TANTO,C2

图 2-53 APT 编程示例

该示例中的 POINT(点)、CIRCLE(圆)、RADIUS(半径)、CENTER(圆心)、LINE(线)、YSMALL(Y 小)、INTOF(相交)、LEFT(左)、TANTO(相切)等均为 APT 语言的词汇。$P_0$、$P_1$、$P_2$ 各点均由坐标轴 $X$、$Y$ 定义。圆 $C_1$ 由圆心 $P_1$ 和半径 8 定义。圆 $C_2$ 由圆心 $P_2$ 和圆通过点 $P_0$ 的位置关系定义。直线 $L_1$ 通过点 $P_1$ 和点 $P_2$。点 $P_3$ 是直线 $L_1$ 和圆 $C_1$ 的两个交点中 $Y$ 坐标值偏小的那个点。直线 $L_2$ 是通过点 $P_3$,且与圆 $C_2$ 左切(由点 $P_3$ 向圆 $C_2$ 看,直线 $L_2$ 位于圆 $C_2$ 的左侧)的一条切线。

APT 语言源程序中的操作信息,详细说明工件名称、程序编号、所用机床、刀具名称、刀具形状、刀具尺寸、刀具角度、工件的加工精度公差范围、机床的操作功能等。APT 语言源程序中的运动信息,详细规定刀具的运动途径、机床的加工过程以及加工的工艺环境条件等。当零件的源程序全部写完时,最后要写上结束语句。

### 4.后置处理程序

计算机根据源程序计算所得的 CL 文件是假设工件静止、刀具移动而求出的刀路一般解,它不一定完全符合特定数控机床的实际工作情况,因此需要根据所使用机床的特点对一般解进行处理。把一般解转化为可供特定数控机床(特定数控系统)执行操作的数控程序,这项工作称为后置处理,它由专门的后置处理程序完成。

后置处理程序可将刀路数据文件(CL 文件)和相应的切削条件、辅助信息等合并综合,处理转化成用户数控系统可识读执行的指令集和程序格式,制作数控程序带,并打印出数控加工程序单。用户数控系统的种类繁多,生产中的后置处理程序通常有上千种之多。

## 2.9.3 图形交互式自动编程(基于 CAD/CAM 技术的自动编程)

### 1.基本原理

图形交互式自动编程以 CAD 技术为前提,编程的核心是刀位点的计算。

编程时先利用计算机完成零件的 2D 或 3D 造型(CAD),或通过软件的数据接口共享已有的 CAD 结果——几何模型。几何模型包含了数控编程所需要的完整零件表面的全部几何信息,而 CAM 软件可利用这些几何信息和随后输入的加工参数生成刀具加工轨迹;对加工轨迹进行计算机数控加工仿真后,选择不同的后置处理文件即可得到特定机床所需的数控加工程序。基于 CAD/CAM 技术的自动编程采用人机对话方式通过屏幕菜单驱动,具有形象、直观、高效及容易掌握等优点。

### 2.工作内容与步骤

图形交互式自动编程是建立在 CAD 和 CAM 技术基础上的,其工作内容与步骤与语言式自动编程有所不同,以下参照图 2-54 对图形交互式自动编程的一般工作流程进行介绍。

#### (1)几何造型

几何造型是利用图形交互自动编程软件的图形构建、编辑修改、曲线曲面造型等有关指令,将零件被加工部位的几何图形准确地绘制在计算机屏幕上,同时在计算机内自动形成零件图形的数据文件。这就相当于 APT 语言编程中,用源程序的几何形状信息语句定义零件几何图形的全过程。其不同点在于,它并非用语言描述,而是用计算机绘图的方法将零件的图形数据输入计算机。这些图形数据是下一

图 2-54 CAM 系统工作流程

步刀具轨迹计算的依据。在自动编程过程中,软件将根据加工要求自动提取这些数据,进行分析、判断和必要的数学处理,以形成数控加工的刀路轨迹 CL 数据。图形数据的准确性直

接影响着编程结果的准确性,因此要求几何造型必须准确无误。

(2)刀具轨迹生成(前置处理)

刀具轨迹生成是复杂形状零件数控编程中最重要的内容,能否生成有效的刀具轨迹直接决定了加工的可能性、质量与效率。刀具轨迹生成的首要目标是使所生成的刀具轨迹能满足无干涉、无碰撞、连续光滑、切削平稳等要求,同时,还应满足通用性好、稳定性好、编程效率高、代码量小等要求。

生成刀具路径的工作是面向屏幕上的图形采用人机交互方式进行的。首先在刀具路径生成的菜单中选择所需的子菜单,然后根据屏幕提示,用光标选择相应的图形目标,点取相应的坐标点,输入所需的各种参数。自动编程软件将自动从图形文件中提取编程所需的信息,进行分析、判断,计算节点坐标,并将其转换为刀具位置数据,存入指定的刀路文件中或直接进行后置处理,生成数控加工程序,同时在屏幕上显示出刀具路径的图形。

(3)后置处理

后置处理是数控加工自动编程技术的重要内容,它将前置处理生成的通用刀路数据转换成适用于具体数控机床操作的数控加工程序。后置处理对于保证加工质量、加工效率及机床可靠运行具有重要作用。后置处理的目的是形成数控加工工程文件。由于各种数控机床使用的数控系统不同,所以所用的数控加工程序的指令代码及格式也有所不同。在进行后置处理前,编程人员应根据具体数控机床的指令代码集、程序的格式以及数据圆整方案等事先编辑定义,由自动编程软件在执行后置处理命令时按设计文件定义的内容,自动输出符合所指定的数控机床程序格式要求的数控加工文件。

(4)数控加工仿真

由于零件形状的特征差异以及加工环境的复杂多样性,要确保所生成的加工程序不存在任何问题十分困难,其中最主要的工作重点是采取措施防止加工过程中的过切与欠切以及防止机床各部件之间的干涉碰撞等,因为对于高速切削加工,这些问题常常是致命的。因此,实际加工前采取一定的措施对加工程序进行检验并修正是十分必要的。数控加工仿真通过软件模拟加工环境、刀具路径及材料切除过程来检验并优化加工程序,具有柔性好、成本低、效率高且安全可靠等特点,是提高数控编程效率与编程质量的重要措施。

(5)数控程序输出

由于图形交互式自动编程软件在编程过程中可以在计算机内部自动生成刀具轨迹图形文件和数控加工文件,所以程序的输出可以通过计算机的各种外部设备进行。例如,使用打印机可以打印输出数控加工程序单,并可在程序单上绘制出刀具轨迹图,使机床操作者更加直观地了解加工的走刀过程;使用纸带穿孔机可将数控加工程序制作成8单位穿孔纸带,提供给带有光电阅读机读带装置的数控机床使用;对于有标准通信接口的机床数控系统,可以将数控机床和编程计算机直接联机,由计算机将自动编程获得的数控加工程序直接传送给机床数控系统。

## 2.9.4 自动编程的主要特点

与手工编程相比,自动编程具有以下主要特点:

1. 数学处理能力强

对轮廓形状不是由简单直线、圆弧组成的复杂零件,特别是空间曲面零件,以及几何要素虽不复杂,但程序量很大的零件编程,计算工作通常相当烦琐,难以采用手工编程。而自动编程借助于大型工程应用软件强大的数学处理能力,使刀具轨迹的计算快速而准确。自动编程系统还能处理手工编程难以胜任的二次曲面和特种曲面的数控加工程序编制。

2.快速、自动生成数控加工程序

完成刀具运动轨迹的计算之后,自动编程系统的后置处理程序能在极短时间内自动生成数控加工程序,且不会出现语法错误。

3.后置处理程序灵活多变

同一个零件在不同的数控机床上加工,如果机床配置的数控系统不同,其数控加工程序也不同。但由于前置处理可以通用,所以自动编程中的数学处理、轨迹计算可以一致。只要改变后置处理程序,就能自动生成适用于不同数控系统的数控加工程序。后置处理程序简单灵活,极大地拓宽了自动编程系统的使用范围。

4.程序自检、纠错能力强

手工编程时,可能出现书写笔误、计算错误、程序格式错误等,单靠人工检查既费时又费力。应用计算机辅助自动编程技术后,程序错误主要来自原始数据不正确而导致的刀具运动轨迹误差,或刀具与工件的干涉,或刀具与机床相撞,等等。自动编程能够借助于计算机在屏幕上对数控程序进行加工仿真,逼真地显示刀具加工轨迹和所得零件加工轮廓,及时修改发现的问题,快速方便。自动编程在计算出刀具轨迹后应立即进行加工仿真,确定无误再进行后置处理,以保证所编程序的正确性。

5.便于实现与数控系统的通信

手工编制的数控加工程序,一般必须手工一次性地输入数控系统,控制数控机床进行加工。当数控加工程序很长,而数控系统的缓存区容量有限,不足以一次性容纳整个数控加工程序时,必须对数控加工程序进行分段处理、分批输入,麻烦且易出错。而自动编程系统可以利用计算机和数控系统的通信接口,实现编程系统和数控系统的在线通信,经通信接口或通信介质直接将自动生成的程序输入数控系统,可以实现边输入边加工,提高了编程效率,缩短了生产周期。

## 2.9.5 常用自动编程软件简介

近年来,随着半导体技术和计算机图形学技术的飞速发展,微型计算机与各种数控装置的通信技术日趋成熟,数控自动编程越来越多地采用 CAD/CAM 软件。常用的 CAD/CAM 自动编程软件主要有:

1. Pro/Engineer

Pro/Engineer(简称 Pro/E)软件是美国 PTC 公司开发的 CAD/CAE/CAM 软件,以其参数化、基于特征、全关联等概念而闻名。包括从产品的概念设计、详细设计、工程图、工程分析、模具直至数控加工的产品开发全过程,它功能强大,在我国使用广泛。

(1)Pro/E 的 CAD 功能

Pro/E 的 CAD 功能主要具有简单零件设计、装配设计、设计文档(绘图)和复杂曲面的造型等功能,具有从产品模型生成模具模型的所有功能;可直接从实体模型生成全关联的工程视图,包括尺寸标注、公差、注释等;提供二坐标测量仪的软件接口,可将扫描数据拟合成曲面,完成曲面光顺和修改;提供图形标准数据库交换接口以及 Pro/E 与 CATIA 软件的图形直接交换接口。

(2)Pro/E 的 CAM 功能

Pro/E 的 CAM 功能主要具有提供车削加工、二至五轴铣削加工、电火花线切割、激光切割等功能。加工模块能自动识别零件毛坯和成品的特征。当特征发生修改时,系统能自动修改加工轨迹。现在 Pro/E 能提供最佳刀具轨迹控制和智能化刀具轨迹创建,允许编程人员控制整体的刀具轨迹直到最细节的部分。

2. Unigraphics

Unigraphics(简称 UG)是美国 UGS 公司发布的 CAD/CAE/CAM 一体化软件。除产品设计功能外,其 2D 出图功能、模具加工功能及与 PDM(产品数据管理,Product Data Management)之间的紧密结合,使其广泛运用在汽车业、航天业、模具加工及设计业、医疗器材产业等领域。国内外已有许多科研院所和厂家选择 UG 作为企业的 CAD/CAM 系统。

(1)UG 的 CAD 功能

UG 提供给用户十分灵活的复合建模功能,包括实体建模、曲面建模、线框建模和基于特征的参数建模。无论装配图还是零件图设计,都从三维实体造型开始,可视化程度很高。三维实体生成后,可自动生成二维视图,如三视图、轴测图、剖视图等。其三维 CAD 是参数化的,一个零件尺寸的修改,可使相关零件产生相应的变化。

UG 软件还具有人机交互方式下的有限元解算程序,可以进行应变、应力及位移分析,还可以对二维、三维机构进行复杂的运动学分析和设计仿真。

(2)UG 的 CAM 功能

UG 拥有一个功能强大、实用、柔性的 CAM 系统。能提供二至四轴联动车削加工,具有粗车、多次走刀、精车、车沟槽、车螺纹和中心钻孔等功能;提供二至五轴联动或更高档的铣削加工,如型芯和型腔铣削;提供粗切单个或多个型腔,沿任意形状切去大量毛坯材料以及加工出型芯的全部功能,这些功能对加工模具和型腔特别有用。

UG 具有多种图形文件接口,可用于复杂形体的造型设计,特别适于大型企业和科研单位使用。

3. Mastercam

Mastercam 是由美国 CNC 软件公司推出的基于 PC 平台的 CAD/CAM 软件,它具有很强的加工功能,尤其在对复杂曲面自动生成数控加工代码方面具有独到的优势。Mastercam 对硬件环境的要求不高,操作灵活,易学易用且价格较低,受到中小企业的欢迎,是目前世界上安装套数最多的 CAD/CAM 系统。该软件可应用于二至五轴联动镗铣加工、车削加工、二至四轴联动切割加工、钣金下料、火焰切割等。

4. Cimatron

Cimatron 是以色列 Cimatron 公司推出的一个面向制造的专门针对模具行业设计开发的 CAD/CAM 系统,使用统一的数据库,完成产品的结构设计、零件设计,输出设计图纸,或根据零件的三维模型进行手工或自动的模具分模,再对凸、凹模进行自动的 NC 加工,输出加工的 NC 代码。

Cimatron 的 CAD 功能融合了线框造型、曲面造型和实体造型,允许用户方便地处理获得的数据模型或进行产品的概念设计。在整个工具设计过程中,Cimatron 提供了一套集成工具,帮助用户实现模具的分型设计、进行设计变更的分析与提交、生成模具滑块与嵌件、完成工具组件的详细设计和电极设计。

Cimatron 的 CAM 功能支持具有高速铣削功能的两轴半至五轴联动铣削加工,生成的 NC 刀具轨迹安全、优质、高效。

5. CATIA

CATIA 最早由法国达索飞机公司于 1978 年推出,并不断发展,目前已经成为应用最广泛的 CAD/CAE/CAM 集成软件之一,该系统广泛用于航空工业和汽车工业等领域。它采用特征造型和参数化造型技术,允许自动指定或由用户指定参数化设计、几何或功能化约束的变量式设计。根据其提供的 3D 线架,用户可以精确地建立、修改与分析 3D 几何模型。其曲面造型功能包含了高级曲面设计和自由外形设计,用于处理复杂的曲线和曲面定义,并有许多自动化功能,包括分析工具,加速了曲面设计的过程。

6. Power MILL

Power MILL 是英国 DELCAM 公司开发的功能强大、加工策略丰富的专业化三维 CAD/CAM 软件。它采用全新的中文 Windows 用户界面,提供完善的加工策略,帮助用户产生最佳的加工方案,从而提高加工效率,减少手工修整,快速产生粗、精加工路径,并且任何方案的修改和重新计算几乎在瞬间完成,可缩短 85% 的刀具路径计算时间,可对二至五轴联动的数控加工包括刀柄、刀夹进行完整的干涉检查与排除。它具有集成一体的加工实体仿真功能,方便用户在加工之前了解整个加工过程及加工结果,节省加工时间。Power MILL 系统的菜单结构非常合理,它提供了从粗加工到精加工的全部选项,还提供了刀具路径动态模拟和加工仿真,可以直观地检查和查看刀具路径,最适于对复杂形体的产品、零件、模具的设计和制造。

7. CAXA-ME 制造工程师

CAXA-ME 制造工程师是由我国北京北航海尔软件有限公司研制开发的全中文、面向数控铣床和加工中心的三维 CAD/CAM 软件。它既具有线框造型、曲面造型和实体造型的设计功能,又具有生成二至五轴联动加工代码的数控加工功能,可用于加工具有复杂三维曲面的零件。其特点是易学易用、价格较低,已在国内众多企业和科研院所得到应用。

## 2.9.6 自动编程技术的新进展

数控自动编程技术的发展十分迅速,各种新型的自动编程软件和编程方法不断涌现,以下介绍几种自动编程技术的新方法。

1. 在线自动编程

在线自动编程是在生产车间的数控机床上,由数控机床操作者使用数控机床 CRT 屏幕的图形显示对话功能直接进行人机对话编程,目前在数控车床、数控铣床上已有简单应用。下面以数控车床上的编程为例来说明在线自动编程方法和系统的概念。

在数控机床屏幕上用图形人机对话的方式输入被加工工件的毛坯图形和尺寸；在毛坯图形上给出最终零件的图形和尺寸，选定机床坐标系、机床原点、工件坐标系、换刀点位置并确定所用的刀具；在零件图上指明需要数控加工的部位，确定加工工序，给定所用切削工艺参数，在零件图与毛坯图上选定走刀路线、走刀次数；最后系统根据这些输入条件进行自动计算，必要时可采用人机对话方式现场修改工序内容和走刀路线，对工序进行增删和编辑。这样就无须生成控制介质，在车间的数控机床上便能按所确定的加工工序、加工路线和工艺参数自动生成数控加工程序，加工出所要求的产品。根据需要也可以将调试成功的上述加工程序存贮在磁盘或穿孔纸带上，以便保存，或作为再次加工时的输入。

在线自动编程方法无须专用的编程计算机系统，在数控机床加工某一种零件的同时，可以利用计算机的强大计算能力编制下一种加工零件的数控程序，编程直观、方便、迅速、省时，是一种有发展前景的编程方法。但受现场操作者的技术水平和车间环境条件等的限制，在线编程方法目前还只能编制一些较简单零件的数控加工程序。

2. 实物自动编程

由机器零件或实物模型通过精密测量自动获取数控加工所需数据并自动编制数控加工程序，这种编程方法称为实物编程，它是一种无尺寸、无图纸的数字化技术自动编程方法，通常也称为反求工程。

实物自动编程方法应配备一台三坐标测量机或激光扫描仪，用于模型或实物的尺寸测量。测头沿着零件轮廓移动，测出实物或模型的尺寸，测得的原始数据输入计算机后进行测头补偿、坐标转换及数据处理，从而得到零件轮廓点、刀位点的坐标数据，再经过后置处理即可得到所需的数控加工程序。

用实物编程的方法，可以编制二维和三维零件的加工程序。实物编程加工出来的零件精度，主要取决于对原实物轮廓进行精密自动测量所获得的精度，它一般适用于轮廓型面光滑过渡、精度要求不太高的无尺寸轮廓零件或尺寸繁多的点位系统零件。

3. 语音自动编程

语音自动编程是指利用人的自然声音作为输入介质，用头戴式送话器或小型话筒直接与计算机对话，命令计算机自动编制出零件数控加工程序的一种方法。语音自动编程系统编程时，编程人员只需对着话筒讲出所需指令即可。编程前应使系统"熟悉"编程人员的"声音"，即首次使用该系统时，编程人员必须对着话筒讲出该系统约定的各种词汇和数字，让系统记录下来并转换成计算机可以接受的数字命令。这种自动编程系统无疑会大大提高数控编程的效率，若与数控机床相连接，还能用语音实时控制加工。语音自动编程系统国内已进入试验阶段。

4. 视觉自动编程

一般的自动编程系统都必须由人来阅读、理解零件图纸，将图纸上的信息通过人机对话方式输入计算机以实现自动编程。视觉自动编程系统是采用计算机视觉功能自动阅读和理解图纸，由计算机识读理解和记录处理图纸上的点、线、弧、圆等几何线段的各种信息，由编程人员在编程过程中实时确定加工工艺，指定起刀点、下刀点和换刀点，由计算机自动计算出刀位点的有关坐标值,经后置处理就可以得到所需零件的数控加工程序。

视觉自动编程系统的工作过程是:首先由图样扫描器(常用的 CCD 传感器扫描仪或扫描鼓)扫描图纸,取得一幅图像;对该图像进行预处理,校正图像的几何畸变和灰度畸变,将它转化为易处理的二维图像,同时进行断口校正、几何交点部分检测、细线化处理,以消除输入部分分辨率的影响;然后分离并识别图样上的文字、符号、线段等元素,记忆它们之间的关系,对线条进行矢量化处理,并用直线或曲线拟合得到端点和节点;将有关信息综合处理,确定图样中每条线段的意义及尺寸大小,进行编程处理及刀位点的坐标计算。经过上述一系列工作,再进行适当的后置处理,就能输出数控加工程序单或穿孔纸带。

视觉自动编程系统的特点是不需要人工书写任何源程序,编程人员只需事先拟定工艺路线和输入有关的工艺参数即可,编程操作简单、速度快、效率高,实现了数控编程的高度自动化。但由于计算机视觉功能的局限性,所以目前视觉自动编程系统只可编制比较简单的二维零件的加工程序。

5. 模块化的多功能自动编程系统

模块化的多功能自动编程系统不仅能够对任意平面零件进行编程,并且具有复杂曲面的编程功能;不仅能够进行图形的几何处理,而且同时具有工艺处理功能,可自动确定合理的工艺参数(CAPP);不仅具有 APT 数控语言输入方式,还能够采用图形输入方式;该系统还提供了 CAD 接口以及与数控加工系统直接通信的功能。

模块化自动编程系统采用模块化的程序结构,包括使用 APT 数控语言编程方式的车削、铣削、线切割、复杂模具型腔(三至五轴联动)加工、激光加工、点位编程等模块,同时还具有交互式图形输入模块、人机对话方式编程模块、自学模块、故障自诊断模块等。

# 思考题与习题

2-1 试解释下列名词:基点、节点、刀位点、控制介质、脉冲当量、G 代码、固定循环、工件坐标系设定、混合编程、刀具半径补偿功能、模态指令、续效性。

2-2 如何确定数控机床的坐标轴及其正方向?

2-3 数控编程有哪两种方法?试说明数控机床手工编程和自动编程各有哪些工作内容和步骤。

2-4 画简图表示数控车床、数控立式铣床、数控卧式镗床各坐标轴的分布。

2-5 试举例说明绝对值编程与增量值编程的区别。

2-6 什么是机床坐标系?什么是工件坐标系?两者之间是什么关系?

2-7 试说明 G90、G91、G92 指令的用法。

2-8 试说明 G00 与 G01、G02、G03 指令的主要区别。

2-9 如何判定 G02、G03 指令圆弧插补的顺、逆方向?如何表示圆心位置的坐标?

2-10 什么是字地址可变长度程序段格式?它有什么优点?

2-11 某数控机床说明书中的程序段格式为

N4　G2　X±53　Y±53　Z±53　F2　S3　T2　M2　LF,试解释各字的意义。

2-12　什么是数控加工的走刀路线?确定走刀路线时通常要考虑哪些问题?

2-13　常用的 CAD/CAM 软件有哪些?各自的特点是什么?

2-14　自动编程中的后置处理有什么作用?

2-15　试述刀具半径补偿与长度补偿的应用场合及补偿方法。

2-16　加工中心适合加工哪些零件?加工中心的编程特点是什么?

2-17　直线逼近非圆曲线的节点计算方法有哪几种?分别适用于什么场合?

2-18　如图 2-55 所示的零件,按绝对坐标编程方式与增量坐标编程方式,采用直线插补指令、圆弧插补指令分别编写其数控车削精加工程序(单边加工余量为 0.5 mm)。

(a)　　　　　　　　　(b)　　　　　　　　　(c)

图 2-55　题 2-18 图

2-19　如图 2-56 所示零件,先粗车去除大量的毛坯余量后再进行精车,试分别编写其粗车和精车加工的数控程序。

(a)　　　　　　　　　　　(b)

图 2-56　题 2-19 图

2-20　如图 2-57 所示的零件,试编写采用端面粗车指令进行粗车后,再进行螺纹车削的数控加工程序。

2-21　如图 2-58 所示的零件,试编写其外圆柱面粗车、精车和内孔精车及螺纹车削的数控加工程序。(1.5×M60 内螺纹的小径为 φ58.4 mm)。

图 2-57 题 2-20 图

图 2-58 题 2-21 图

2-22 如图 2-59 所示为平面曲线零件,厚度为 5 mm,加工过程为先铣削外形,然后钻孔和镗孔,试用直线插补指令、圆弧插补指令、钻孔循环指令和镗孔循环指令分别编写它们的数控加工程序。

(a)

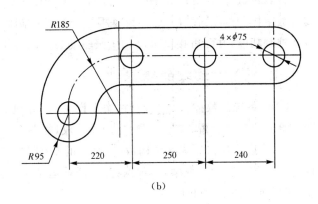

(b)

图 2-59 题 2-22 图

# 第3章

## 计算机数控系统

## 3.1 概 述

　　计算机数控(Computerized Numerical Control,CNC)系统是用计算机控制加工功能，实现数字控制的系统。CNC系统是根据计算机存储器中存储的控制程序，执行部分或全部数字控制功能，并配有接口电路和伺服驱动装置的专用计算机系统。

### 3.1.1 CNC系统的组成

　　CNC系统由数控程序、输入和输出设备、计算机数控装置(CNC装置)、主轴驱动装置和进给伺服驱动装置(包括检测装置)等组成，如图3-1所示。

　　CNC系统是在传统硬结构数控(NC)的基础上发展起来的，它通过系统控制软件和硬件的合理配合完成信息输入、数据处理、插补运算和信息输出，控制数控机床的执行部件运动，实现所需的零件加工。

　　此外，现代数控系统采用PLC取代了传统的机床电气逻辑控制装置(继电器控制电路)，利用PLC的逻辑运算功能实现诸如主轴的正转、反转及停止，换刀，工件的夹紧、松开，切削液的开、关以及润滑系统的运行等各种开关量的控制。

图 3-1　CNC系统的组成

CNC 系统的核心是 CNC 装置。由于使用了计算机,系统具有软件功能,又用 PLC 代替了传统的机床电器逻辑控制装置,所以系统更小巧,其灵活性、通用性、可靠性更好,易于实现复杂的数控功能,使用、维护也更方便,并具有与上位机连接及进行远程通信的功能。

20 世纪 70 年代中期,以中小规模集成电路为基础的硬结构数控开始被采用小型计算机作为硬件基础的 CNC 所替代,这标志着数控技术由硬件结构数控进入了 CNC 时代。由于 CNC 的出现,机床数控装置发生了巨大的变化,体积变小了,功能扩大了,可靠性也大幅度提高了。随着计算机技术的发展以及用户对 CNC 功能要求的不断提高,CNC 的硬件结构从单 CPU 结构发展到多 CPU 结构,并出现了以个人计算机为基础的开放式 CNC 结构。

## 3.1.2  CNC 装置的工作过程

CNC 装置由硬件和软件组成,软件在硬件的支持下工作,二者缺一不可。

CNC 装置的硬件除包括一般计算机所具有的微处理器(CPU)、存储器(ROM、RAM)、输入/输出(I/O)接口外,还包括满足数控要求的专用接口和部件,即位置控制器、纸带阅读机接口、手动数据输入(MDI)接口和显示(CRT)接口。

CNC 装置硬件的组成如图 3-2 所示。

图 3-2  CNC 装置硬件的组成

CNC 装置的软件是为了实现 CNC 系统各功能而编制的专用软件,称为系统软件。在系统软件的控制下,CNC 装置对输入的加工程序自动进行处理,并发出相应的控制指令。系统软件由管理软件和控制软件两部分组成,如图 3-3 所示。

CNC 装置的工作方式,是在硬件的支持下执行软件的全过程。软件和硬件各有不同的特点,软件设计灵活,适应性强,但处理速度慢;硬件处理速度快,但成本较高。因此在 CNC 装置中,数控功能的实现方法大致分为三种情况:第一种情况是由软件完成输入、插补前的准备,硬件完成插补和位置控制;第二种情况是由软件完成输入、插补前的准备、插补,硬件完成位置的控制;第三种情况是由软件完成输入、插补前的准备、插补及位置控制的全部工作。CNC 装置的工作

图 3-3  CNC 装置软件的组成

流程及软硬件界面关系如图 3-4 所示。

图 3-4　CNC 装置的工作流程及软硬件界面关系

### 3.1.3　CNC 装置的特点及功能

1.CNC 装置的特点

（1）灵活通用

CNC 装置的硬件系统采用模块化结构，易于扩展，通过变换软件还可以满足被控设备的各种不同要求。接口电路的标准化大大方便了生产厂家和用户。用同一种 CNC 系统就可以满足多种数控设备的要求。

（2）控制功能的多样化

CNC 装置利用计算机强大的运算能力，可实现许多复杂的控制功能。如在线自动编程、加工过程的图形模拟、故障诊断、机器人控制以及网络化控制等。

（3）使用可靠、维修方便

由于目前普遍采用大容量存储器存储零件加工程序，无须读带机直接参与工作，所以大大降低了故障率；又由于许多功能改由软件实现，所需硬件元器件数目大为减少，所以提高了系统的性能和可靠性。

CNC 装置的诊断程序可以提示故障部位，缩短了维修的停机时间。其编辑功能对编制程序十分方便，零件加工程序编好后可以显示程序，甚至可通过空运行显示刀具轨迹，检验程序的正确性。

（4）易于实现机电一体化

CNC 系统具有很强的通信功能，便于与 DNC、FMS 和 CIMS 系统进行通信联络。同时，超大规模集成电路的采用，使硬件元器件数目大为减少，CNC 装置结构紧凑，与机床结合更为紧密。

2.CNC 装置可执行的功能

CNC 装置可执行的功能通常包括基本功能和选择功能。基本功能是必备的数控功能；选择功能是可供用户根据机床特点和工作用途进行选择的功能。CNC 装置的功能及其说明见表 3-1。

表 3-1                          CNC 装置的功能及其说明

| 功 能 | | 功 能 说 明 |
|---|---|---|
| 基本功能 | 控制功能 | 主要反映 CNC 装置能够控制,尤其是能够同时控制的轴数(联动轴数)。控制的轴数越多,特别是联动轴数越多,CNC 装置就越复杂 |
| | 准备功能 | 是指机床动作方式的功能。主要有移动、坐标设定、坐标平面选择、刀具补偿、固定循环等指令。G 代码的使用有模态(续效性)和非模态(一次性)两种 |
| | 插补功能 | 是指 CNC 装置可实现的插补能力,如直线插补、圆弧插补和其他二次曲线与多坐标插补能力 |
| | 进给功能 | 是指切削进给、同步进给、快速进给、进给倍率等。它反映刀具进给速度,一般用 F 代码直接指定各轴的进给速度 |
| | 刀具功能 | 用来选择刀具,用 T 和它后面的若干位数字表示 |
| | 主轴功能 | 是指定主轴转速的功能,用 S 代码表示。主轴的转向用指令 M03(正转)、M04(反转)指定。机床面板上设有主轴倍率开关,可以不修改程序就改变主轴转速 |
| | 辅助功能 | 也称 M 功能,用来规定主轴的启停和转向、切削液的接通和断开、刀库的启停、刀具的更换、工件的夹紧或松开 |
| | 字符显示功能 | 可通过软件和接口在 CRT 显示器上实现字符显示,如显示程序、参数、坐标位置和故障信息等 |
| | 自诊断功能 | 指各种诊断程序,可以防止故障的发生和扩大 |
| 选择功能 | 补偿功能 | 可以对加工过程中由于刀具磨损、更换刀具、机械传动的丝杠螺距误差和反向间隙所引起的加工误差给予补偿 |
| | 固定循环功能 | 是指为常见的加工工艺所编制的、可以多次循环加工的功能。该固定程序使用前,要由用户选择合适的切削用量和重复次数等参数,然后按固定循环约定的功能进行加工。用户若需编制适于自己的固定循环,可借助于用户宏程序功能 |
| | 固定显示功能 | 一般可配置 14 in 彩色 CRT 显示器,能显示人机对话编程菜单、零件图形、动态刀具轨迹等 |
| | 通信功能 | 通常备有 RS-232C 接口,有的还备有 DNC 接口,设有缓冲存储器,可以按数控格式输入,也可以按二进制格式输入,进行高速传输。有的还能与制造自动化协议 MAP 相连,进入工厂通信网络,以适应 FMS、CIMS 的要求 |
| | 人机对话编程功能 | 自动编程,不但有助于编制复杂零件加工的程序,而且可以方便编程 |

## 3.2 计算机数控装置的硬件结构

### 3.2.1 单微处理器结构

早期的 CNC 系统和当前的经济型 CNC 系统都采用单微处理器结构。

在单微处理器结构中,只有一个微处理器对存储、插补运算、输入/输出控制、CRT 显示等功能进行控制和处理。一个微处理器通过总线与存储器、输入/输出(I/O)接口及其他接口相连,构成整个 CNC 装置,其结构框图如图 3-5 所示。

图 3-5 单微处理器结构框图

1. 微处理器

微处理器是 CNC 装置的中央处理单元,它能实现数控系统的数字运算和管理控制,由运算器和控制器两部分组成。运算器对数据进行算术运算和逻辑运算。在运算过程中,运算器从存储器中读取数据,并将运算结果送回存储器保存起来。通过对运算结果的判断,设置相应寄存器状态(进位、奇偶和溢出等)。控制器则从存储器中取出程序指令,经过译码后向数控系统的各部分按顺序发出执行操作的控制信号,以执行指令。控制器是数控装置的中央机构,它向各个部件发出执行任务的指令,并接收执行部件发回的反馈信息。控制器根据程序中的指令信息和反馈信息,决定下一步的操作指令。

目前 CNC 装置中常用的有 8 位、16 位、32 位和 64 位微处理器,可以根据机床实时控制和处理速度的要求,按字长、数据宽度、寻址能力、运算速度及计算机技术发展的最新成果选用适当的微处理器。如日本的 FANUC-15/16 CNC 系统选用 Motorola 公司的 32 位微处理器 68020 作为其控制 CPU。

2. 总线

在单微处理器的 CNC 系统中常采用总线结构。总线一般可分为数据总线、地址总线和控制总线三组。数据总线为各部分之间传送数据,数据总线的位数和传送的数据宽度相等,采用双方向线。地址总线传送的是地址信号,与数据总线结合使用,以确定数据总线上传输的数据来源或目的地,采用单方向线。控制总线传输的是一些控制信号,如数据传输的读写控制、中断复位等信号,采用单方向线。

3. 存储器

CNC 装置的存储器包括只读存储器(ROM)和随机存储器(RAM)两类。ROM 一般采用可擦除的只读存储器(EPROM),存储器的内容由 CNC 装置的生产厂家写入固化,即使断电,EPROM 中的信息也不会丢失。若要改变 EPROM 中的内容,必须用紫外线抹除之后重新写入。RAM 中的信息可以随时被 CPU 读或写,但断电后信息也随之消失。如果需要断电后保留信息,一般需采用后备电池进行断电保护。

4. 输入/输出(I/O)接口

CNC 装置和机床之间的信号传输是通过输入/输出接口电路来完成的。信号经接口电路送至系统寄存器的某一位,CPU 定时读取寄存器状态,经数据滤波后加以相应处理。同时,CPU 定时向输出接口送出相应的控制信号。I/O 接口电路可以起到电气隔离的作用,防止干扰信号引起误动作。一般在接口电路中采用光电耦合器或继电器,将 CNC 装置和数控机床之间的信号加以电气隔离。

5. 位置控制器

CNC 装置中的位置控制器主要控制数控机床的进给运动的坐标轴位置及主轴的位置。坐标轴控制是数控机床上要求最高的位置控制,不仅对单个轴的运动和位置的精度有严格要求,在多轴联动时,还要求各移动轴有很好的动态配合。对于主轴的控制,要求在很宽的范围内速度连续可调,并且在每一种速度下均能提供足够的所需切削功率和扭矩。在某些高性能的 CNC 机床上还要求能实现主轴的定向准停,使主轴每次都在某一给定角度位置停止转动。

6. MDI/CRT 接口

MDI 接口是通过操作面板上的键盘,手动输入数据的接口;CRT 接口是在 CNC 软件配合下,将字符和图形显示在显示器上的接口。显示器一般是阴极射线管(CRT),也可以是平板式液晶显示器(LCD)。

7. 可编程控制器(PLC)

可编程控制器用来代替传统机床强电的继电器逻辑控制,实现各种开关量(S、M、T)的控制。如主轴正转、反转及停止,刀具交换,工件的夹紧及松开,切削液的开、关以及润滑系统的运行等,同时还包括主轴驱动以及报警处理等。

8. 通信接口

通信接口用来与外部设备进行信息传输,如与上位计算机或直接数字控制器(DNC)等进行数字通信,一般采用 RS-232C 串行通信接口或 USB 接口。

单微处理器结构的单个 CPU 通过总线与各个控制单元相连,完成信息交换,其结构比较简单。但是由于只有一个微处理器来集中控制分时处理,所以 CNC 系统的功能受到微处理器字长、寻址功能和运算速度等非逻辑因素的限制,其价格昂贵(需要使用高档 CPU)但系统功能并不十分强大。

## 3.2.2　多微处理器结构

多微处理器结构中有两个或两个以上微处理器。多微处理器 CNC 装置采用模块化技术,由多个功能模块组成。一般包括 CNC 管理模块、CNC 插补模块、主存储器模块、位置控制模块、对话式自动编程模块、PLC 功能模块、操作面板监控显示模块和主轴控制模块。

根据 CNC 装置的需要,还可再增加相应的模块以实现某些扩展功能。

多微处理器 CNC 装置在结构上可分为共享总线结构和共享存储器结构,通过共享总线或共享存储器,来实现各模块之间的互联和通信。

1. 共享总线结构

共享总线结构以系统总线为中心,把组成 CNC 装置的各个功能部件划分为带有 CPU 的主模块和不带 CPU 的从模块(如各种 RAM、ROM 模块,I/O 模块等)两大类。所有主、从模块都插在配有总线插座的机柜内,共享标准的系统总线。系统总线的作用是把各个模块有效地连接在一起,按照标准协议交换各种数据和控制信息,构成一个完整的系统,实现各种预定的功能,如图 3-6 所示。

图 3-6　多微处理器共享总线结构

在共享总线结构中,只有主模块有权控制使用系统总线。但由于有多个主模块,所以可能会同时请求使用总线,而某一时刻只能由一个主模块占有总线。为了解决这一矛盾,系统专门设有总线仲裁电路。按照每个主模块担负任务的重要程度,预先安排好优先级别的顺序,总线仲裁电路在多个主模块因争用总线而发生冲突时,据此判断出发生冲突的各个主模块的优先级别的高低,最后决定由优先级别高的主模块优先使用总线。

共享总线结构中多个主模块共享总线,容易引起总线的"竞争"冲突,使数据传输效率降低。总线一旦出现故障,会影响整个 CNC 装置的性能。但它因具有结构简单、系统配置灵活、实现容易等优点而被广泛采用。

2. 共享存储器结构

共享存储器结构通常采用多端口存储器来实现各微处理器之间的连接与信息交换,由多端口控制逻辑电路解决访问冲突,其结构框图如图 3-7 所示。

图 3-7　多微处理器共享存储器结构

在共享存储器结构中,各个主模块都有权控制使用共享存储器。即使是多个主模块同时请求使用存储器,只要存储器容量有空闲,一般就不会发生冲突。在各模块请求使用共享存储器时,由多端口的逻辑控制电路来控制。

共享存储器结构中多个主模块共享存储器时,引起冲突的可能较小,数据传输效率较高,结构也不复杂,所以被广泛采用。

## 3.2.3　I/O 接口电路及外部设备

1. I/O 接口

I/O 接口是指外部设备与 CPU 的连接电路。微机与外部设备要有输入/输出数据通道,以便交换信息。一般外部设备与存储器间不能直接通信,需靠 CPU 对 I/O 接口的读或写操作,完成外部设备与 CPU 间输入或输出信息的操作。CPU 向外部设备送出信息的接口称为输出接口,外部设备向 CPU 传递信息的接口称为输入接口,此外还有双向接口。

微机中 I/O 接口包括硬件电路和软件两大部分。选用的 I/O 设备或接口芯片不同，I/O 接口的操作方式也不同，因而其应用范围也不同。I/O 接口硬件电路主要由地址译码、I/O 读写译码和 I/O 接口芯片(如数据缓冲器和数据锁存器等)组成。在 CNC 系统中 I/O 的扩展是为控制对象或外部设备提供输入/输出通道，实现机床的控制和管理功能，如开关量控制、逻辑状态检测、键盘、显示器接口等。I/O 接口电路及与其相连的外部设备硬件电路特性密切相关，如驱动功率、电平匹配、干扰抑制等。

2. 外部 I/O 设备及 I/O 接口

(1) 光电纸带阅读机及接口

CNC 装置采用 8 单位光电纸带阅读机，根据光电转换原理，将纸带上记录的信息(有孔或无孔)转换成相应的电信号，经过处理后送入 CNC 装置。光电转换原理如图 3-8 所示。

纸带上方是光源，下方并列排放 9 个光敏元件，它们与 9 个孔(8 个信号孔和 1 个同步孔)一一对应。这样，当纸带沿垂直于纸面的方向运动通过光源时，有孔处光敏元件受光照，其反向电阻变小，即导通，输出低电平；无孔处光线被纸带遮挡，光敏元件反向电阻变大，即截止，输出高电平。由于纸带是快速通过光源的，同步孔产生的同步信号作为选通信号采样，光敏元件上便产生一系列脉冲信号送入计算机。

图 3-8 光电转换原理

具有卷带盘的光电纸带阅读机接口框图如图 3-9 所示。光电纸带阅读机接口电路由孔信号接收电路、纸带进给控制电路及走带和纸带盘控制电路等组成。

图 3-9 具有卷带盘的光电纸带阅读机接口框图

孔信号接收电路以发光二极管为发光体，光敏三极管为光信号接收器。纸带的 8 孔光信号转换为电平信号后,送入纸带数据寄存器寄存;纸带的同步孔信号经脉冲形成电路发出一个脉冲,送到中断请求触发器,向 CPU 发出中断请求,若 CPU 响应此中断,便从数据寄存器中接受存储器的 8 孔信号。

纸带进给控制电路接受来自 CPU 的控制命令,驱动相应电磁铁,使纸带正向、反向或停止走动。走带和纸带盘控制电路接受来自 CPU 的控制命令,驱动正向或反向走带电动机。纸带盘的工作方式由一个三位置控制开关转换,三个位置分别为释放、接通和断开。在释放位置放松卷带盘,以便装卸纸带;在接通位置接通卷带盘电动机;在断开位置不使用纸带盘。另外,还可用手动按钮控制纸带的正绕和反绕。

(2)MDI 接口

手动数据输入(MDI)是通过数控面板上的键盘(常为软触摸屏)进行操作的。当 CPU 扫描到按下键的信号时,就将数据送入移位寄存器,其输出需先经过报警检查。若不出现报警,数据经选择器、门电路、移位寄存器、数据总线送入 RAM 中;若报警,则数据不送入。MDI 接口框图如图 3-10 所示。

图 3-10　MDI 接口框图

(3)CRT 接口

CRT 接口与 CNC 软件配合,在 CRT 显示器上显示字符或图形。

CRT 显示器一般采用光栅扫描方式。以 9 英时单色显示器为例,整个画面横向排列 32 列字符,纵向排列 15 行字符,总计可显示 480 个字符。每个字符的横向有 10 个点,纵向有 16 条线,实际为 7×9 点阵。CRT 画面的字符位置如图 3-11 所示。

画面上,每个字符的位置按次序编为 0～479 号地址,在显示控制电路中设置一个刷新存储器,其地址设计成与画面地址相符。这样,如果按光栅扫描的次序将刷新了的存储器内容送到字符发生器,并将它的 ASCII 码变换为点阵的视频信号,再送到 CRT 显示器,就可

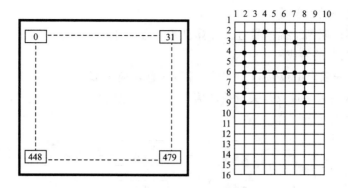

图 3-11　CRT 画面的字符位置

显示出整幅的字符。

　　CRT 显示器接口框图如图 3-12 所示。CRT 显示控制电路由视频控制电路、刷新存储器(字符 RAM 或图形 RAM)及其地址控制电路、字符发生器和 CRT 的水平垂直同步脉冲产生电路组成。CRT 上可以显示程序、参数、各种补偿数据、坐标位置、故障信息、人机对话编程菜单、零件图形(平面或立体)及刀具动态轨迹等。

图 3-12　CRT 显示器接口框图

　　3.机床的 I/O 控制通道

　　机床的 I/O 控制通道是指微机与机床之间的连接电路。计算机数控系统对机床的控制常由数控系统中的 I/O 控制器和 I/O 控制软件共同完成。

　　(1)I/O 控制器的特点

　　①能够可靠地传送控制机床动作的相应控制信息,并能够输入控制机床所需的有关状态信息。这些信息形式有三种:数字量 I/O、开关量 I/O 和模拟量 I/O。

　　②能够进行相应的信息转换,满足 CNC 系统的输入与输出要求。输入时应满足计算机的输入要求,将机床的有关状态信息转换为数字形式;输出时应满足机床各种执行元件的要求,将数字信息转换为有关状态信息。信息转换主要包括数字/模拟量转换(D/A)、模拟/数字量转换(A/D)、并行的数字量转换成脉冲量、电平转换、电量到非电量的转换、弱电到强

电的转换以及功率的匹配等。

③具有较强的阻断干扰信号进入计算机的能力,可提高系统的可靠性。

(2)I/O控制器的组成

I/O控制器一般由I/O接口、光电隔离和信息转换等部分组成,如图3-13所示。微机通过I/O接口输出数字量或开关量控制信息,经过光电隔离电路,再经过功率放大,驱动相应的执行元件。

图 3-13　I/O控制器的组成

### 3.2.4　开放式数控系统

#### 1.开放式数控系统的来由

传统的数控系统大多以专用计算机为基础,其软件和硬件对用户都是封闭的。由于技术保密和降低成本等原因,长期以来各数控设备生产厂商的数控产品软硬件模块、编程语言、人—机交互界面各不相同,零部件之间不能互换或互不兼容,世界各大主流数控厂商在数控系统的硬件结构、实时操作系统、数据通信协议等方面实施技术垄断、市场垄断、甚至技术服务垄断,使数控系统最终用户无法对生产中使用的数控设备进行功能扩展、系统维护以及升级换代,这种封闭式的数控系统挫伤了最终用户的积极性,从根本上破坏了推广普及数控技术的潜在市场,严重制约了数控技术的发展。

为了适应现代化生产系统进步和发展的需要,克服封闭式数控系统所暴露出来的弊端,人们提出了开放式数控系统的要求。根据美国电气与电子工程师协会(IEEE)的定义,开放式数控系统必须具备互操作性、可移植性、可缩放性和可互换性的特点,使得各个功能模块能通过定义了的标准通信协议接口 API(Application Program Interface)来相互交换信息并相互操作。同时,系统还应具备一个实时的配置系统,使得各个功能模块无论在系统运行之初还是运行过程之中都能够被灵活地配置。鉴于 PC 已经成为微型计算机的事实标准,其开放的体系结构和丰富的软硬件资源,已经成为现代开放式数控系统的重要基础。

我国于 20 世纪 90 年代初开始着手研究上述问题,2002 年 6 月正式颁布了《机械电气设备　开放式数控系统　第 1 部分:总则》(GB/T 18759.1—2002)国家标准,并于 2003 年 1 月 1 日正式生效。虽然这仅仅是 ONC(开放式数控系统)标准的总则,还没有达到真正意义上全部 ONC 标准的制订,但它已经是一个具有较为完整系统框架的体系标准。

#### 2.开放式数控系统的主要优点

开放式数控系统的本质特征是开放性,其含义是数控系统的开发可以在统一的平台上面向机床厂家和最终用户,可以通过修改、增加或剪裁功能模块形成系列化,并可将最终用户的特殊用法集成到数控系统中,实现不同品种、不同档次的开放式数控系统。与传统的封闭式数控系统相比,开放式数控系统具有如下优点:

(1)面向未来开放

由于软硬件接口遵循公认标准,所以扩展或升级的软硬件资源很容易被现有系统所采纳、吸收和兼容。这意味着系统的开发费用将大大降低,系统性能可以持续改善,可靠性可不断提高,产品生命周期将大大延长。

(2)应用软件移植性好

开放式数控系统的应用软件与底层软硬件的支撑无关,便于多方位软件设计人员针对相同被控对象,在不同的运行环境下并行开发应用软件,可采用软件工程方法,实现软件的模块化和复用,从而有效地解决数控系统应用软件的产业化,以加快应用软件的开发。

(3)网络集成便捷

开放式数控系采用标准总线和通信网络协议,可接入计算机网络,作为网络加工中的加工设备和通信站点,便于制造网络集成。

(4)人—机界面友好

开放式数控系统采用通用型人—机界面,符合人—机工程学的要求,操作方便、易于观察、交互性好。

(5)编程语言标准化

开放式数控系统采用统一性、标准化数控加工编程语言,可以从根本上解决封闭式数控系统编程指令不统一的问题,可大大减少编程工作量。

(6)系统灵活性强

开放式数控系统允许用户根据实际需要扩展或裁减系统,用户可以从低级控制器开始,逐步扩充系统的功能,提高系统的性能。用户也可在系统中融入自己的技术诀窍,创造出具有自己特色的产品。

(7)可增强市场竞争力

开放式数控系统通用性强,便于批量生产,可有效地保证数控系统的可靠性,并降低制造成本,增强市场竞争力。

# 3.3 计算机数控装置的软件结构

## 3.3.1 计算机数控软件的特点

CNC 系统是一个典型而复杂的计算机实时控制系统,可以对机床的自动加工信息进行快速处理和响应。一个实时控制系统包括受控系统和控制系统两大部分。受控系统由硬件设备组成,如电机及其驱动装置;控制系统(在此为 CNC 装置)由软件及其支持硬件组成,两大部分共同完成数控加工的基本功能。

1.功能模块之间的并行处理关系

CNC 装置的许多控制任务,如零件加工程序的输入与译码、刀具半径的补偿、插补运算、位置控制以及精度补偿等都是由软件实现的。从逻辑上讲,这些任务可看成是一个个的功能模块,各模块之间存在着耦合关系。从时间上讲,各功能模块之间存在一个时序配合问题。在许多情况下,某些功能模块必须同时运行。例如在加工零件的同时,要 CNC 装置能显示其工作状态,包括零件程序的执行过程、参数变化和刀具运动轨迹等,以方便操作。这就要求在控制软件运行时管理软件中的显示模块也必须同时运行;在控制软件运行过程中,其本身的一些功能也必须同时运行。为使刀具运行连续进行,在各程序段之间无停顿,因此要求译码、刀具补偿和速度处理必须与插补同时进行。CNC 装置各功能模块之间的并行处理关系如图 3-14 所示,其中具有并行处理关系的两模块之间用双向箭头连接。

图 3-14　多任务并行处理关系

### 2.资源分时共享式并行处理策略

对于单微处理器结构的 CNC 装置,可采用"分时共享"策略实现多任务并行处理。其基本方法是在一定的时间间隔(通常称为时间片断)内,根据系统中各任务的实时性要求程度,规定它们占用 CPU 的时间,使它们按照规定的顺序和规则来分时共享 CNC 系统的资源。在此需要解决两个问题:一是各任务何时占用 CPU,二是各任务占用 CPU 的时间长度。

如图 3-15 所示,假设某 CNC 装置的软件功能只有三个任务,即位置控制模块、插补运算模块以及背景程序模块,这三个程序模块的优先级别逐渐降低,其中位置控制模块的优先级别最高,其次是插补运算模块,背景程序模块的优先级别最低。系统规定:位置控制任务每 4 ms 执行一次,插补运算任务每 8 ms 执行一次,两个任务都由定时中断激活;当位置控制与插补运算都不执行时,便自动执行背景程序。在任何时刻只有一个任务占用 CPU;但从每一个时间片断(8 ms 或 16 ms)来看,CPU 分时间片断并行同时执行了这三个任务。由此可知,资源分时共享式并行处理是宏观意义上的,从微观意义上看,分时共享式并行处理策略的本质还是各个任务顺序执行的。

图 3-15　分时共享占用 CPU 时间示意图

### 3. 时间重叠流水式并行处理策略

在多微处理器结构的 CNC 装置中,根据各任务之间的关联程度,可采用以下两种策略来提高系统的处理速度:其一,如果各任务之间的关联程度不高,则将各任务分别安排一个专用 CPU,使各任务同时执行,即所谓的"并发式处理";其二,如果各任务之间的关联程度较高,即一个任务的输出是另一任务的输入,则可采用"流水式处理"的方法来实现并行处理。

时间重叠流水式并行处理的关键是时间重叠,以资源重复为代价来换取时间节省,以空间复杂性来换取时间上的快速性。

时间重叠流水式并行处理的工作过程见表 3-2。例如某 CNC 装置有三个 CPU:CPU₁执行译码、CPU₂执行刀补处理、CPU₃执行速度预处理及输出插补数据。在 $\Delta t_1$ 时间,该 CNC 装置中的 CPU₁执行第一个程序段的译码;在 $\Delta t_2$ 时间,CPU₂执行第一个程序段的刀补处理,同时 CPU₁执行第二个程序段的译码;在 $\Delta t_3$ 时间,CPU₃执行第一个程序段的速度预处理并输出第一个程序段插补预处理后的数据,同时 CPU₂执行第二个程序段的刀补处理,还有 CPU₁执行第三个程序段的译码;在 $\Delta t_4$ 时间,CPU₃执行第二个程序段的速度预处理并输出第二个程序段插补预处理后的数据,同时 CPU₂执行第三个程序段的刀补处理,还有 CPU₁执行第四个程序段的译码……这样做,可以实现在任何时刻均有两个或两个以上的任务正在并行处理,从而大大缩短了相邻两个程序段之间输出的间隔时间。

表 3-2 时间重叠流水式并行处理的工作过程

| CPU 功能 | $\Delta t_1$ | $\Delta t_2$ | $\Delta t_3$ | $\Delta t_4$ | $\Delta t_5$ |
|---|---|---|---|---|---|
| 译码(CPU₁) | 译码① | 译码② | 译码③ | 译码④ | 译码⑤ |
| 刀补(CPU₂) | | 刀补① | 刀补② | 刀补③ | 刀补④ |
| 速度预处理及输出插补数据(CPU₃) | | | 输出数据① | 输出数据② | 输出数据③ |

## 3.3.2 CNC 装置的软件结构

### 1. 前后台型软件结构

在前后台型软件结构的 CNC 装置中,整个系统分为两大部分,即前台程序和后台程序。前台程序是一个实时中断服务程序,几乎承担了 CNC 装置的全部实时功能(如插补、位置控制、机床相关逻辑控制和监控等),可实现与机床动作直接相关的功能控制。后台程序又称背景程序,它是一个循环执行程序,CNC 装置的一些实时性要求不高的功能,如输入、译码、数据处理、插补准备工作、程序管理等功能,均由后台程序承担。

在后台程序循环运行的过程中,前台的实时中断程序不断地定时插入,二者密切配合,共同完成零件的加工任务。如图 3-16 所示,程序一经启动,经过一段初始化程序后便进入背景程序循环。同时开放定时中断,每隔一定时间间隔发生一次中断,执行完毕后返回背景程序,如此循环往复,共同完成数控的全部功能。

图 3-16　前后台型软件结构

(1)背景程序

　　背景程序的主要功能是进行插补前的准备和任务的管理调度。背景程序一般由三个主要的服务程序组成,即键盘服务程序、加工服务程序和手动操作服务程序,其中加工服务程序又分为单段运行、自动运行两种工作方式,如图 3-17 所示。各工作方式及其功能见表 3-3。

图 3-17　背景程序结构图

表 3-3                                         工作方式及其功能

| 工作方式 | 功　能　说　明 |
|---|---|
| 键盘 | 主要完成数据输入和零件加工程序的编辑 |
| 手动 | 用来处理坐标轴的点动和机床回参考点的操作 |
| 单段 | 是加工工作方式,在加工完成一个程序段后停顿,等待执行下一步 |
| 自动 | 是加工工作方式,在加工完成一个程序段后不停顿,直到整个零件程序执行完毕时为止 |

　　加工工作方式在背景程序中处于主导地位。在操作前的准备工作(如以键盘方式调出零件程序、以手动方式使刀架回到机床参考点)完成后,一般便进入加工工作方式。在加工工作方式下,背景程序要完成程序段的输入、译码和数据处理(如刀具补偿)等插补前的准备工作,如此逐个程序段地进行处理,直到整个零件程序执行完毕时为止。自动循环工作方式如图 3-18 所示,在正常情况下,背景程序在 1→2→3→4 中循环。

（2）实时中断服务程序

实时中断服务程序是系统的核心。实时控制的任务包括位置伺服、面板扫描、PLC控制、实时诊断和插补。在实时中断服务程序中，各种程序按优先级别排队，按时间先后顺序执行。每次中断有严格的最长运行时间限制，如果前一次中断尚未完成，又发生了新的中断，说明发生服务重叠，系统进入急停状态。实时中断服务程序流程如图3-19所示。

图 3-18　自动循环工作方式　　　　　图 3-19　实时中断服务程序流程

**2. 中断驱动型软件结构**

中断驱动型软件结构的系统软件除初始化程序之外，还将CNC的各种功能模块分别安排在不同级别的中断服务程序中，然后由中断管理系统（由软件和硬件组成）对各级中断服务程序实施调度管理。也就是说，所有功能子程序均安排成优先级别不同的中断程序，整个软件就是一个大的中断系统，其管理功能是通过各级中断程序之间的相互通信来实现的。

各中断服务程序的优先级别与其作用和执行时间密切相关。优先级别高的中断服务程序可以打断优先级别较低的中断服务程序的执行。中断服务程序的优先级别及其功能见表3-4。

表 3-4 　　　　　　　　　　　中断服务程序的优先级别及其功能和中断源

| 优先级别 | 主要功能 | 中断源 |
|---|---|---|
| 0 | 初始化 | 开机后进入 |
| 1 | CRT 显示，ROM 奇偶校验 | 由初始化程序进入 |
| 2 | 工作方式选择及预处理 | 16 ms 软件定时 |
| 3 | PLC 控制，M、S、T 处理 | 16 ms 软件定时 |
| 4 | 参数、变量、数据存储器控制 | 硬件 DMA |
| 5 | 插补运算，位置控制，补偿 | 8 ms 软件定时 |
| 6 | 监控和急停信号，定时第 2、3、5 级 | 2 ms 硬件时钟 |
| 7 | ARS 键盘输入及 RS-232C 输入 | 硬件随机 |
| 8 | 光电纸带阅读机 | 硬件随机 |
| 9 | 报警 | 串行传送报警 |
| 10 | RAM 校验，电源断开 | 硬件，非屏幕中断 |

中断服务程序的中断有两种来源：一种是由时钟或其他外部设备产生的中断请求信号，称为硬件中断（如第 0、1、4、6、7、8、9、10 级）；另一种是由程序产生的中断请求信号，称为软件中断，这是由 2 ms 的实时时钟在软件中分频得出的（如第 2、3、5 级）。硬件中断又称为外部中断，要接受中断控制器（如 Intel8259A）的统一管理，由中断控制器进行优先排队和嵌套处理。而软件中断是由软件中断指令产生的中断：每出现 4 次 2 ms 时钟中断时，产生第 5 级 8 ms 软件中断；每出现 8 次 2 ms 时钟中断时，分别产生第 3 级和第 2 级 16 ms 软件中断，各软件中断的优先顺序由程序决定。因为软件中断具有既不使用中断控制器，也不能被屏蔽的特点，因此为了将软件中断的优先级别嵌入硬件中断的优先级别中，要在软件中断服务程序的开始，改变屏蔽优先级别比其低的中断，至软件中断返回前，再恢复初始屏蔽状态。

3.功能模块化软件结构

当前，为实现数控系统中的实时性和并行性的任务，已越来越多地采用多微处理器结构，从而使数控装置的功能进一步增强，结构更加紧凑，更能满足多轴联动控制、高进给速度、高精度和高效率的数控系统的要求。

多微处理器 CNC 装置多采用模块化软件结构，每个微处理器分管各自的任务，形成特定的功能模块。相应的软件也已模块化，形成功能模块软件结构，固化在对应的硬件功能模块中。各功能模块之间有明确的硬、软件接口。如 图 3-20 所示的功能模块化软件结构主要

图 3-20 功能模块化软件结构

由三大模块组成，即人机通信（MMC）模块、数控通道（NCK）模块和可编程控制器（PLC）模块。每个模块都是一个微处理器系统，三者可以相互通信。各模块的功能见表 3-5。

**表 3-5** 功能模块化软件结构三大模块的功能

| 模块 | 功能说明 |
| --- | --- |
| MMC 模块 | 完成与数控面板、软盘驱动器及磁带机之间的连接,实现操作、显示、编程、诊断、调机、加工模拟及维修等功能 |
| NCK 模块 | 完成程序段准备、插补、位置控制等功能。可与驱动装置、电子手轮连接;可和外部 PC 进行通信,实现各种数据变换;还可在构成柔性制造系统时进行信息的传递、转换和处理等 |
| PLC 模块 | 完成机床的逻辑控制,通过选用通信接口实现联网通信。可连接机床操作面板、手提操作单元(便携式移动操作单元)和 I/O 模块 |

# 3.4 数控加工的插补原理

## 3.4.1 概述

实际加工中零件的轮廓形状是由各种线形(如直线、圆弧、螺旋线、抛物线、自由曲线)构成的。其中最主要的是直线和圆弧。用户在零件数控加工程序中,一般仅提供描述该线形所必需的相关参数,如直线的起点和终点,圆弧的起点、终点、顺逆方向,以及圆心相对于起点的位置或圆弧半径等。为了满足零件数控加工所得到的几何尺寸精度要求,必须在刀具(或工件)运动过程中实时计算出满足线形和进给速度要求的足够多的符合条件的中间点,使数控加工所得到的轨迹足够精确,这就是数控技术中插补(Interpolation)的概念。据此,对插补定义如下:根据给定进给速度和给定轮廓线形的要求,在轮廓已知点之间,确定一些中间点的方法称为插补方法或插补原理。而对每种方法(原理)又可以用不同的计算方法来实现,这种具体的计算方法称为插补算法。

插补计算就是对数控系统输入基本数据(如直线的起点和终点,圆弧的起点、终点、圆心坐标等),运用一定的算法进行计算,并根据计算结果向相应的坐标发出进给指令。对应每一条进给指令,机床按相应的坐标方向移动一定的距离,从而加工出所需的轮廓形状。实现这一插补运算的装置称为插补器。控制刀具或工件的运动轨迹是数控机床轮廓控制的核心,无论是硬件数控(NC)系统,还是计算机数控(CNC)系统,都有插补装置。在 CNC 中,以软件(程序)实现插补或者以硬件和软件联合实现插补;而在 NC 中,则完全由硬件实现插补。无论哪种方式,其插补原理是相同的。

数控系统中常用的插补算法有:逐点比较法、数字积分法、时间分割法及最小偏差法等。本节主要介绍逐点比较法和数字积分法。

## 3.4.2 逐点比较法直线插补

逐点比较法就是刀具(或工件)每走一步,控制系统都要将加工点与给定的图形轨迹相比较,以决定下一步进给的方向,使之逼近加工轨迹。逐点比较法加工时以折线来逼近直线或圆弧,其最大误差不超过一个设定单位(脉冲当量)。

1. 偏差计算公式

假设加工如图 3-21 所示的第一象限的线段 $OA$。取起点为坐标原点 $O$,直线终点坐标 $A(X_e,Y_e)$ 是已知的。$M(X_m,Y_m)$ 为加工点(动点),取 $F_m=X_eY_m-Y_eX_m$ 作为直线插补的偏差函数。

若 $M$ 点在 $OA$ 上,$\dfrac{Y_m}{X_m}=\dfrac{Y_e}{X_e}$,则 $F_m=0$;若 $M$ 点在 $OA$ 上方的 $M'$ 处,$\dfrac{Y_m}{X_m}>\dfrac{Y_e}{X_e}$,则 $F_m>0$;若 $M$ 点在 $OA$ 下方的 $M''$ 处,$\dfrac{Y_m}{X_m}<\dfrac{Y_e}{X_e}$,则 $F_m<0$。

图 3-21　逐点比较法直线插补

设在某加工点处,有 $F_m\geqslant0$ 时,为了逼近给定轨迹,应沿 $+X$ 方向进给一步,走一步后新的坐标值为

$$X_{m+1}=X_m+1,Y_{m+1}=Y_m$$

新的偏差函数为　$F_{m+1}=X_eY_{m+1}-Y_eX_{m+1}=F_m-Y_e$

当 $F_m<0$ 时,为了逼近给定轨迹,应向 $+Y$ 方向进给一步,走一步后新的坐标值为

$$X_{m+1}=X_m,Y_{m+1}=Y_m+1$$

新的偏差函数为　　　　　　　　$F_{m+1}=F_m+X_e$

2. 终点判断方法

逐点比较法的终点判断有多种方法,下面介绍两种:

(1)第一种方法

设置 $X$、$Y$ 两个减法计数器,加工开始前,在 $X$、$Y$ 计数器中分别存入终点坐标 $X_e$、$Y_e$,在 $X$ 坐标(或 $Y$ 坐标)进给一步时,就在 $X$ 计数器(或 $Y$ 计数器)中减 1,直到这两个计数器中的数都减到零时,便到达终点。

(2)第二种方法

用一个终点计数器,存入 $X$ 和 $Y$ 两个坐标从起点到达终点的插补总步数 $\Sigma$;$X$ 坐标或 $Y$ 坐标每进一步,$\Sigma$ 就减 1,直到 $\Sigma$ 为零时,就到了终点。

3. 插补计算过程

插补计算时,每走一步,都要进行以下四个步骤(又称四个节拍)的逻辑运算和算术运算,即符号判别、进给方向、偏差计算、终点判断。

4. 不同象限的直线插补计算

上面讨论的为第一象限的直线插补计算方法,其他三个象限的直线插补计算方法,可以用相同的原理获得,表 3-6 列出了四个象限的直线插补时的偏差计算公式和进给脉冲方向,计算时,公式中 $X_e$、$Y_e$ 均用绝对值。

表 3-6 四个象限的直线插补计算

| | 线形 | $F_m \geqslant 0$ 时进给方向 | $F_m < 0$ 时进给方向 | 偏差计算公式 |
|---|---|---|---|---|
|  省略（插补象限图）| $L_1$ | $+\Delta X$ | $+\Delta Y$ | $F_m \geqslant 0$ 时: |
| | $L_2$ | $-\Delta X$ | $+\Delta Y$ | $F_{m+1} = F_m - Y_e$; |
| | $L_3$ | $-\Delta X$ | $-\Delta Y$ | $F_m < 0$ 时: |
| | $L_4$ | $+\Delta X$ | $-\Delta Y$ | $F_{m+1} = F_m + X_e$ |

**5.直线插补计算流程**

逐点比较法第一象限直线插补程序框图如图 3-22 所示,其余象限的框图可自行推导。

【**例 3-1**】 如图 3-23 所示,设欲加工第一象限线段 $OE$,终点坐标为 $X_e = 4$,$Y_e = 3$,用逐点比较法插补之。

解:插补总步数 $\Sigma = 4 + 3 = 7$

开始时刀具在直线起点,即在 $OE$ 上,故 $F_0 = 0$,插补运算过程见表 3-7,插补轨迹如图 3-23 所示。

图 3-22 第一象限直线插补程序框图

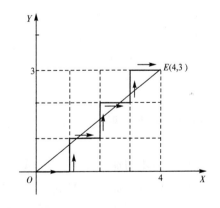

图 3-23 第一象限直线插补轨迹

**表 3-7**　　　　　　　　　　　　　　**直线插补运算过程**

| 序号 | 符号判别 | 进给方向 | 偏差计算 | 终点判断 |
|---|---|---|---|---|
| 1 | $F_0 = 0$ | $+\Delta X$ | $F_1 = F_0 - Y_e = 0 - 3 = -3$ | $\Sigma_1 = \Sigma_0 - 1 = 7 - 1 = 6$ |
| 2 | $F_1 = -3 < 0$ | $+\Delta Y$ | $F_2 = F_1 + X_e = -3 + 4 = 1$ | $\Sigma_2 = \Sigma_1 - 1 = 6 - 1 = 5$ |
| 3 | $F_2 = 1 > 0$ | $+\Delta X$ | $F_3 = F_2 - Y_e = 1 - 3 = -2$ | $\Sigma_3 = \Sigma_2 - 1 = 5 - 1 = 4$ |
| 4 | $F_3 = -2 < 0$ | $+\Delta Y$ | $F_4 = F_3 + X_e = -2 + 4 = 2$ | $\Sigma_4 = \Sigma_3 - 1 = 4 - 1 = 3$ |
| 5 | $F_4 = 2 > 0$ | $+\Delta X$ | $F_5 = F_4 - Y_e = 2 - 3 = -1$ | $\Sigma_5 = \Sigma_4 - 1 = 3 - 1 = 2$ |
| 6 | $F_5 = -1 < 0$ | $+\Delta Y$ | $F_6 = F_5 + X_e = -1 + 4 = 3$ | $\Sigma_6 = \Sigma_5 - 1 = 2 - 1 = 1$ |
| 7 | $F_6 = 3 > 0$ | $+\Delta X$ | $F_7 = F_6 - Y_e = 3 - 3 = 0$ | $\Sigma_7 = \Sigma_6 - 1 = 1 - 1 = 0$,到终点 |

**6. 直线插补的软件实现**

实现逐点比较法直线插补可以采用硬件逻辑运算,也可以利用软件。软件插补灵活可靠,但速度较硬件慢。用软件实现插补,应特别注意程序精炼。

插补用到的各寄存器在内部 RAM 中的地址分配如图 3-24 所示,其中终判值为绝对值,$\Sigma$、$X_e$、$Y_e$ 和 $F$ 为二进制补码,低位在上,高位在下,高位的 $D_7$ 位为符号位。

图 3-24　地址分配

## 3.4.3　逐点比较法圆弧插补

**1. 偏差计算公式**

下面以第一象限逆圆插补为例讨论偏差计算公式。如图 3-25 所示,设需要加工圆弧 $AB$,圆弧的圆心在坐标系原点,已知圆弧的起点为 $A(X_0, Y_0)$,终点为 $B(X_e, Y_e)$,圆弧半径为 $R$。令瞬时加工点为 $M(X_m, Y_m)$,它与圆心的距离为 $R_m$。通过比较 $R_m$ 和 $R$ 来反映加工偏差。

$$R_m^2 = X_m^2 + Y_m^2, \quad R^2 = X_0^2 + Y_0^2$$

因此,圆弧插补的偏差函数为

$$F_m = R_m^2 - R^2 = X_m^2 + Y_m^2 - R^2$$

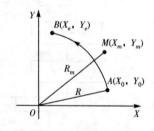

图 3-25　逐点比较法圆弧插补

$F_m = 0$,表明加工点 $M$ 在圆弧 $AB$ 上;

$F_m > 0$,表明加工点 $M$ 在圆弧 $AB$ 外;

$F_m < 0$,表明加工点 $M$ 在圆弧 $AB$ 内。

设刀具处于 $M(X_m, Y_m)$ 点,若 $F_m \geqslant 0$,对于第一象限的逆圆,为了逼近圆弧,应沿 $-X$ 方向进给一步,到 $m+1$ 点,其坐标值为 $X_{m+1} = X_m - 1$,$Y_{m+1} = Y_m$。新加工点的偏差函数为

$$F_{m+1} = X_{m+1}^2 + Y_{m+1}^2 - R^2 = F_m - 2X_m + 1$$

若 $F_m < 0$，为了逼近圆弧，应沿 $+Y$ 方向进给一步，到 $m+1$ 点，其坐标值为 $X_{m+1} = X_m$，$Y_{m+1} = Y_m + 1$。新加工点的偏差函数为

$$F_{m+1} = X_{m+1}^2 + Y_{m+1}^2 - R^2 = F_m + 2Y_m + 1$$

因为加工是从圆弧的起点开始，起点的偏差函数 $F_0 = 0$，所以新加工点的偏差函数总可以根据前一点的数据计算出来。

**2. 终点判断方法**

圆弧插补的终点判断方法和直线插补相同。可将自起点到终点间在 $X$、$Y$ 坐标轴方向所走步数的总和 $\Sigma$ 存入一个计数器，$X$ 坐标或 $Y$ 坐标每走一步，就从 $\Sigma$ 中减去 1，当 $\Sigma = 0$ 时便发出终点到达信号。

**3. 插补计算过程**

圆弧插补计算过程和直线插补计算过程相同，但是偏差计算公式不同。

**4. 四个象限圆弧插补计算公式**

圆弧所在象限不同，顺、逆不同，则插补计算公式和进给方向也不同。归纳起来共有八种情况，这八种情况的进给脉冲方向和偏差计算公式见表 3-8。

表 3-8 四个象限的圆弧插补计算

| 顺圆（SR） | 线形 | $F_m \geq 0$ 时进给方向 | $F_m < 0$ 时进给方向 | 偏差计算公式 |
|---|---|---|---|---|
| $F_m < 0, +\Delta Y$  $F_m \geq 0, -\Delta Y$<br>$F_m \geq 0, +\Delta X$  $F_m < 0, +\Delta X$<br>$F_m < 0, -\Delta X$  $F_m \geq 0, -\Delta X$<br>$F_m \geq 0, +\Delta Y$  $F_m < 0, -\Delta Y$ | SR$_1$ | $-\Delta Y$ | $+\Delta X$ | $F_m \geq 0$ 时：<br>$F_{m+1} = F_m - 2Y_m + 1$，<br>$Y_{m+1} = Y_m - 1$；<br><br>$F_m < 0$ 时：<br>$F_{m+1} = F_m + 2X_m + 1$，<br>$X_{m+1} = X_m + 1$ |
| | SR$_3$ | $+\Delta Y$ | $-\Delta X$ | |
| | NR$_2$ | $-\Delta Y$ | $-\Delta X$ | |
| | NR$_4$ | $+\Delta Y$ | $+\Delta X$ | |
| 逆圆（NR） | SR2 | $+\Delta X$ | $+\Delta Y$ | $F_m \geq 0$ 时：<br>$F_{m+1} = F_m - 2X_m + 1$，<br>$X_{m+1} = X_m - 1$；<br><br>$F_m < 0$ 时：<br>$F_{m+1} = F_m + 2Y_m + 1$，<br>$Y_{m+1} = Y_m + 1$ |
| $F_m \geq 0, -\Delta Y$  $F_m < 0, +\Delta Y$<br>$F_m < 0, -\Delta X$  $F_m \geq 0, -\Delta X$<br>$F_m \geq 0, +\Delta X$  $F_m < 0, +\Delta X$<br>$F_m < 0, -\Delta Y$  $F_m \geq 0, +\Delta Y$ | SR$_4$ | $-\Delta X$ | $-\Delta Y$ | |
| | NR$_1$ | $-\Delta X$ | $+\Delta Y$ | |
| | NR$_3$ | $+\Delta X$ | $-\Delta Y$ | |

注：表中 $X_m$、$Y_m$、$X_{m+1}$、$Y_{m+1}$ 都是动点坐标的绝对值。

**5. 圆弧插补计算流程**

逐点比较法圆弧插补每进给一步也需要经过四个工作节拍，如图 3-26 所示。

**【例 3-2】** 如图 3-27 所示，设欲加工第一象限逆时针走向的圆弧 $AE$，起点 $A(6,0)$，终点 $E(0,6)$，用逐点比较法插补之。

解：插补总步数

$$\Sigma = |6-0| + |0-6| = 12$$

开始时刀具在起点 $A$，即在圆弧 $AE$ 上，$F_0 = 0$。插补运算过程见表 3-9，插补轨迹如图

3-27 所示。

图 3-26  第一象限逆圆插补程序框图            图 3-27  第一象限逆圆插补轨迹

**表 3-9**                                 **圆弧插补运算过程**

| 序号 | 符号判别 | 进给方向 | 符号计算 | 坐标计算 | 终点判断 |
|------|----------|----------|----------|----------|----------|
| 1 | $F_0=0$ | $-\Delta X$ | $F_1=F_0-2X_0+1=$ <br> $0-2\times6+1=-11$ | $X_1=6-1=5$ <br> $Y_1=0$ | $\Sigma_1=\Sigma_0-1=$ <br> $12-1=11$ |
| 2 | $F_1=-11<0$ | $+\Delta Y$ | $F_2=F_1+2Y_1+1=$ <br> $-11+2\times0+1=-10$ | $X_2=5$ <br> $Y_2=0+1=1$ | $\Sigma_2=\Sigma_1-1=$ <br> $11-1=10$ |
| 3 | $F_2=-10<0$ | $+\Delta Y$ | $F_3=F_2+2Y_2+1=$ <br> $-10+2\times1+1=-7$ | $X_3=5$ <br> $Y_3=1+1=2$ | $\Sigma_3=\Sigma_2-1=$ <br> $10-1=9$ |
| 4 | $F_3=-7<0$ | $+\Delta Y$ | $F_4=F_3+2Y_3+1=$ <br> $-7+2\times2+1=-2$ | $X_4=5$ <br> $Y_4=2+1=3$ | $\Sigma_4=\Sigma_3-1=$ <br> $9-1=8$ |
| 5 | $F_4=-2<0$ | $+\Delta Y$ | $F_5=F_4+2Y_4+1=$ <br> $-2+2\times3+1=5$ | $X_5=5$ <br> $Y_5=3+1=4$ | $\Sigma_5=\Sigma_4-1=$ <br> $8-1=7$ |
| 6 | $F_5=5>0$ | $-\Delta X$ | $F_6=F_5-2X_5+1=$ <br> $5-2\times5+1=-4$ | $X_6=5-1=4$ <br> $Y_6=4$ | $\Sigma_6=\Sigma_5-1=$ <br> $7-1=6$ |
| 7 | $F_6=-4<0$ | $+\Delta Y$ | $F_7=F_6+2Y_6+1=$ <br> $-4+2\times4+1=5$ | $X_7=4$ <br> $Y_7=4+1=5$ | $\Sigma_7=\Sigma_6-1=$ <br> $6-1=5$ |
| 8 | $F_7=5>0$ | $-\Delta X$ | $F_8=F_7-2X_7+1=$ <br> $5-2\times4+1=-2$ | $X_8=4-1=3$ <br> $Y_8=5$ | $\Sigma_8=\Sigma_7-1=$ <br> $5-1=4$ |

（续表）

| 序号 | 符号判别 | 进给方向 | 偏差计算 | 坐标计算 | 终点判断 |
|---|---|---|---|---|---|
| 9 | $F_8=-2<0$ | $+\Delta Y$ | $F_9=F_8+2Y_8+1=$ <br> $-2+2\times5+1=9$ | $X_9=3$ <br> $Y_9=5+1=6$ | $\Sigma_9=\Sigma_8-1=$ <br> $4-1=3$ |
| 10 | $F_9=9>0$ | $-\Delta X$ | $F_{10}=F_9-2X_9+1=$ <br> $9-2\times3+1=4$ | $X_{10}=3-1=2$ <br> $Y_{10}=6$ | $\Sigma_{10}=\Sigma_9-1=$ <br> $3-1=2$ |
| 11 | $F_{10}=4>0$ | $-\Delta X$ | $F_{11}=F_{10}-2X_{10}+1=$ <br> $4-2\times2+1=1$ | $X_{12}=2-1=1$ <br> $Y_{11}=6$ | $\Sigma_{11}=\Sigma_{10}-1=$ <br> $2-1=1$ |
| 12 | $F_{11}=1>0$ | $-\Delta X$ | $F_{12}=F_{11}-2X_{11}+1=$ <br> $1-2\times1+1=0$ | $X_{12}=1-1=0$ <br> $Y_{12}=6$ | $\Sigma_{12}=\Sigma_{11}-1=$ <br> $1-1=0,$到终点 |

6. 圆弧插补的软件实现

用与直线插补相似的原理也可设计出圆弧插补软件。动点坐标修正和偏差公式中的乘 2 及加 1 运算用软件实现时用几条指令即可完成。

## 3.4.4　数字积分法

数字积分法是利用数字积分的原理,计算刀具沿各坐标轴的位移量,使得刀具沿着要求加工的曲线运动。

利用数字积分的原理构成的插补装置称为数字积分器,又称数字微分分析器(Digital Differential Analyzer,DDA)。数字积分器具有运算速度快、脉冲分配均匀、易于实现多坐标联动、可进行空间直线插补及描绘平面各种函数曲线的优点。因此,数字积分器在轮廓控制数控系统中有着广泛的应用。下面分别介绍数字积分原理、直线和圆弧插补原理。

1. 数字积分原理

如图 3-28 所示,从 $t=0$ 时刻到 $t$ 时刻函数 $X=f(t)$ 曲线所包围的面积的积分公式为

$$S=\int_0^t f(t)\mathrm{d}t$$

如果将 $0\sim t$ 的时间划分为间隔为 $\Delta t$ 的子区间,当 $\Delta t$ 足够小时,可得近似公式

图 3-28　数字积分原理

$$S=\int_0^t f(t)\mathrm{d}t=\sum_{i=1}^n X_{i-1}\Delta t \qquad (3-1)$$

式中,$X_i$ 为 $t=t_i$ 时的 $f(t)$ 值。

式(3-1)说明,求积分的过程可以用数的累加来近似。在几何上就是用一系列的微小矩形面积之和近似表示函数 $f(t)$ 以下的面积,式(3-1)称为矩形公式。数字运算时,$\Delta t$ 一般取最小的基本单位"1",则式(3-1)可简化为

$$S=\sum_{i=1}^n X_{i-1} \qquad (3-2)$$

为了进一步提高精度,可以用梯形求和方法来表示积分公式。设 $t_{i-1}$、$t_i$ 时刻的 $f(t)$ 分

别为 $X_{i-1}$ 和 $X_i$,则微小梯形面积为

$$\Delta S = \frac{X_i + X_{i-1}}{2} \Delta t$$

同样,若取 $\Delta t = 1$,则面积公式为

$$S = \int_0^t f(t) = \sum_{i=1}^n \frac{X_i + X_{i-1}}{2} \tag{3-3}$$

**2. 数字积分直线插补**

设要对 $XY$ 平面上的线段 $OA$ 进行插补,如图 3-29 所示,线段起点在原点,终点 $A$ 的坐标为 $(X_e, Y_e)$。

令 $v$ 为动点沿线段 $OA$ 方向的合成进给速度,$v_X$、$v_Y$ 分别表示其在 $X$ 轴和 $Y$ 轴方向的速度,根据矩形公式,在 $X$ 轴、$Y$ 轴方向的微小位移增量 $\Delta X$、$\Delta Y$ 应为

$$\Delta X = V_X \Delta t, \Delta Y = V_Y \Delta t$$

设线段 $OA$ 的长度为 $L$,则 $L$ 可表示为

$$L = \sqrt{X_e^2 + Y_e^2}$$

对于直线函数来说,$v_X$、$v_Y$、$v$ 和 $L$ 应满足

$$\frac{v_X}{v} = \frac{X_e}{L} \quad , \quad \frac{v_Y}{v} = \frac{Y_e}{L}$$

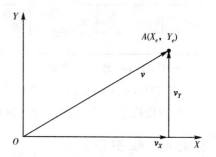

图 3-29　数字积分直线插补原理

从而有

$$v_X = \frac{v}{L} X_e = K X_e \quad , \quad v_Y = \frac{v}{L} Y_e = K Y_e$$

若进给速度是均匀的,则

$$\frac{v}{L} = \frac{v_X}{X_e} = \frac{v_Y}{Y_e} = K$$

因此坐标轴的位移增量为

$$\Delta X = K X_e \Delta t \quad , \quad \Delta Y = K Y_e \Delta t$$

若取 $\Delta t = 1$,则各坐标轴的位移量为

$$X = K \sum_{i=1}^n X_e \quad , \quad Y = K \sum_{i=1}^n Y_e \tag{3-4}$$

据此可以作出 $XY$ 平面数字积分器直线插补框图,如图 3-30 所示。

由图 3-30 可见,数字积分直线插补器由两个数字积分器组成(图 3-30 中虚线部分)。其被积函数寄存器中分别存放坐标终点值 $X_e$ 和 $Y_e$,$\Delta t$ 相当于插补控制脉冲源发出的控制信号,每来一个累加信号,被积函数寄存器里的内容在相应的累加器中就相加一次,相加后的溢出作为驱动相应坐标轴的进给脉冲 $\Delta X$(或 $\Delta Y$),而余数仍寄存在积分累加器中。

设积分累加器为 $n$ 位,则积分累加器的容量为 $2^n$,其最大存数为 $2^n - 1$,当计至 $2^n$ 时,必然发生溢出。若将 $2^n$ 规定为单位 1(相当于一个输出脉冲),那么积分累加器中的存数总小于 $2^n$,即为小于 1 的数,称该数为积分余数。

图 3-30　数字积分直线插补框图

例如,将 $X_e$ 累加 $m$ 次后的 $X$ 轴积分值应为

$$X = \sum_{i=1}^{m} \frac{X_e}{2^n} = \frac{mX_e}{2^n}$$

式中,商的整数部分表示溢出的脉冲数,而余数部分存放在累加器中,这种关系可表示为

积分值＝溢出脉冲数＋余数

当两个坐标轴同步插补时,溢出脉冲数必然符合式(3-4),用它们去控制机床进给,就可走出所需的直线轨迹。

当插补叠加次数 $m = 2^n$ 时,$X = X_e$,$Y = Y_e$,两个坐标轴方向将同时到达终点。

由上可知,数字积分法直线插补的终点判断比较简单。每个程序段只需完成 $m = 2^n$ 次累加运算,即可到达终点位置。因此,只要设置一个位数亦为 $n$ 位(与被积函数寄存器和积分累加器的位数相同)的终点计数器,用来记录累加次数,当计数器记满 $2^n$ 时,停止运算,插补完成。

数字积分法第一象限直线插补程序流程图如图 3-31 所示。

【例 3-3】　用数字积分法对图 3-32 所示线段 $OA$ 进行插补,并画出插补轨迹。

解:由于线段 $OA$ 的起点为坐标原点,终点坐标为 $A(10,5)$,故被积函数寄存器为四位二进制寄存器,累加器和终点计数器也为四位二进制计数器,迭代次数 $m = 2^4 = 16$ 时,插补完成。其插补运算过程见表 3-10。

程序开始运行时,被积函数寄存器 $X$ 和 $Y$ 均为零,

图 3-31　数字积分法第一象限
直线插补程序流程

迭代次数（累加次数）$m$ 也为零。

插补迭代控制脉冲个数为 1 时，进行第一次
迭代，首先计算积分值 $X$ 和 $Y$，即

$$X = X + X_e = 0 + 10 = 10$$

$$Y = Y + Y_e = 0 + 5 = 5$$

图 3-32　数字积分法直线插补轨迹

$X$ 和 $Y$ 的值均小于 $2^4$，说明刀具沿 $X$、$Y$ 轴
的位移量小于一个脉冲当量，刀具不进给。第一
个插补循环结束前，累加次数 $m$ 应增加到 1，由
于 $m$ 小于 16，说明还没有加工完毕，应继续进行
插补。

当插补迭代控制脉冲个数为 2 时，其积分值分别为

$$X = X + X_e = 10 + 10 = 20$$

$$Y = Y + Y_e = 5 + 5 = 10$$

$X$ 轴的积分大于 $2^4$，$Y$ 轴的积分小于 $2^4$，说明刀具沿 $X$ 轴的位移量大于一个脉冲当量，
而沿 $Y$ 轴的位移量小于一个脉冲当量。因此，应让刀具沿 $X$ 轴正向走一步，沿 $Y$ 轴不进给。
刀具进给后应对积分值加以修正，即从 $X$ 轴的积分值中减去 $2^4$。第二个插补循环结束前，
累加次数应增加到 2，由于 $m$ 仍然小于 16，说明还没有加工完毕，应继续插补。

插补工作一直如此进行，直到插补时钟发出第 16 个脉冲，由表 3-10 可知，此时积分值
$X = 16$，$Y = 16$，$X$ 轴和 $Y$ 轴累加器均溢出一个脉冲，即刀具同时沿 $X$ 轴和 $Y$ 轴正向走一步。
累加次数也为 16，说明已加工完毕，插补运算结束。

刀具运动轨迹如图 3-32 中折线所示。由图 3-32 可见，刀具运动轨迹中有 45°的斜线，
这是由于在一个插补循环中，刀具沿 $X$、$Y$ 轴同时走了一步。数字积分直线插补轨迹与理论
曲线的最大误差不超过一个脉冲当量。

表 3-10　　　　　　　　　　　　数字积分法直线插补运算过程

| 脉冲个数 | 积 分 值 | | 进给方向 | 积 分 修 正 | | 终点判断 |
|---|---|---|---|---|---|---|
| | $X = X + X_e$ | $Y = Y + Y_e$ | | $X = X - 2^4$ | $Y = Y - 2^4$ | |
| 0 | 0 | 0 | | | | $m = 0$ |
| 1 | $0 + 10 = 10$ | $0 + 5 = 5$ | | | | $m = 1 < 2^4$ |
| 2 | $10 + 10 = 20$ | $5 + 5 = 10$ | $+X$ | $20 - 16 = 4$ | | $m = 2 < 2^4$ |
| 3 | $4 + 10 = 14$ | $10 + 5 = 15$ | | | | $m = 3 < 2^4$ |
| 4 | $14 + 10 = 24$ | $15 + 5 = 20$ | $+X$、$+Y$ | $24 - 16 = 8$ | $20 - 16 = 4$ | $m = 4 < 2^4$ |
| 5 | $8 + 10 = 18$ | $4 + 5 = 9$ | $+X$ | $18 - 16 = 2$ | | $m = 5 < 2^4$ |
| 6 | $2 + 10 = 12$ | $9 + 5 = 14$ | | | | $m = 6 < 2^4$ |
| 7 | $12 + 10 = 22$ | $14 + 5 = 19$ | $+X$、$+Y$ | $22 - 16 = 6$ | $19 - 16 = 3$ | $m = 7 < 2^4$ |
| 8 | $6 + 10 = 16$ | $3 + 5 = 8$ | $+X$ | $16 - 16 = 0$ | | $m = 8 < 2^4$ |
| 9 | $0 + 10 = 10$ | $8 + 5 = 13$ | | | | $m = 9 < 2^4$ |
| 10 | $10 + 10 = 20$ | $13 + 5 = 18$ | $+X$、$+Y$ | $20 - 16 = 4$ | $18 - 16 = 2$ | $m = 10 < 2^4$ |
| 11 | $4 + 10 = 14$ | $2 + 5 = 7$ | | | | $m = 11 < 2^4$ |

（续表）

| 脉冲个数 | 积 分 值 | | 进给方向 | 积 分 修 正 | | 终点判断 |
| --- | --- | --- | --- | --- | --- | --- |
| | $X=X+X_e$ | $Y=Y+Y_e$ | | $X=X-2^4$ | $Y=Y-2^4$ | |
| 12 | $14+10=24$ | $7+5=12$ | $+X$ | $24-16=8$ | | $m=12<2^4$ |
| 13 | $8+10=18$ | $12+5=17$ | $+X,+Y$ | $18-16=2$ | $17-16=1$ | $m=13<2^4$ |
| 14 | $2+10=12$ | $1+5=6$ | | | | $m=14<2^4$ |
| 15 | $12+10=22$ | $6+5=11$ | $+X$ | $22-16=6$ | | $m=15<2^4$ |
| 16 | $6+10=16$ | $11+5=16$ | $+X,+Y$ | $16-16=0$ | $16-16=0$ | $m=16=2^4$ |

**3. 数字积分圆弧插补**

从上面的讨论可知,数字积分法直线插补的物理意义是使动点沿速度方向前进,这同样适用于圆弧插补。现以第一象限逆圆为例,说明 DDA 圆弧插补原理。

如图 3-33 所示,设刀具沿圆弧移动,半径为 $R$,刀具的切向速度为 $v$,$P(X_i、Y_i)$ 为动点,由相似三角形的关系可得

$$\frac{v}{R}=\frac{v_X}{Y_i}=\frac{v_Y}{X_i}=K$$

即 $$v_X=KY_i, \qquad v_Y=KX_i$$

式中由于半径 $R$ 为常数,若切向速度 $v$ 为匀速,则 $K$ 可视为常数。

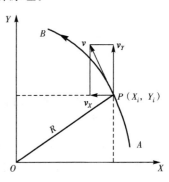

图 3-33 数字积分圆弧插补原理

设在 $\Delta t$ 时间间隔内,$X、Y$ 坐标轴方向的位移量分别为 $\Delta X$ 和 $\Delta Y$,并考虑到在第一象限逆圆情况下,$X$ 坐标轴方向的位移量为负值,$Y$ 轴方向的位移量为正值,因此位移增量的计算公式为

$$\left.\begin{array}{l}\Delta X=-KY_i\Delta t\\ \Delta Y=KX_i\Delta t\end{array}\right\} \tag{3-5}$$

式(3-5)是第一象限逆圆弧的情况,若为第一象限顺圆弧,则(3-5)变为

$$\Delta X=KY_i\Delta t, \Delta Y=-KX_i\Delta t$$

设式(3-5)中系数 $K=1/2^n$,其中为 $2^n$ 为 $n$ 位积分累加器的容量,则根据式(3-5)可以写出第一象限逆圆弧的 DDA 插补公式为

$$\left.\begin{array}{l}X=-\dfrac{1}{2^n}\sum\limits_{i=1}^{m}Y_i\Delta t\\ Y=\dfrac{1}{2^n}\sum\limits_{i=1}^{m}X_i\Delta t\end{array}\right\} \tag{3-6}$$

由此构成如图 3-34 所示的数字积分圆弧插补原理框图。

DDA 圆弧插补运算过程如下:

(1)运算开始时,$X$ 轴和 $Y$ 轴被积函数寄存器中分别存放 $X、Y$ 的起点坐标值 $X_0、Y_0$。

(2)$X$ 轴被积函数寄存器的数与其累加器的数累加得出的溢出脉冲发到 $-X$ 方向,而 $Y$ 轴被积函数寄存器的数与其累加器的数累加得出的溢出脉冲发到 $+Y$ 方向。

(3)每发出一个进给脉冲后,必须将被积函数寄存器内的坐标值加以修正。即当 $X$ 方

图 3-34  数字积分圆弧插补原理框图

向发出进给脉冲时,使 $Y$ 轴被积函数寄存器内容减 1;当 $Y$ 方向发出进给脉冲时,使 $X$ 轴被积函数寄存器内容加 1。也就是说,圆弧插补时被积函数寄存器内随时存放着坐标的瞬时值,而直线插补时,被积函数寄存器内存放的是不变的终点坐标值 $Y_e$、$X_e$。

顺圆及其他象限的插补运算过程和积分器结构基本上与第一象限逆圆是一致的。其不同点在于控制各坐标轴进给脉冲 $\Delta X$、$\Delta Y$ 的进给方向不同(用符号＋、－表示),以及修改被积函数寄存器内容时是加 1(用符号 $\oplus$ 表示),还是减 1(用符号 $\ominus$ 表示)。DDA 圆弧插补进给方向和被积函数的修正关系,见表 3-11。

表 3-11                        DDA 圆弧插补进给方向和被积函数的修正关系

| 符　号 | $SR_1$ | $SR_2$ | $SR_3$ | $SR_4$ | $NR_1$ | $NR_2$ | $NR_3$ | $NR_4$ |
|---|---|---|---|---|---|---|---|---|
| $X$ 轴进给方向符号 | + | + | − | − | − | + | + |  |
| $Y$ 轴进给方向符号 | − | + | + | − | + | − | − | + |
| $X$ 轴被积函数在插补中的修正符号 | $\ominus$ | $\oplus$ | $\ominus$ | $\oplus$ | $\oplus$ | $\ominus$ | $\oplus$ | $\ominus$ |
| $Y$ 轴被积函数在插补中的修正符号 | $\oplus$ | $\ominus$ | $\ominus$ | $\ominus$ | $\ominus$ | $\oplus$ | $\ominus$ | $\oplus$ |

圆弧插补终点判断时,将随时计算出的坐标轴进给步数 $\Sigma_{\Delta X}$、$\Sigma_{\Delta Y}$ 值与圆弧的终点和起点坐标之差的绝对值作比较,当某个坐标轴进给的步数与终点和起点坐标之差的绝对值相等时,说明该轴到达终点,不再有脉冲输出。当两坐标轴都到达终点后,则运算结束,插补完成。

数字积分第一象限逆圆插补程序流程如图 3-35 所示。流程图中 $X_0$、$Y_0$ 为圆弧的起点坐标;$X_e$、$Y_e$ 为圆弧的终点坐标;$\Sigma_{\Delta X}$ 和 $\Sigma_{\Delta Y}$ 分别为 $X$ 轴方向和 $Y$ 轴方向进给的步数;$J_X$、$J_Y$ 分别为 $X$ 轴和 $Y$ 轴被积函数寄存器;$J_{X\Sigma}$、$J_{Y\Sigma}$ 分别为 $X$ 轴和 $Y$ 轴的积分累加器。

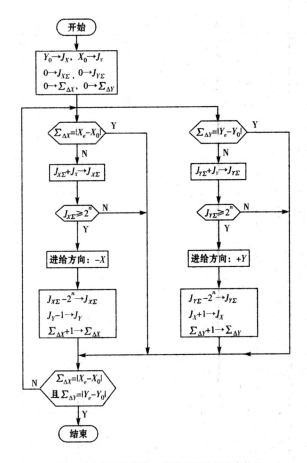

图 3-35 数字积分第一象限逆圆插补程序流程

【**例 3-4**】 用数字积分法对如图 3-36 所示圆弧 $AB$（粗点画线）进行插补运算，并画出插补轨迹。

图 3-36 数字积分法圆弧插补轨迹

解：由于圆弧 $AB$ 的起点为 $A(5,0)$，终点为 $B(0,5)$，所以被积函数寄存器和累加器的容量应大于 5，这里采用三位二进制寄存器和累加器，其插补运算过程见表 3-12。

表 3-12  数字积分法圆弧插补运算过程举例

| 脉冲个数 | 积分运算 | | 进给方向 | 积分修正 | | 坐标计算 | | 终点判别 | |
|---|---|---|---|---|---|---|---|---|---|
| | $J_{X\Sigma}+J_X$ $\to J_{X\Sigma}$ $(X+Y_i\to X)$ | $J_{Y\Sigma}+J_Y$ $\to J_{Y\Sigma}$ $(Y+X_i\to Y)$ | | $J_{X\Sigma}-8$ $\to J_{X\Sigma}$ $(X-8$ $\to X)$ | $J_{Y\Sigma}-8$ $\to J_{Y\Sigma}$ $(Y-8$ $\to Y)$ | $J_Y-1$ $\to J_Y$ $(X_i-1$ $\to X)$ | $J_X+1$ $\to J_X$ $(Y_i+1$ $\to Y_i)$ | $\Sigma_{\Delta X}$ | $\Sigma_{\Delta Y}$ |
| 0 | 0 | 0 | | | | 5 | 0 | | |
| 1 | 0+0=0 | 0+5=5 | | | | | | | |
| 2 | 0+0=0 | 5+5=10 | +Y | | 10-8=2 | 5 | 0+1=1 | | 1 |
| 3 | 0+1=1 | 2+5=7 | | | | | | | |
| 4 | 1+1=2 | 7+5=12 | +Y | | 12-8=4 | 5 | 1+1=2 | | 2 |
| 5 | 2+2=4 | 4+5=9 | +Y | | 9-8=1 | 5 | 2+1=3 | | 3 |
| 6 | 4+3=7 | 1+5=6 | | | | | | | |
| 7 | 7+3=10 | 6+5=11 | −X +Y | 10-8=2 | 11-8=3 | 5-1=4 | 3+1=4 | 1 | 4 |
| 8 | 2+4=6 | 3+4=7 | | | | | | | |
| 9 | 6+4=10 | 7+4=11 | −X +Y | 10-8=2 | 11-8=3 | 4-1=3 | 4+1=5 | 2 | 5 |
| 10 | 2+5=7 | | | | | | | | |
| 11 | 7+5=12 | | −X | 12-8=4 | | 3-1=2 | 5 | 3 | |
| 12 | 4+5=9 | | −X | 9-8=1 | | 2-1=1 | 5 | 4 | |
| 13 | 1+5=6 | | | | | | | | |
| 14 | 6+5=11 | | −X | 11-8=3 | | 1-1=0 | 5 | 5 | |

插补轨迹如图 3-36 中实线所示。由此例可以看出,当插补第一象限逆圆时,$Y$ 轴率先到达终点,即 $\Sigma_{\Delta Y}=|Y_e-Y_0|=|5-0|=5$。这时若不强制 $Y$ 轴方向停止迭代,将会出现超差,不能到达正确的终点。故此例在第 9 个脉冲以后,$Y$ 轴方向停止迭代。同理,在第 14 个脉冲后,即 $\Sigma_{\Delta X}=|X_e-X_0|=|0-5|=5$,$X$ 轴也到达终点,插补结束。

# 3.5 刀具半径补偿原理

## 3.5.1 概 述

数控机床在加工过程中控制的是刀具中心的轨迹。用户总是按零件的轮廓编制加工程序,因而为了加工所需的零件轮廓,在进行内轮廓加工时,刀具中心必须向零件的内侧偏移一个偏置量 $r$(粗加工时,其偏置量是刀具半径与精加工余量之和);在进行外轮廓加工时,刀具中心必须向零件的外侧偏移一个偏置量,如图 3-37 所示。这种按零件轮廓编制的程序和预先设定的偏置参数,实时自动生成刀具中心轨迹的计算机控制功能,称为刀具半径补偿功能。

应用刀具半径补偿功能,NC 系统可对刀具半径进行自动校正,使编程人员可以直接根据零件图纸进行编程,不必考虑刀具的尺寸因素。它的优点体现在以下两个方面:第

图 3-37 刀具半径补偿示意图

一,当刀具磨损或因换刀而引起刀具半径变化时不必重新编程,只需修改相应的偏置参数即可。第二,当轮廓加工需要多道工序完成时,在粗加工过程中要为精加工工序预留加工余量,该加工余量的大小可通过修改偏置参数实现,而不必为粗、精加工各编制一个程序,即粗、精加工程序相同,只需输入新的刀具参数即可。

在图 3-37 中,实线为所需加工的零件轮廓(编程轨迹),虚线为刀具中心轨迹。根据 ISO 标准,当刀具中心轨迹在编程轨迹前进方向的右边时,称为右刀补,用 G42 指令实现;反之称为左刀补,用 G41 指令实现。

在零件加工过程中,采用刀具半径补偿功能,可以大大减少编程的工作量。

## 3.5.2 刀具半径补偿的工作过程和常用方法

### 1.刀具半径补偿的工作过程

刀具半径补偿的工作过程一般可分为三步,如图 3-38 所示。

(1)刀补建立

刀具从起刀点接近工件,并在原来编程轨迹基础上,刀具中心向左(G41)或向右(G42)偏移一个偏置量(图 3-38 中的粗虚线)。在该过程中不进行零件加工。

(2)刀补进行

刀具中心轨迹(图 3-38 中的细虚线)与编程轨迹(图 3-38 中的粗实线)始终偏离一个刀具偏置量的距离。

(3)刀补撤销

刀具撤离工件,使刀具中心轨迹的终点与编程轨迹的终点(如起刀点)重合(图 3-38 中的粗虚线)。它是刀补建立的逆过程。同样,在该过程中不进行零件加工。

图 3-38 刀具半径补偿的工作过程

### 2.刀具半径补偿的常用方法

(1)B 刀补

B 刀补的特点是刀具中心轨迹的段间连接都是以圆弧连接进行的,如图 3-37 所示。其算法简单、实现容易,但由于段间过渡采用圆弧,所以产生了一些无法避免的缺点:首先,当加工外轮廓尖角时,由于刀具中心在通过连接圆弧轮廓尖角处时始终处于切削状态,故要求尖角的 C 处往往会被加工成小圆角。其次,在内轮廓加工时,要由程序员人为地编进一个辅助加工的过渡圆弧,如图 3-37 中的圆弧 AB,并且要求这个过渡圆弧的半径必须大于刀具半径,这就给编程工作带来了麻烦,一旦疏忽,使过渡圆弧的半径小于刀具半径,就会因刀具干涉而产生过切削现象,使加工零件报废。这些缺点限制了该方法在一些复杂的、要求较高的数控系统(例如仿形数控系统)中的应用。

(2)C 刀补

C 刀补的特点是相邻两段轮廓的刀具中心轨迹之间都以直线进行连接,由数控系统根据工件轮廓的编程轨迹和刀具偏置量直接计算出刀具中心轨迹的转接交点 $C'$ 和 $C''$,如图 3-37 所示,然后再对刀具中心轨迹作伸长或缩短的修正,这就是 C 功能刀具半径补偿(简称 C 刀补)。C 刀补的尖角工艺性较 B 刀补的要好,而且在内轮廓加工时,它可实现过切(干涉)自动预报,从而避免过切的产生。

以上两种刀补的处理方法有很大的区别:B刀补在确定刀具中心轨迹时,采用的是读一段、算一段、再走一段的处理方法,这就无法预计由于刀具半径所造成的下一段加工轨迹对本段加工轨迹的影响。于是,对于给定的加工轮廓轨迹来说,当加工内轮廓时,为了避免刀具干涉,合理地选择刀具的半径以及在相邻加工轨迹转接处选用恰当的过渡圆弧等问题,就不得不依靠程序员来处理。为了解决下一段加工轨迹对本段加工轨迹有影响的问题,C刀补采用的方法是:一次对两段进行处理,即先预处理本段,再根据下一段的方向来确定本段刀具中心轨迹的段间过渡状态,进而完成本段的刀补运算处理,然后再从程序段缓冲器中再读一段,用于计算第二段的刀补轨迹,以后按照这种方法进行下去,直至程序结束为止。

### 3.5.3　程序段间转接情况分析

在普通的 CNC 系统中,实际所能控制的轮廓只有直线段和圆弧段。随着前后两段编程轨迹的连接方式不同,相应有以下转接方式:直线与直线转接;圆弧与圆弧转接;直线与圆弧转接等。

根据两段程序轨迹的矢量夹角 $\alpha$(两段编程轨迹在交点处非加工侧的夹角)和刀具补偿方向的不同,可以有缩短型、伸长型、插入型转接等过渡方式。

**1. 直线与直线转接**

图 3-39 所示为直线与直线转接进行左刀具补偿(G41)的情况。图 3-39(a)和图3-39(b)为缩短型转接;图 3-39(c)为伸长型转接;图 3-39(d)、图 3-39(e)为插入型转接,其中编程轨迹为 $OA{\rightarrow}AF$。

图 3-40 是直线与直线转接进行右刀具补偿(G42)的情况。图 3-40(a)为伸长型转接;图 3-40(b)、图 3-40(c)为缩短型转接;图 3-40(d)、图 3-40(e)为插入型转接,其中编程轨迹为 $OA{\rightarrow}AF$。

在同一坐标平面内直线转接直线时,当第一段编程矢量逆时针旋转到第二段编程矢量的夹角 $\alpha$ 在 0°～360°变化时,相应刀具中心轨迹的转接将顺序地按上述三种类型进行。

**2. 圆弧与圆弧转接**

同直线转接直线时一样,圆弧转接圆弧时转接类型的区分也可通过两圆的起点和终点半径矢量的夹角 $\alpha$ 的大小来判断。但是,为了分析方便,往往将圆弧等效于直线处理。

在图 3-41 中,当编程轨迹为 $PA$ 圆弧转接 $AQ$ 圆弧时,$O_1A$、$O_2A$ 分别为起点和终点半径矢量,若为 G41(左)刀补,$\alpha$ 角将为 $\angle GAF$,即

$$\alpha=\angle XO_2A-\angle XO_1A=\angle XO_2A-90°-(\angle XO_1A-90°)=\angle GAF$$

比较图 3-39 和图 3-41,它们转接类型的分类和判别是完全相同的,即当左刀具补偿顺圆接顺圆 G41 G02/G41 G02 时,它们的转接类型的判别等效于左刀具补偿直线接直线 G41 G01/G41 G01。

**3. 直线与圆弧转接**

图 3-41 还可以视为直线与圆弧转接,亦即 G41 G01/G41 G02($OA$ 直线接 $AQ$ 圆弧)和 G41 G02/G41 G01($PA$ 圆弧接 $AF$ 直线)。因此,它们的转接类型的判别也等效于直线接直线 G41 G01/G41 G01。

按以上分析可知,根据刀具补偿方向、等效规律及 $\alpha$ 角的变化三个条件,各种轨迹间的转接类型是不难区分的。

(a)缩短型转接1

(a)伸长型转接

(b)缩短型转接 2

(b)缩短型转接 1

(c)伸长型转接

(c)缩短型转接 2

(d)插入直线过渡段转接

(d)插入直线过渡段转接

(e)插入圆弧过渡段转接

图 3-39　直线与直线转接进行左刀具补偿

(e)插入圆弧过渡段转接

图 3-40　直线与直线转接进行右刀具补偿

(a)缩短型转接1　　　　　　　　　　　　(b)缩短型转接2

(c)插入直线过渡段转接　　　　　　　　　(c)插入圆弧过渡段转接

图 3-41　G41 圆弧与圆弧转接

### 3.5.4　刀具半径补偿示例

下面以一个实例来说明刀具半径补偿的工作过程,如图 3-42 所示,数控系统完成从 $O$ 点到 $E$ 点的加工轨迹的编程步骤如下:

(1)读入 $OA$,判断出是刀补建立,继续读下一段。

(2)读入 $AB$,因为矢量夹角 $\angle OAB < 90°$,且又是右刀补(G42),由图 3-40(e)可知,此段间转接的过渡形式是插入型。则计算出点 $a$、$b$、$c$ 的坐标值,并输出直线段 $Oa$、$ab$、$bc$,供插补程序运行。

(3)读入 $BC$,因为矢量夹角 $\angle ABC < 90°$,同理,由图 3-40(e)可知,该段间转接的过渡形式也是插入型。则计算出 $d$、$e$ 点的坐标值,并输出直线段 $cd$、$de$。

图 3-42　刀具半径补偿示例

(4)读入 $CD$,因为矢量夹角 $\angle BCD > 180°$,由图 3-40(c)可知,该段间转接的过渡形式是缩短型。则计算出 $f$ 点的坐标值,由于是内侧加工,需进行过切判别(过切判别的原理和方法后述),若过切则报警,并停止输出,否则输出直线段 $ef$。

(5)读入 $DE$(假定有撤销刀补的 G40 命令),因为矢量夹角 $90° < \angle CDE < 180°$,尽管是刀补撤销段,由图 2-40(d)可知,该段间转接的过渡形式是插入型。则计算出 $g$、$h$ 点的坐标值,然后输出直线段 $fg$、$gh$、$hE$。

(6)刀具半径补偿处理结束。刀具补偿计算时,首先要判断矢量夹角 $\alpha$ 的大小,然后决定过渡方式和求算交点坐标。$\alpha$ 角可以根据两相邻编程矢量(轨迹)的矢量角来确定。

### 3.5.5 加工过程中的过切判别原理

C 刀补能够避免过切现象,是指若编程人员因某种原因编制出了肯定要产生过切的加工程序时,系统在运行过程中能提前发出报警信号,避免过切事故的发生。下面将就过切判别原理进行讨论。

1. 直线加工时的过切判别

图 3-43 直线加工时的过切判别

如图 3-43 所示,当被加工的轮廓是直线段时,若刀具半径选用过大,就将产生过切现象。在图 3-43 中,编程轨迹为 $AB \to BC \to CD$,$B'$ 为对应于 $AB$、$BC$ 的刀具中心轨迹的交点。当读入编程轨迹 $CD$ 时,就要对上段轨迹 $BC$ 进行修正,确定刀具中心应从 $B'$ 点移到 $C'$ 点。显然,这时必将产生如图 3-43 中阴影部分所示的过切。

在直线加工时,是否会产生过切,可以简单地通过编程矢量及与其相对应的刀具中心矢量的标量积的正负来进行判别。具体做法如下:在图 3-43 中,$BC$ 为编程矢量,$B'C'$ 为与 $BC$ 相对应的刀具中心矢量,$\alpha$ 为它们之间的夹角。则

标量积 $$BC \cdot B'C' = |BC| \, |B'C'| \cos\alpha$$

显然,当 $BC \cdot B'C' < 0 (90° < \alpha < 270°)$ 时,刀具就要背向编程轨迹移动,造成过切。图 3-43 中,$\alpha = 180°$,所以必定产生过切。

2. 圆弧加工时的过切判别

在圆弧内轮廓加工时,若选用的刀具半径过大,超过了所需加工的圆弧半径,那么就会产生如图 3-44(a)所示的过切。

(a)产生了过切现象

(b)过切判别流程

图 3-44 圆弧加工时的过切判别

针对图 3-44(a)所示的情况,通过分析可知,只有当圆弧加工的命令为 G41 G03(图示的加工方向)或 G42 G02(图示的相反方向)时,才会产生过切现象;若命令为 G41 G02 或 G42

G03,即进行外轮廓切削时,则不会产生过切的现象。分析这两种情况,可得到刀具半径大于所需加工的圆弧半径时的过切判别流程,如图 3-44(b)所示。

在实际加工中,还有各种各样的过切情况。通过上面的分析可知,过切现象都发生在过渡形式为缩短型转接的情况下,因而可以根据这一原则,来判断发生过切的条件,并据此设计过切判别程序。

# 3.6   数控机床中常用的 PLC

## 3.6.1   PLC 在数控机床中的作用

在数控机床中有两类控制信息:一类是机床进给运动坐标轴的位置控制信息,如控制工作台的前、后、左、右移动,主轴箱的上、下移动,工作台围绕某一直线坐标轴的旋转运动等。这些位置控制信息是依据插补计算的理论值与检测反馈的测得值比较后所得到的差值来确定,并借助于伺服进给系统中的电动机运转来实现的。位置控制的核心作用是保证加工零件轮廓轨迹的正确性,除点位控制加工方式之外,数控机床各坐标轴的运动都必须相互保持极其严格的函数关系,这一类位置控制信息由 CNC 数控系统进行处理,称为"CNC 数控"。

另一类信息控制是对机床开关量信号的顺序控制,也就是以安装在 CNC 系统内部和机床上的各行程开关、传感器、按钮、继电器等元器件的实时状态为条件,并按照预先规定的逻辑顺序,在数控机床运行过程中对诸如主轴的开停、换向,刀具的更换,工件的夹紧、松开,液压、冷却、润滑的运行状态等进行控制。开关量顺序控制的目的是按加工的需要来控制数控机床的辅助动作,让数控机床接受以二进制代码表达的 S、T、M 等功能指令,经过信号处理,使机床执行装置完成相应的机械顺序开关动作。

在普通机床上,长期以来这一类开关量信号的顺序控制由"继电器逻辑电路"(简称RLC)来完成,由机床制造厂自行设计、制造和安装。但在实际应用中,RLC 存在一些难以克服的缺点,例如:只能解决开关量的简单逻辑运算、定时、计数等有限几种功能的控制,难以实现复杂的逻辑运算、算术运算、数据处理等数控机床所需的特殊功能控制;继电器、接触器等元器件的体积较大,每个元器件上的工作触点有限,当机床受控对象较多或控制动作顺序较复杂时,RLC 控制系统需要使用大量元器件而导致整个系统的体积大、功耗高、可靠性差。

PLC 是由计算机简化而来的电子装置,为适应顺序控制的要求,PLC 省去了计算机的一些数字运算功能,而强化了逻辑运算功能,是一种介于继电器控制和计算机控制之间的自动控制装置。在数控机床上使用 PLC 代替继电器逻辑控制,克服了上述缺点,使数控机床开关量顺序控制的控制功能、响应速度和可靠性大大提高。

## 3.6.2   数控机床常用的 PLC 类型

数控机床常用的 PLC 可分为两类,一类是"内装型"(Build-in Type)PLC,另一类是"独立型"(Stand-alone Type)PLC。

1. 内装型 PLC

内装型 PLC 是指 PLC 包含在 CNC 数控系统中,它从属于 CNC 数控系统,是集成化系统不可分割的一部分。PLC 与 CNC 之间的信号传送在 CNC 装置内部即可实现,PLC 与 MT(机床本体)之间的信号传送则可通过 CNC 数控系统的输入/输出接口电路实现。

内装型 PLC 与继电器逻辑电路相比,具有响应速度快、控制精度高、可靠性高、柔性好和易与计算机联网等优点。内装型 PLC 的 CNC 系统框图如图 3-45 所示。

图 3-45　内装型 PLC 的 CNC 系统框图

内装型 PLC 的特点如下:

(1)内装型 PLC 实际上是 CNC 装置带有的 PLC 功能,一般是作为一种基本的或可选择的功能提供给用户。内装型 PLC 的性能指标(如输入/输出点数、程序最大步数、每步执行时间、程序扫描周期、功能指令数目等)是根据所从属的 CNC 系统的规格、性能、适用机床类型等确定,其硬件和软件部分都是作为 CNC 系统的基本功能或附加功能与 CNC 系统其他功能统一设计、制造的。

(2)在系统具体结构上,内装型 PLC 可与 CNC 共用 CPU,也可以单独使用一个 CPU;硬件控制电路可与 CNC 其他电路制作在同一块电路板上,也可以单独制成一块附加板,当 CNC 装置需要附加 PLC 功能时,再将该附加板插装到 CNC 装置上;内装型 PLC 一般不单独配置输入/输出接口电路,而是使用 CNC 系统本身的输入/输出电路;内装型 PLC 的控制电路及部分输入/输出电路所用电源由 CNC 装置提供,无须另备电源。

(3)采用内装型 PLC,扩大了 CNC 系统内部直接处理的窗口通信功能,可以使用梯形图编辑和传送等高级控制功能,造价较低,提高了 CNC 装置的性价比。

(4)一般来说,采用内装型 PLC 省去了 PLC 与 CNC 之间的连线,具有结构紧凑、可靠性好、安装和操作方便等优点,相对于在拥有 CNC 装置后另行配购一台通用型 PLC 作为控制器的情况而言,无论在技术上还是经济上对用户来说都是有利的,尤其适用于单机数控设备的应用场合。

2. 独立型 PLC

独立型 PLC 完全独立于 CNC 数控装置,具有完备的硬件功能和软件功能,能够独立完成规定的控制任务。独立型 PLC 的 CNC 系统框图如图 3-46 所示。

独立型 PLC 的特点如下:

(1)独立型 PLC 一般采用积木式模块化结构或插板式结构,各功能电路多做成独立的模块或电路板,具有安装方便,功能易于扩展和变更等优点,可根据数控机床对控制功能的要求灵活选购或自行开发。

图 3-46　独立型 PLC 的 CNC 系统框图

(2)独立型 PLC 的输入、输出点数可以通过 I/O 模块或插板的增减灵活配置。有的独立型 PLC 还可通过多个远程终端连接器构成有大量输入/输出点的网络,以实现大范围的集中控制。

(3)在性价比方面,独立型 PLC 比不上内装型 PLC。总体来讲,内装型 PLC 价格低廉、性能良好,被单微处理器的 CNC 系统采用居多;而独立型 PLC 因为具有较强的数据处理、通信和自诊断功能,成为 CNC 与上级计算机联网的重要设备,所以在整体性能要求较强的多微处理器 CNC 系统、FMS 系统、FA 系统和 CIMS 系统中被广泛采用。

### 3.6.3　PLC 的结构

PLC 的结构包括硬件和软件两大部分。

PLC 的硬件结构如图 3-47 所示,它是一种通用的可编程控制器,主要由中央处理单元 CPU、存储器、输入/输出(I/O)模块及电源组成,各个部分都通过总线连接起来。它的硬件是通用的,用户只要按需组合,并相应改变写在存储器内的程序,便可用于各种数控机床。内装型 PLC 与 CNC 数控装置统一设计和制造,除电源部分和输入/输出部分与 CNC 数控装置共用外,内装型 PLC 的结构组成与图 3-47 基本相同。

图 3-47　PLC 的硬件结构框图

1. 中央处理单元 CPU

可编程控制器的 CPU 与通用计算机的 CPU 一样,是可编程序控制器的核心部分。它按系统软件赋予的功能,接收并存储从编程器输入的用户程序和数据,用扫描方式查询现场输入装置的所有信号状态或数据,并存放到输入过程状态寄存器或数据寄存器中。然后从存储器中逐条读取用户程序,经过集合解释后,按指令规定的任务产生相应的控制信号,去启/闭有关的控制电器。

2. 存储器

可编程控制器的存储器一般有随机存储器 RAM 和只读存储器 ROM 两种。

可编程控制器一般采用静态 RAM 存储器作为随机存储器,在这类存储器内,可存放可编程控制器的定时器/计数器设定值、数据表的数据、保持存储器的数据以及必须保存的输入/输出状态。

可编程控制器的只读存储器采用 EPROM,并以字节为单位。只读存储器存储 PLC 的系统软件和用户程序。PLC 产品样本中的存储器型号和容量,是指用户程序存储器。

3. 输入/输出(I/O)模块

I/O 模块是可编程控制器与现场 I/O 装置或其他外部设备的连接部件,可编程控制器的 I/O 能直接加到执行元件上。它将外部的过程信号转换成控制器内部的电平,或使内部电平与外部执行机构所需电平相互匹配。

4. 编程器

编程器通过编程语言将用户程序送入可编程控制器。编程器可为用户实现程序的编制、调试、监视、修改和编辑,并最后将程序固化在 EPROM 中。编程器还可通过键盘调用和显示 PLC 的一切内部状态和参数,并通过通信接口与 CPU 连接。

## 3.6.4 梯形图

1. 梯形图的工作原理

PLC 的工作依靠两类程序:第一类是系统管理程序和编译程序(或解释程序),它由 PLC 生产厂家设计并固化到存储器中;另一类是面向用户生产过程的应用程序(Application Program)或用户程序(User Program),也称 PLC 程序。

到目前为止,在应用程序中以梯形图的应用最广泛。梯形图的结构如图 3-48 所示,左、右两条竖线称为母线(或称电力轨),梯形图是由母线和在母线间的节点(或称触点)、线圈(或称继电器线圈)、功能块(功能指令,图 3-48 中未画出)等构成的网络。在左、右母线间(包括母线)的一个网络称为一个梯阶(或梯级),每个梯阶由一行或数行构成。图 3-48 所示的梯形图由两个梯阶构成:上面的一个梯阶只有一行,含有三个节点和一个线圈;下面的一个梯阶由三行构成,含有四个节点和一个线圈。

图 3-48 梯形图的结构

图 3-49 所示的是用于两地控制电动机启、停的继电器控制电路及与其控制逻辑等效的梯形图。在图 3-49(a)中,$S_2$ 和 $S_3$、$S_1$ 和 $S_4$ 分别为相距甚远的两个操作台上的电动机启、停按钮,K 为启动电动机的接触器线圈。当任一启动按钮($S_2$ 或 $S_3$)被按下时,接触器 K 通

电,并通过其触点 K 闭合自保,电动机运转;当任一停止按钮($S_1$ 或 $S_4$)被按下时,接触器 K 失电,其自保触点 K 断开,电动机停止运转。这样,两个操作台均可独立地对电动机启、停进行控制。图 3-49(b)中 $S_1$ 或 $S_2$ 节点闭合时,K 线圈输出,并通过节点 K 闭合自保;当 $S_3$ 或 $S_4$ 节点断开时,K 线圈无输出,自保节点 K 断开。

(a)控制电路　　　　　　　　　　(b)梯形图

图 3-49　两地控制电动机启、停的继电器控制电路及与其控制逻辑等效的梯形图

可见,梯形图的控制逻辑结构及工作原理与继电器逻辑控制电路十分相近。但值得注意的是,梯形图的母线上没有电源,即使控制节点全部接通,也没有电流从梯形图中流过。在分析梯形图工作状态时沿用了继电器电路分析的方法,而流过梯形图的电流是一种虚拟电流。由此可见,梯形图只描述了电路工作的顺序和逻辑关系。

2.梯形图的工作过程

虽然梯形图可以实现与继电器逻辑电路相似的逻辑控制,但其工作顺序与继电器逻辑电路不同。在继电器逻辑电路中,逻辑控制的结果取决于继电器线圈、触点和其他机电器件动作的时间;而梯形图则是从上到下、从左到右、一个梯阶一个梯阶顺序地进行工作的。

如图 3-50 所示,梯形图是按指定的顺序(指令表顺序)从梯形图开头(指令开始)至梯形图结束(指令结束)顺序执行的。当执行至顺序结束时,又返回开头重复执行。

从梯形图开始至梯形图结束的执行时间称为顺序处理时间,又称为扫描周期或循环周期。处理时间随高级顺序和低级顺序的步数而变化。步数越少,处理时间越短,信号响应越快。

图 3-50　梯形图程序的执行过程

## 3.6.5 M、S、T 功能的实现

PLC 在数控机床中主要实现 M、S、T 等辅助功能。

1.M 功能的实现

M 功能也称为辅助功能,其代码用字母 M 后跟两位阿拉伯数字表示。根据不同的 M 代码,可以控制数控机床主轴的正/反转及停止,主轴齿轮箱的自动变速,冷却液的开/关,自动卡盘的夹紧和松开,以及自动换刀装置的机械手取刀、回刀等动作。

2.S 功能的实现

S 功能用来指定主轴转速。CNC 数控装置将 S 代码送入 PLC,经电平转换、译码、数据转换、限位控制和 D/A 变换,最后传送给主轴电动机伺服系统。S 功能中的"限位控制"功

能,是当 S 代码对应的转速高于规定的最高转速时,用于限定最高转速;当 S 代码对应的转速低于规定的最低速度时,用于限制最低转速。

3. T 功能的实现

T 功能也由 PLC 实现,它给数控机床自动换刀系统的管理带来了极大的方便。自动换刀的控制方式有固定存取换刀方式和随机存取换刀方式,它们分别采用刀座编码制和刀具编码制。

刀座编码制的 T 功能处理过程是:CNC 数控装置发出 T 代码指令给 PLC,PLC 经过译码,在数据表内检索,找到 T 代码指定的新刀号所在的数据表的表地址,并与现行刀号进行判别比较,如不符合,则发送"刀库回转"指令控制刀库回转,直到刀库定位至所需的新刀号位置为止,刀库停止回转,并准备换刀。

刀具编码制是将刀具号与刀座号一一对应输入数控系统的 PLC 之后,由 PLC 全程跟踪记忆任选刀具。根据加工需要,刀具可以任意取出,也可以任意送回到随机刀座中存放,不会混淆。

# 3.7　CNC 系统的通信接口

CNC 系统作为独立控制的控制装置,一般配备有各种输入/输出设备,通过并行或串行的传输电缆,完成有关的输入/输出操作。这些接收设备有编程机、手摇脉冲发生器、显示器、键盘以及其他标准的输入/输出设备,如纸带穿孔机、光电纸带阅读机。CNC 装置作为控制装置要与其他被控制系统相连接,与各种系统和设备进行信息交换,才能完成加工任务。

## 3.7.1　数据通信系统

在现代制造系统或加工单元之间进行数据通信时,要通过有关设备和传输媒体交换信息,而这些通信设备和传输媒体构成了连接各种加工设备的数据通信系统。从数据通信的角度出发,其结构如图 3-51 所示。

图 3-51　数据通信系统的一般结构

AP—应用程序;虚线—逻辑通信;实线—物理通信

图 3-51 中的 A 和 B 表示进行通信的双方,AP 表示进行通信的应用程序(如数控系统

中的通信功能子程序)。例如:制造单元计算机 A 将控制信息和数控加工程序送往数控系统 B,在数控系统 B 进行加工的过程中,再将有关的加工状态和过程信息传递给制造单元计算机 A,这个双方通信的过程用虚线来表示,即逻辑通信。而实际上双方之间的通信要经过有关的通信装置和通信信道(通信线路)才能完成。图 3-51 中发送、接收信息的制造单元计算机和数控系统在通信系统中称为数据终端设备 DTE(Data Terminal Equipment)。DTE 是对信息进行收集和处理的设备,它们是信源(信息的发送端)或信宿(信息的接收端)或两者兼有。在通信过程中要通过信号变换器将准备传输的数据转换为适合信道传送的信号。

图 3-51 中数据通信系统的通信过程(以 A 到 B 的通信为例)可以理解为:A 地的 DTE 作为信源发出信息,经本地连接(如 RS-232C 接口)DCE,将数据转换为适合信道传输的信号,再通过通信信道传输到 B 地的 DCE,并转换为原来的数字信号,经本地连接最后传输到 B 地的信宿 DTE,完成一次通信任务。

## 3.7.2 通信线路的通信方式

在数据通信(串行通信)中,通信线路的通信方式有三种基本的形式,即单工通信、半双工通信和全双工通信,如图 3-52 所示。它们决定了参与通信的电线根数和通信线路中数据信号的传输方向。

图 3-52 通信线路的基本通信方式
实线—传输数据信号;虚线—传输监控数据信号

**1.单工通信**

单工通信的数据信息只能按照一个固定的方向传送,即决定了通信双方的一端是发送端,而另一端只能是接收端。例如显示终端只能接收计算机发送来的数据,而不能向计算机发送数据。为了保证电信号的正确传送,需要一对线路(2 线),其中一条线路作为反向的应答和控制监控信道,如图 3-52(a)所示。

**2.半双工通信**

半双工通信是指可以交替改变方向的数据传送,但在某一时刻,只允许一个方向的数据流动。通信的双方都有发送和接收装置,但它们不能同时进行发送和接收,改变传输方向时要通过开关装置切换,如图 3-52(b)所示。单工通信和半双工通信可以采用一个信道(2 线)

予以支持。

### 3.全双工通信

全双工通信是一种在任意时刻都可以进行双向传送的通信方式,相当于将两个方向的单工通信组合起来,要求收、发装置都具有独立的收发能力。为此它需要两个信道予以支持,即用四线连接,如图 3-52(c)所示。有时也利用存储技术,在一个信道上支持宏观的全双工通信。

## 3.7.3 数据传输方式

在数据传输的过程中,为了保证数据能够被正确地接收,接收方就必须知道它所接收信息的每一位的开始时间和持续时间。也就是说,接收方应按照发送方信息发送的频率及起始时间来接收信息,要做到通信双方的步调一致,这就要解决数据传输过程中的同步问题。常见的数据传输方式有异步传输和同步传输。

### 1.异步传输

如图 3-53 所示,异步通信方式又称起止方式,它在要发送的每一个字符代码的前面加一位为"0"的起始位,以示字符代码的开始;后面加一位(一位半或两位)停止位"1",以示该字符代码的结束。如果没有发送数据,发送方应发送连续的停止码"1"(称为传号,连续的"0"称为空号)。接收方根据"1"到"0"的跳变来判断一个新字符的开始,从而起到通信线路两端的同步作用。为了能检测字符传输的正确性,可在字符代码后加一位奇偶校验位。

图 3-53 异步传输的结构

异步传输方式时如果出错,只需重发一个字符,故控制简单。但由于起始位和校验位占了一定的传输位,所以效率较低、速度较慢。

### 2.同步传输

同步传输方式的信息格式是在一组字符或一个二进制位组成的数据块(小于 256 字节)的前、后加上同步字符 SYN(Synchro-nous,其代码为 01101000)或同步位模式(如01111110),组成一个帧(Frame)进行传输,如图 3-54 所示。其中的同步字符 SYN 起联络作用,通知接收方开始接收数据。通信双方事先应约定同步字符的代码及同步字符的个数,接收方一旦接收到同步字符,就开始接收数据,直至整个信息帧接收完毕。在同步传输时,通信的双方要保持完全同步,因此要求双方必须使用同一个时钟。在近距离传输时,可增加一根信号线传输时钟信号,保持双方发送和接收的步调一致。在远距离传输时,可采用锁相技术通过 MODE 从数据流中提取同步信号,使接收方得到和发送方时钟频率完全相同的接收时钟信号。另外,在传输数字信号时,可采用自带同步的编码方式,来解决通信的同步问题。同步通信方式效率高、速度快,但只要数据中有一位错,就必须重新传输整块数据,且控制比较复杂。在短距离高速数据传输中,多采用同步传输方式。

图 3-54　同步传输的帧结构

### 3.7.4　传输媒体

传输媒体是指数据通信中所使用的载体,目前常用的传输媒体有以下几种。

1. 双绞线

将两根绝缘导线按一定的密度互相绞在一起形成,有非屏蔽双绞线和屏蔽双绞线两种。

2. 同轴电缆

由绕同一轴线的两个导体所组成,外导体为网状导电箔,用于屏蔽电磁干扰和辐射。

3. 光缆

光缆以光导纤维中脉动光束的形式携带被传输的信息,它的优点是信号的损耗小、频带宽、传输率高并且不受外界电磁干扰,但是它的成本高并且连接技术比较复杂。

4. 无线传输媒体

无线传输媒体通过空间来传输信息,主要有微波通信、激光通信和红外线通信。

# 思考题与习题

3-1　CNC 系统由哪几部分组成? 各部分的作用是什么?

3-2　CNC 装置有哪些特点? 可执行哪些功能?

3-3　试述单微处理器硬件结构和多微处理器硬件结构的区别。

3-4　什么是开放式数控系统? 开放式数控系统主要有哪些优点?

3-5　CNC 系统中,I/O 通道应有哪些基本功能? 主要解决哪些问题?

3-6　CNC 装置有哪几种软件结构? 它们分别有何特点?

3-7　什么是插补? 就加工曲线轮廓说明插补的作用和原理。

3-8　直线的起点在坐标原点 $O(0,0)$,终点 $E$ 的坐标分别为(1) $E(9,4)$;(2) $E(5,8)$。试用逐点比较法为线段 $OE$ 进行插补,画出插补轨迹,并绘制插补程序框图。

3-9　欲加工第一象限逆圆 $AE$,起点 $A(5,0)$,终点 $E(0,5)$,圆心 $O(0,0)$。试用逐点比较法为圆弧 $AE$ 进行插补,画出插补轨迹,并绘制插补程序框图。

3-10　常用的刀具半径补偿方法有哪些? C 刀补有什么特点?

3-11　简述数控机床所用 PLC 的分类与特点。

3-12　解释下列名词术语:插补、插补计算、插补器、插补算法。

# 第4章

## 数控机床的伺服系统和常用驱动元件

## 4.1 数控机床的伺服系统

### 4.1.1 伺服系统的概念

伺服(Servo)系统又叫随动系统,是以机床运动部件(如工作台、主轴和刀具等)的位置和速度作为控制量的自动控制系统。根据实现方法的不同,可以分为机械随动(仿形)系统、液压伺服系统、电气伺服系统等,目前的数控机床均采用电气伺服系统。

在数控机床中,伺服系统的作用在于接收来自数控装置的进给脉冲信号,经过一定的信号变换及电压、功率放大,驱动机床运动部件实现运动,并保证动作的快速性和准确性。如果将 CNC 装置比作是发布命令的"大脑",伺服系统就是数控机床的"四肢",它能够准确地执行来自 CNC 装置的运动指令。

数控机床的伺服系统包括进给伺服系统和主轴伺服(驱动)系统。进给伺服系统是以机械位移(位置控制)为直接控制目标的自动控制系统,用来保证加工轮廓。主轴伺服系统则以速度控制为主,一般只满足主轴调速及正、反转功能,提供切削过程中需要的转矩和功率。当要求机床有螺纹加工、准停和恒线速度加工等功能时,还需要对主轴提出相应的位置控制要求。

伺服系统由伺服电动机、伺服驱动装置、位置检测装置等组成。伺服驱动装置的主要功能是功率放大和速度调节,将弱信号转换为强信号,并保证系统的动态性能。伺服电动机用来将电能转换为机械能,拖动机械部件移动或转动。本章主要介绍伺服电动机、伺服驱动装置的基本原理。

### 4.1.2 数控机床对进给伺服系统的要求

随着数控技术的发展,对伺服系统提出了更高的要求,主要表现在以下方面:

1.精度高

伺服系统控制数控机床的速度和位移输出,为保证加工质量,要求它有足够高的定位精度和重复定位精度。一般要求定位精度和重复定位精度为±0.01~±0.001 mm,高档设备可达±0.1 μm 以上。

2.响应快

要求伺服系统在跟随指令信号时不仅跟随误差要小,而且响应要快,达到最大稳定速度的时间要短。现代数控机床的插补时间都在 20 ms 以内,这就要求伺服系统达到最大稳定速度这一过渡过程的前沿要陡,斜率要大。快速响应是伺服系统动态品质的标志之一,它反映系统的跟随精度,直接影响轮廓的加工精度和表面质量。

**3.调速范围宽**

调速范围是指最高进给速度和最低进给速度之比。由于加工所用刀具、被加工工件材料以及加工要求各不相同,所以若要保证数控机床在任何情况下都能得到最佳切削条件,伺服系统就必须有足够的调速范围,并且运转稳定。一般要求调速比为 1:10 000,最低稳定运转速度 $n_{min} \leqslant 0.1$ r/min。

**4.负载特性硬**

伺服系统在不同的负载情况下或切削条件发生变化时,应使进给速度保持恒定,即负载特性硬,抗扰动能力强。尤其在低速时,还要求伺服系统能输出较大的转矩。

## 4.1.3 进给伺服系统的分类

进给伺服系统按有无位置检测和反馈进行分类,可分为开环伺服系统和闭环伺服系统两大类。

**1.开环伺服系统**

开环伺服系统即没有位置反馈的系统,如图 4-1 所示。在数控机床上它由步进电动机或电液脉冲马达驱动。数控系统发出的指令脉冲信号经驱动电路控制和功率放大后,使步进电动机转动,通过变速齿轮和滚珠丝杠螺母副驱动执行件(工作台或刀架)移动。数控系统发出一个指令脉冲,机床执行件相应移动的距离称为脉冲当量。开环伺服系统的位移精度主要取决于步进电动机的角位移精度、齿轮和丝杠螺母副等传动件的传动间隙和制造精度、机械系统的摩擦阻尼特性等各方面因素。故开环伺服系统的位移精度较低,其定位精度一般为 ±0.02 mm,当采用螺距误差补偿和传动间隙补偿后,定位精度可以提高到 ±0.01 mm。由于步进电动机性能的限制,开环伺服系统的进给速度也受到限制,当脉冲当量为 0.01 mm 时,进给速度约为 5 m/min。

图 4-1 开环伺服系统简图

开环伺服系统一般包括脉冲频率变换、脉冲分配、功率放大、步进电动机、变速齿轮、滚珠丝杠螺母副、导轨副等组成环节。开环伺服系统的结构较简单,调试、维修都很方便,工作可靠,成本低廉;但精度较低,低速运动时不够平稳,高速运动时扭矩小,且容易丢步,故一般用在中、低档数控机床及普通机床的数控改造上。

**2.闭环伺服系统**

闭环伺服系统是基于反馈控制原理进行工作的,即通过位置检测装置采样并与 CNC

系统发出的位置指令进行比较,根据所得到的差值来控制伺服机构工作。闭环伺服系统采用直流伺服电动机或交流伺服电动机作为驱动元件,根据位置检测元件的安装部位不同,又可分为全闭环和半闭环两种形式。

(1)全闭环伺服系统

全闭环伺服系统的位置检测元件安装在机床工作台或刀架上,如图 4-2 所示,其反馈信号取自工作台或刀架的实际位移量,所以系统传动链的误差、环内各元件的误差以及运动中造成的误差都可以得到补偿,大大提高了系统的跟随精度和定位精度。目前全闭环系统的定位精度可达 $\pm 0.001 \sim \pm 0.005$ mm,最先进的全闭环系统定位精度可达 $\pm 0.1~\mu$m。但是全闭环系统环内所包含的很多机械传动部件的刚度、传动间隙和摩擦阻尼特性都是变化的,有些还是非线性的,这给全闭环控制系统的调整和稳定带来了许多困难。因此,采用全闭环方式时必须增大机床刚性,改善滑动面摩擦特性,减小传动间隙。全闭环系统的设计和调整都有较大的技术难度,价格也较昂贵,故只在大型、精密数控机床上采用。

图 4-2　全闭环伺服系统简图

(2)半闭环伺服系统

半闭环伺服系统如图 4-3 所示,其位置检测元件不是安装在工作台上,而是安装在电动机轴上(一般电动机生产商已安装好),用以精确控制电动机的角位移量,然后通过滚珠丝杠等传动机构,将角度转换成工作台或刀架的直线位移量。这样系统由电动机输出轴至工作台或刀架之间的误差(如联轴器误差、丝杠的弹性变形及螺距误差、导轨副的摩擦阻尼等)没有得到系统的补偿。因此,在数控机床上,半闭环系统只反馈补偿了进给传动系统的部分误差,所以其精度比全闭环系统要低一些;但由于这种系统舍弃了传动系统的刚性和非线性的摩擦阻尼等,故系统调试较容易,稳定性也较好。它采用高分辨率的测量元件,可以获得比较令人满意的精度和速度,特别是制造伺服电动机时,都将测速发电机、旋转变压器(或脉冲编码器)直接安装在伺服电动机轴的尾部,减少机床制造时的安装、调试麻烦,结构也比较简单,故这种系统被广泛应用于中小型数控机床上。

图 4-3　半闭环伺服系统简图

## 4.2 数控机床的驱动电动机

驱动电动机是数控机床伺服系统的动力部件,它根据控制系统发来的进给指令信号,产生相应的角位移或直线位移,驱动数控机床的执行部件实现所需的运动。用于驱动数控机床各坐标轴进给运动的称为进给电动机;用于驱动机床主运动的称为主轴电动机。图 4-4 所示为数控机床驱动常用电动机的种类。

图 4-4 数控机床驱动常用电动机的种类

### 4.2.1 步进电动机

步进电动机是一种用电脉冲信号进行控制,并将电脉冲信号转换成相应机械角位移量的机电执行元件。当输入一个电脉冲时,电动机的转轴就转过一个相应的角度,该角度称为步距角。这种控制电动机的运动方式与连续旋转的普通电动机不同,它是步进式运动的,所以称为步进电动机。步进电动机的角位移量与输入电脉冲的个数成正比,在时间上与输入脉冲基本同步。

1. 步进电动机的种类和工作原理

步进电动机的种类繁多。从结构上看,它分为反应式和励磁式;按定子相数可分为单相、两相、三相、四相、五相、六相、八相,各相绕组可在定子上径向排列,也可在定子的轴向上分段排列。

反应式步进电动机转子上无绕组,且均匀分布若干个齿,定子上有励磁绕组,由定子励磁绕组产生反应力矩。按输出力矩的大小,又分为伺服步进电动机和功率步进电动机。伺服步进电动机输出力矩较小,一般为 $0.01\sim0.1\ \text{N}\cdot\text{m}$,只能驱动线切割机床等小型负载,功率式步进电动机输出力矩在 $10\ \text{N}\cdot\text{m}$ 以上,可以直接驱动较大的负载。励磁式步进电动机与反应式步进电动机相比,只是转子上多了励磁绕组,工作原理与反应式的相似。目前反应式步进电动机应用较为广泛,如在经济型数控机床和旧设备改造中广泛采用。下面以三相反应式步进电动机为例,介绍步进电动机的工作原理。

三相反应式步进电动机由定子、定子绕组和转子组成,其结构如图 4-5 所示。其定子上有六个磁极,每两个相对的磁极组成一相,分成 A、B、C 三相,每个磁极上有励磁绕组。转子上无绕组,有周向均布的齿,电动机依靠磁极对齿的吸合进行工作。当某相定子绕组通电后,便能吸引转子,使转子转过一个角度,该角度称为步距角。根据定子三相绕组的通电顺序,三相反应式步进电动机的工作方式可分为三相三拍(或称三相单三拍)工作方式、三相双三拍工作方式和三相单双六拍工作方式。

(1)三相单三拍工作方式

为简化分析,假设步进电动机转子上只有 4 个齿。在图 4-6 中,设 A 相通电,A 相绕组的磁力线为保持磁阻最小,给转子加电磁力矩,使磁极 A 与相邻转子的 1、3 齿对齐;接下来若 B 相通电,A 相断电,磁极 B 又将距它最近的 2、4 齿吸引过来与之对齐,使转子按逆时针方向旋转 30°;下一步 C 相通电,B 相断电,磁极 C 又吸引转子的 1、3 齿与之对齐,使转子又按逆时针方向旋转 30°,依此类推。若定子绕组按 A→B→C→A→… 的顺序通电,转子就一步步地按逆时针方向转动,每步 30°。若定子绕组按 A→C→B→A→… 的顺序通电,则转子就一步步地按顺时针方向转动,每步仍然旋转 30°。

图 4-5 三相反应式步进电动结构示意图
1—定子;2—定子绕组;3—转子

显然,单位时间内通入的电脉冲数越多,即电脉冲频率越高,电动机转速越高。因而只要控制输入脉冲的数量、频率和通电绕组的相序,即可获得所需转角、转速及旋转方向。

图 4-6 三相反应式步进电动机三相单三拍工作原理

从一相通电换接到另一相通电的过程,称为一拍。每一拍转子转过一个步距角。这种三相励磁绕组依次单独通电运行,换接三次完成一个通电循环的控制方式,称为三相单三拍工作方式。这里"三拍"是指一个循环内换接了三次,即 A、B、C 三拍。三相单三拍工作方式每次只有一相励磁绕组通电吸引转子,容易使转子在平衡位置附近产生振荡,运行稳定性较差。另外,在切换绕组电源时的通、断瞬间容易造成失步。

(2)三相双三拍工作方式

因三相单三拍通电方式容易产生失步和振荡,故在实际工作过程中多采用三相双三拍工作方式,即定子绕组的通电顺序为 AB→BC→CA→AB→···或 AC→CB→BA→···前一种通电顺序转子按逆时针方向旋转,后一种通电顺序转子按顺时针方向旋转,此时有两对磁极同时与转子的两对齿进行吸引,每步仍然旋转 30°。步进电动机在三相双三拍工作的过程中始终保持有一相定子绕组通电,所以工作比较平稳。

(3)三相单双六拍工作方式

如果按 A→AB→B→BC→C→CA→A→···(转子按逆时针方向转动)或 A→AC→C→CB→B→BA→A→···(转子按顺时针方向转动)的顺序通电,换接六次完成一个通电循环,则称之为三相单双六拍工作方式,其工作原理如图 4-7 所示。在这种工作方式下,电动机运转过程中也始终有一相定子绕组通电,运转比较平稳,并且其步距角是三相三拍工作方式下步距角的一半(每步旋转 15°),步进精度有所提高。

图 4-7 三相反应式步进电动机三相单双六拍工作原理

实际应用的步进电动机的转子齿数很多,因为齿数越多,步距角越小,所能达到的位置精度越高。通常的步距角是 3°、1.5° 或 0.75°。为此,需要在定子磁极上也制成同样大小的小齿,这些齿的齿距与转子的齿距相同,如图 4-8 所示。当某一相定子磁极的小齿与转子上的小齿对齐时,其他两相定子磁极的小齿都与转子上的小齿错开一定的角度。按照相序,各定子磁极的齿依次与转子的齿错开齿距的 $1/m$($m$ 为电动机的相数)。这样,每次定子绕组通电状态改变时,转子只转过齿距的 $1/m$(如三相三拍)或 $1/(2m)$(如三相六拍)即达到新的平衡位置。例如转子上有 40 个齿,则相邻两个齿的齿距是$(360°/40)=9°$。若定子每个磁极上制成 5 个小齿,当转子齿和 A 相磁极小齿对齐时,如图 4-8 所示,B 相磁极小齿则沿逆时针方向超前转子齿 1/3 齿距角,即超前 3°,而 C 相磁极小齿则沿逆时针方向超前转子齿 6°。

(a) 步距角结构　　　　　　　　(b) 展开后的齿距

图 4-8　三相反应式步进电动机的步距角结构及展开后的齿距

按照此结构,当励磁绕组按 A→B→C→A→⋯的顺序以三相单三拍方式通电时,转子按逆时针方向旋转,步距角为 3°;当按 A→AB→B→BC→C→CA→A→⋯的顺序以三相单双六拍方式通电时,步距角为 1.5°。如果通电顺序相反,则步进电动机将沿顺时针方向转动。

2. 步进电动机的特点

(1)步进电动机受脉冲的控制,其转子的角位移量和转速严格地与输入脉冲的数量和脉冲频率成正比,改变通电顺序可改变步进电动机的旋转方向。

(2)维持控制绕组的电流不变,电动机便停在某一位置上不动,即步进电动机有自整角能力,不需要机械制动。

(3)有一定的步距精度,没有累积误差。

(4)效率低,拖动负载的能力不强,脉冲当量(步距角)不能太大,调速范围不大,最高输入脉冲频率一般不超过 18 kHz。

3. 步进电动机的主要特性

(1)步距角和步距误差

当步进电动机输入一个脉冲信号后,转子相应转过的角度称为步距角,即

$$\alpha = \frac{360^{\circ}}{mzk} \tag{4-1}$$

式中　$\alpha$——步距角,(°);

　　　$m$——定子励磁绕组相数;

　　　$z$——转子齿数;

　　　$k$——通电系数,若连续两次通电相数相同,则 $k=1$;若不同,则 $k=2$。

步进电动机一转内各实际步距角与理论步距角之间存在误差,将误差的最大值定义为步距误差。它的大小受制造精度、齿槽分布的均匀程度和气隙均匀程度等因素影响。步进电动机的静态步距误差通常在 $10'$ 左右。

(2)静态矩角特性

静态是指步进电动机某相定子绕组通直流电,转子处于不动时的定位状态。这时,该相对应的定子齿与转子齿对齐,转子上没有转矩输出,如图 4-9(a)所示。如果在电动机轴上外加一个负载转矩,则步进电动机转子就按一定方向转过一个小角度 $\theta$ 后重新稳定。则此

时转子所受的电磁转矩 $T$ 和负载转矩相平衡,称 $T$ 为静态电磁转矩,角度 $\theta$ 称为失调角。描述步进电动机单相通电的静态电磁转矩 $T$ 与失调角 $\theta$ 之间关系的特性曲线称为静态矩角特性,如图 4-9(e)所示。该特性上的电磁转矩最大值称为最大静转矩,它对应的失调角 $\theta = \pm\dfrac{\pi}{2}$,分别如图 4-9(b)、图 4-9(d)所示。当转子齿中心线对准定子槽中心线,即 $\theta = \pi$ 时,定子上相邻两齿对转子上的该齿具有大小相同、方向相反的拉力,此时的电磁转矩等于零,故称该位置为步进电动机的一个不稳定平衡点,如图 4-9(c)所示。

图 4-9　步进电动机的静态矩角特性

最大静转矩是反映步进电动机承受变负载能力的重要指标。最大静转矩越大,步进电动机带负载的能力越强,运行的快速性和稳定性越好。在静态稳定区内,当外加转矩消除时,转子在电磁转矩作用下,仍能回到稳定平衡点 $\theta = 0°$ 的位置。

(3)启动频率

空载时,步进电动机由静止状态突然启动,并进入不丢步的正常运行时所允许的最高频率,称为启动频率或突跳频率,它是反映步进电动机快速启动性能的重要指标。若启动时指令脉冲频率大于启动频率,步进电动机就不能正常工作。步进电动机在负载(尤其是惯性负载)作用下的启动频率比空载要低,而且,随着负载加大(在允许范围内),启动频率会进一步降低。

(4)连续运行频率

步进电动机启动以后,其运行速度能跟踪指令脉冲频率连续上升而不丢步的最高工作频率,称为连续运行频率,其值远大于启动频率。连续运行频率是决定定子绕组通电状态最高变化频率的参数,它决定了步进电动机的最高转速。

(5)矩频特性与动态转矩

矩频特性 $T = F(f)$ 描述步进电动机连续稳定运行时,输出转矩与连续运行频率之间的

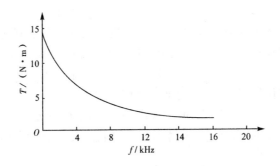

图 4-10　步进电动机的矩频特性

关系,如图 4-10 所示。该特性上每一个频率对应的转矩称为动态转矩。当连续运行频率超过最高频率时,步进电动机便无法工作。

**4.步进电动机的选择**

在选用步进电动机时,应根据驱动对象的转矩、精度和控制特性来选择。

(1)首先应确定步进电动机的类型。数控机床中常使用的步进电动机有反应式和永磁反应式。反应式步进电动机的价格低于永磁反应式步进电动机,但性能上不如永磁反应式步进电动机,实际选用时要权衡其性价比。

(2)根据机床的加工精度要求,选择进给轴的脉冲当量,如 0.01 mm 或 0.005 mm。

(3)根据所选步进电动机的步距角、丝杠的螺距以及所要求的脉冲当量,计算减速齿轮的降速比。

采用减速齿轮具有如下优点:容易配置出所要求的脉冲当量;减小工作台和丝杠折算到电动机轴上的惯量;增大工作台的推力。但采用减速齿轮会带来额外的传动误差,使机床的快速移动速度降低,而且它自身又引入了附加的转动惯量,这些均应引起注意。

根据所要求的脉冲当量 $\delta$,齿轮减速比 $i$ 的计算公式为(参见图 4-11)

$$i = \frac{\alpha h}{360\delta} \qquad (4\text{-}2)$$

式中　$\alpha$——步进电动机的步距角,(°);

$\delta$——脉冲当量,mm;

$h$——丝杠螺距,mm。

图 4-11　步进电动机驱动工作台的典型结构

(4)电动机以最高运转速度工作时,由矩频特性决定的电动机输出转矩要大于负载转矩,并留有余量。通常负载转矩应为步进电动机最大静转矩的 20%～30% 或更小。

(5)步进电动机的启动频率与负载转矩和惯量有很大关系。通常步进电动机的带载启动频率应小于空载启动频率的一半。

## 4.2.2 伺服电动机

在数控机床的闭环或半闭环进给伺服系统中,主要采用交、直流伺服电动机作为驱动元件。20 世纪 70 年代至 80 年代中期,以直流伺服电动机为主,到 80 年代后期,交流伺服电动机逐渐成为主流。

**1.伺服电动机的性能**

为了满足数控机床对伺服系统的要求,伺服电动机应具备良好的性能。

(1)从最低速到最高速,伺服电动机要能够平稳运转,转矩波动要小,尤其在低速时,如1 r/min 或更低速时,仍有平稳的速度而无爬行现象。而当电动机停止运动(零速)时,电动机的电磁转矩要能锁住伺服系统,以满足定位精度的要求。

(2)伺服电动机应具有较长时间的过载能力,以满足低速大转矩的要求。因为数控机床重切削大多在低速情况下进行,这就要求伺服电动机不仅要有较大的转矩输出,而且还能在数分钟之内过载 4~6 倍而不损坏。

(3)为了满足快速响应的要求,伺服电动机应有较小的转动惯量和较大的堵转转矩,并具有尽可能小的时间常数和启动电压。

(4)伺服电动机应具有频繁启动、制动和正、反转的能力。

**2.直流伺服电动机**

为了满足数控机床伺服系统的要求,直流伺服电动机必须具有较高的力矩/惯量比,由此产生了小惯量直流伺服电动机和宽调速直流伺服电动机。这两类电动机的定子磁极都是永磁体,大多采用新型的稀土永磁材料,具有较大的矫顽力和较高的磁能积,因此抗去磁能力大为提高,体积大为缩小。

(1)直流伺服电动机的工作原理

直流伺服电动机的工作原理与一般直流电动机基本相同,都是建立在电磁力和电磁感应的基础上的。为了分析简便,可把复杂的直流电动机结构简化为如图 4-12(a)所示的结构,其电路原理如图 4-12(b)所示。直流电动机具有一对磁极 N 和 S,电枢绕组只是一个线圈,线圈两端分别连在两个换向片上,换向片上压着电刷 A 和 B。将直流电源接在电刷之间使电流通入电枢线圈。由于电刷 A 通过换向片总是与 N 极下的有效边(切割磁力线的导体部分)相连,电刷 B 通过换向片总是与 S 极下的有效边相连,因此电流方向应为:N 极下

(a) 直流电动机的结构　　　　　　　(b) 直流电动机的电路原理

图 4-12　直流电动机的结构与工作原理

的有效边中的电流总是一个方向(在图 4-12(a)中由 $a \rightarrow b$),而 S 极下的有效边中的电流总是另一个方向(在图 4-12(a)中由 $c \rightarrow d$),这样才能使两个边上受到的电磁力的方向保持协调一致,电枢因此转动。有效边受力方向可用左手定则判断:伸开左手,让磁力线穿过手心,四指指向电流方向,与四指垂直的拇指方向即电磁力的方向。当线圈的有效边从 N(S)极下

转到 S(N) 极下时,其中电流的方向必须同时改变,以使电磁力的方向不变,而这也必须通过换向器才能得以实现。

电动机电枢线圈通电后在磁场中因受力而转动,同时,电枢转动后,因导体切割磁力线而产生反电动势 $E_a$,其方向总是与外加电压的方向相反(由右手定则判断)。直流电动机电枢绕组中的电流与磁通 $\Phi$ 相互作用,产生电磁力和电磁转矩。其中电磁转矩为

$$T = K_m \Phi I_a \tag{4-3}$$

式中    $T$——电磁转矩,N·m;

      $\Phi$——一对磁极的磁通,Wb;

      $I_a$——电枢电流,A;

      $K_m$——电磁转矩常数。

电枢转动后产生的反电动势为

$$E_a = K_e \Phi n \tag{4-4}$$

式中    $E_a$——反电动势,V;

      $n$——电枢的转速,r/min;

      $K_e$——反电动势常数。

作用在电枢上的电压 $U$ 应等于反电动势与电枢压降之和,故电压平衡方程为

$$U = E_a + I_a R_a \tag{4-5}$$

式中,$R_a$ 为电枢电阻,Ω。

由式(4-4)和式(4-5)可得

$$n = \frac{U - I_a R_a}{K_e \Phi} \tag{4-6}$$

由式(4-6)可知,调节直流电动机的转速有以下三种方法:

①改变电枢电压 $U$    即当电枢电阻 $R_a$、磁通 $\Phi$ 都不变时,通过附加的调压设备调节电枢电压 $U$。一般都将电枢的额定电压向下调低,使电动机的转速 $n$ 由额定转速向下调低,调速范围很宽,作为进给驱动的直流伺服电动机常采用这种方法进行调速。

②改变磁通 $\Phi$    调节激磁回路的电阻 $R_j$,如图 4-12(b)所示,使励磁回路电流 $I_j$ 减小,磁通 $\Phi$ 也减小,使电动机的转速由额定转速向上调高。这种方法由于励磁回路的电感较大,导致调速的快速性变差,但速度调节容易控制,数控机床主传动用的直流伺服电动机常采用这种方法调速。

③在电枢回路中串联调节电阻 $R_t$    此时转速的计算公式变为

$$n = \frac{U - I_a(R_a + R_t)}{K_e \Phi} \tag{4-7}$$

这种方法电阻上的损耗大,且转速只能调低,故不经济。

(2)小惯量直流伺服电动机

小惯量直流伺服电动机是通过减小电枢的转动惯量来提高力矩/惯量比的,其力矩/惯量比要比普通直流电动机大 40~50 倍。小惯量直流伺服电动机的转子与一般直流电动机的区别在于:一是转子长而直径小,从而得到较小的惯量;二是转子是光滑无槽的铁芯,用绝缘黏合剂直接把线圈黏在铁芯表面上。小惯量直流伺服电动机机械时间常数小(可以小于 10 ms),响应快,低速运转稳定而均匀,能频繁启动与制动。但由于其过载能力低,并且自身

惯量比机床相应运动部件的惯量小,因此必须配置减速机构与丝杠相连接才能和运动部件的惯量相匹配,这样就增加了传动链误差。小惯量直流伺服电动机在早期的数控机床上得到广泛应用,目前在数控钻床、数控冲床等点位控制的场合应用较多。

(3)宽调速直流伺服电动机

宽调速直流伺服电动机又称大惯量直流伺服电动机,其结构如图 4-13 所示,它是通过提高输出力矩来提高力矩/惯量比的。具体措施包括:一是增加定子磁极对数并采用高性能的磁性材料,如稀土钴等材料以产生强磁场,该磁性材料性能稳定且不易退磁;二是在同样的转子外径和电枢电流的情况下,增加转子上的槽数和槽的截面积。因此,电动机的机械时间常数和电气时间常数都有所减小,这样就提高了快速响应性。目前数控机床广泛采用这类电动机构成闭环进给系统。

图 4-13　宽调速直流伺服电动机结构简图

1—转子;2—定子;3—电刷;4—测速发电机;5—换向器

在结构上,这类电动机采用了内装式的低纹波的测速发电机(图 4-13)。测速发电机的输出电压作为速度环的反馈信号,使电动机在较宽的范围内平稳运转。除测速发电机外,还可以在电动机内部安装位置检测装置,如光电编码器或旋转变压器等。当伺服电动机用于垂直轴驱动时,电动机内部可安装电磁制动器,以克服滚珠丝杠垂直安装时的非自锁现象。

大惯量直流伺服电动机的机械特性如图 4-14 所示。

图 4-14　大惯量直流伺服电动机的机械特性

在图 4-14 中,$T_r$ 为连续工作转矩,$T_{max}$ 为最大转矩。在连续工作区,电动机通以连续工作电流,可长期工作,连续电流值受发热极限的限制。在断续工作区,电动机处于接通—断开的断续工作方式,换向器与电刷工作于无火花的换向区,可承受低速大转矩的工作状态。在加减速区,电动机处于加减速工作状态,如启动、制动。启动时,电枢瞬时电流很大,所引起的电枢反应会使磁极退磁和换向产生火花,因此,电枢电流受去磁极限和瞬时换向极限的限制。

宽调速直流伺服电动机能提供大转矩的意义在于:

①能承受的峰值电流和过载能力高　瞬时转矩可达额定转矩的10倍,可满足数控机床对其加/减速的要求。

②具有大的力矩/惯量比,快速性好　由于电动机自身惯量大,外部负载惯量相对来说较小,因此伺服系统的调速与负载几乎无关,从而大大提高了抗机械干扰的能力。

③低速时输出力矩大　这种电动机能与丝杠直接相连,省去了齿轮等传动机构,提高了机床进给传动精度。

④调速范围大　与高性能伺服驱动单元组成速度控制系统时,调速比超过1∶10 000。

⑤转子热容量大　电动机的过载性能好,一般能过载运行几十分钟。

**3. 交流伺服电动机**

由于直流伺服电动机具有优良的调速性能,因此长期以来,在调速性能要求较高的场合,直流伺服电动机一直占据主导地位。但是由于它的电刷和换向器的磨损,有时会产生火花,电动机的最高速度受到限制,且直流伺服电动机结构复杂,成本较高,所以在使用上受到一定的限制。而近年来交流伺服电动机的飞速发展,不仅克服了直流伺服电动机结构上存在整流子、电刷维护困难、造价高、寿命短、应用环境受限等缺点,同时又充分发挥了交流伺服电动机坚固耐用、经济可靠、动态响应好、输出功率大等优点。因此,在越来越多的场合,交流伺服电动机已逐渐取代直流伺服电动机。

交流伺服电动机分为交流永磁式伺服电动机和交流感应式伺服电动机。交流永磁式伺服电动机相当于交流同步电动机,常用于进给伺服系统;交流感应式伺服电动机相当于交流异步电动机,常用于主轴伺服系统。

**(1)三相交流永磁同步电动机的工作原理**

数控机床用于进给驱动的交流伺服电动机大多采用三相交流永磁同步电动机。它由定子、转子和检测元件三部分组成,其结构如图4-15和图4-16所示。定子具有齿槽,槽内嵌有三相绕组,其形状与普通感应电动机的定子结构相同。但为了改善伺服电动机的散热性能,齿槽呈多边形,且无外壳。转子由多块永久磁铁和冲片组成。这种结构的转子特点是气隙磁密度较高,极数较多。转子磁铁磁性材料的性能直接影响伺服电动机的性能和外形尺寸。现在一般采用第三代稀土永磁合金——钕-铁-硼(Nd-Fe-B)合金,它是一种最有前途的稀土永磁合金。

图4-15　三相交流永磁同步电动机的横剖面
1—定子;2—永久磁铁;3—轴向通气孔;4—转轴

图 4-16　三相交流永磁同步电动机的纵剖面

1—定子；2—转子；3—压板；4—定子三相绕组；5—脉冲编码器；6—出线盒

交流永磁同步电动机的工作原理与电磁式同步电动机的工作原理基本相同，即定子磁场三相绕组产生的空间旋转磁场和转子磁场相互作用，使定子磁场带动转子一起旋转。所不同的是转子磁极不是由转子的三相绕组产生，而是由永久磁铁产生。其工作过程是当定子三相绕组通以交流电后，产生一个旋转磁场，这个旋转磁场以同步转速 $n_s$ 旋转，如图 4-17 所示。根据磁极同性相斥、异性相吸的原理，定子旋转磁场与转子永久磁场的磁极相互吸引，并带动转子一起旋转。因此转子也将以同步转速 $n_r$ 旋转。当转子轴上加外负载转矩时，转子磁极的轴线将与定子磁极的轴线相差一个 $\theta$ 角，若负载增大，则 $\theta$ 也随之增大。只要外负载不超过一定限度，转子就会与定子旋转磁场一起同步旋转，即

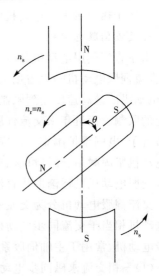

图 4-17　交流永磁同步电动机的工作原理

$$n_r = n_s = 60f/p \qquad (4\text{-}8)$$

式中　$f$——交流电源的频率，Hz；

　　　$p$——定子和转子的磁极对数；

　　　$n_r$——转子转速，r/min；

　　　$n_s$——同步转速，r/min。

由式(4-8)可知，交流永磁同步电动机转速由电源频率 $f$ 和磁极对数 $p$ 所决定。

当负载超过一定极限后，转子不再按同步转速旋转，甚至可能不旋转，这就是同步电动机的失步现象，此负载的极限称为最大同步转矩。

（2）交流永磁同步电动机的性能

交流永磁同步电动机的机械特性曲线如图 4-18 所示。

在连续工作区,转速与转矩的输出组合都可长时间连续运行;在断续工作区,电动机可间断运行。交流伺服电动机的机械特性比直流伺服电动机要硬;断续工作范围更大,尤其是在高速区,这有利于提高电动机的加/减速能力。

交流永磁同步电动机的缺点是启动困难,这是由于电动机转子本身存在惯量及定子与转子之间的转速差过大所致。因而在电动机的设计中应尽量设法

图 4-18　交流永磁同步电动机的机械特性曲线

降低转子惯量,并在速度控制单元中采取先低速、后高速的控制方法,以解决启动问题。

和异步电动机相比,同步电动机转子有磁极,在很低的频率下也能运行,因此,在相同的条件下,同步电动机的调速范围比异步电动机要宽。同时,同步电动机比异步电动机对转矩扰动具有更强的承受力,能作出更快的响应。

（3）交流伺服电动机的主要特性参数

①额定功率　电动机长时间连续运行所能输出的最大功率为额定功率,在数值上约为额定转矩与额定转速的乘积。

②额定转矩　电动机在额定转速以下长时间工作所能输出的转矩为额定转矩。

③额定转速　额定转速由额定功率和额定转矩决定。

④瞬时最大转矩　电动机所能输出的瞬时最大转矩为瞬时最大转矩。

⑤最高转速　电动机的最高工作转速为最高转速。

⑥转子惯量　电动机转子上总的转动惯量为转子惯量。

需要指出的是,在数控机床向高速化发展的今天,采用直线电动机直接驱动工作台的驱动方式已经成为当前一个重要的选择方向。直线电动机的固定部件（永久磁钢）与机床的床身相连接,运动部件（绕组）与机床的工作台相连接,其运动轨迹为直线,因此在进给伺服驱动中省去了联轴节、滚珠丝杠螺母副等传动环节,使机床运动部件的快速性、精度和刚度都得到了提高。有关内容将在第5章介绍。

## 4.2.3　主轴电动机

1.主轴电动机应具备的性能

为满足数控机床对主轴驱动的要求,主轴电动机应具备以下性能:

（1）电动机功率大,且在大的调速范围内速度稳定,恒功率调速范围较宽。

（2）在断续负载下电动机转速波动小。

（3）加/减速时间短。

（4）温升低,噪声和振动小,可靠性高,寿命长。

（5）电动机过载能力强。

**2. 直流主轴电动机**

当采用直流电动机作为主轴电动机时,直流主轴电动机的主磁极不是永磁式,而是采用铁芯加励磁绕组,以便进行调磁调速的恒功率控制。为改善磁场分布,有的主轴电动机在主磁极上除励磁绕组外还有补偿绕组;为改善换向特性,磁极之间还有换向极。直流主轴电动机的过载能力一般约为 1.5 倍。

**3. 交流主轴电动机**

交流主轴电动机采用三相交流异步电动机,它是基于感应式电动机的结构而专门设计的,其工作原理与普通感应式电动机的工作原理相同。电动机的总体结构由定子和转子构成,定子上有固定的三相绕组,转子结构与普通感应式电动机相同。通常为增加输出功率,缩小电动机体积,采用定子铁芯在空气中直接冷却的方式,没有机壳,且在定子铁芯上制有通气孔,电机外形多呈多边形。电机轴尾部安装了检测用的编码器,用于主轴定位及 C 轴进给控制。

由电机学原理可知,在三相交流异步电动机定子绕组上通入三相交流电后,在电动机气隙中产生一个旋转磁场,其旋转速度被称为同步转速 $n_s$。转子绕组中必须要有一定大小的电流以产生足够的电磁转矩带动负载,而转子绕组中的电流是由旋转磁场切割转子绕组而感应产生的。要产生一定数量的电流,转子转速 $n_r$ 必须低于磁场转速 $n_s$,即

$$n_r = n_s(1-s) = \frac{60f}{p}(1-s) \tag{4-9}$$

式中　　$f$——交流电源的频率,Hz;

$p$——定子和转子的磁极对数;

$n_r$——转子转速,r/min;

$n_s$——同步转速,r/min;

$s$——转速滑差率。

主轴驱动目前主要有两种形式,一是主轴电动机带齿轮变速箱换挡变速,以增大传动比,增加主轴功率,满足切削加工的需要;二是主轴电动机通过同步齿形带或皮带驱动主轴,该类主轴电动机又称宽域电动机或强切削电动机,具有恒功率宽、调速比大等特点。采用强切削电动机后,无须机械变速,主轴箱内省去了齿轮和离合器,主轴箱实际上成为了主轴支架,简化了主轴驱动系统。

交流主轴电动机恒转矩与恒功率调速范围之比约为 1:3,过载能力为 1.2~1.5 倍,过载时间从几分钟到半小时不等。

为了满足数控机床切削加工的特殊要求,近年来出现了一些新型主轴电动机,如液体冷却主轴电动机和内装式主轴电动机等。

**(1)液体冷却主轴电动机**

为解决大功率主轴电动机的散热问题,采用液体(润滑油)强迫冷却法能使电动机在保持小体积的条件下获得大的输出功率。图 4-19 为一种液体冷却主轴电动机的结构示意图。它的特点是在电动机外壳和前端盖中间有一条独特的油路通道,通以强迫循环润滑油来冷却电动机的绕组和轴承。由于液体冷却的效果比通风冷却的效果大为提高,所以电动机可

在 20 000 r/min 的高速状态下连续运行。这类电动机的恒功率调速范围也很宽。

(2)内装式主轴电动机

图 4-20 为一种内装式主轴电动机的结构示意图。它由空心轴转子、带绕组的定子和检测器三部分组成,是一种机床主轴与主轴电动机合为一体的结构,电动机转子轴本身就是机床回转主轴,而定子被并入主轴头内,所以称为内装式。这种结构取消了机床主轴箱,既简化了主轴驱动机构,又降低了噪音和共振。内装式主轴电动机在数控机床的主轴驱动中得到了越来越多的应用。

图 4-19 液体冷却主轴电动机的结构示意图

1、8—油/空气出口;2—油/空气入口;3、6—O形圈;4—冷却油入口;5—定子外壳;7—通道挡板

图 4-20 内装式主轴电动机的结构示意图

1—检测器;2—带绕组的定子;3—空心轴转子/主轴

# 4.3 数控机床的驱动装置

驱动装置接受数控系统输出的速度控制信号,输出电能驱动电动机。由于驱动装置用于对驱动电机的速度控制,故有时也称其为速度控制单元或速度单元;又因为驱动装置是伺服系统中的功率放大部分,故又可称其为伺服驱动单元或伺服放大器。数控机床中各类驱动电机的驱动装置见表 4-1。

表 4-1          数控机床中各类驱动电机的驱动装置

| 部 位 | 驱动电机 | 驱动装置 |
|---|---|---|
| 进给 | 步进电动机 | 单电压供电、高低压切换、细分驱动等 |
| | 直流伺服电动机 | 脉宽调制(PWM) |
| | | 晶闸管控制(SCR) |
| | 交流伺服电动机 | 他控变频控制 |
| | | 自控变频控制 |
| 主轴 | 直流主轴电动机 | 晶闸管控制(SCR) |
| | 交流主轴电动机 | 通用变频器控制 |
| | | 矢量变换变频控制 |

## 4.3.1 步进驱动装置

步进电动机的驱动装置要解决两个问题,即脉冲分配控制和功率放大。脉冲分配控制有硬件和软件两种实现方法:如用硬件实现,则实现这一功能的硬件称为环形分配器(简称硬环分);如用软件实现,则称为软环分。

由此,步进电动机的驱动装置可分为两类:一类驱动装置本身包括环形分配器,数控装置只要发出脉冲即可,每一个脉冲即对应电动机转过的一个固定角度;另一类驱动装置没有环形分配器,脉冲分配需由数控装置中的计算机软件完成,即由数控装置直接控制步进电动机各绕组的通、断电。

### 1.脉冲分配控制

脉冲分配控制用于控制步进电动机的通电运行方式,其作用是将数控装置送来的一系列指令脉冲按照一定的顺序和分配方式处理,以控制各相绕组的通电、断电。数控机床上采用的步进电动机有三相、四相、五相和六相等。工作方式有单 $m$ 拍、双 $m$ 拍及 $2 \times m$ 拍等,$m$ 是电动机的相数。所谓单 $m$ 拍,是指每拍只有一相通电,循环拍数为 $m$;双 $m$ 拍是指每拍同时有两相通电,循环拍数为 $m$;$2 \times m$ 拍是指各拍既有单相通电,也有两相或三相通电,通常为 $1 \sim 2$ 相通电或 $2 \sim 3$ 相通电,循环拍数为 $2m$。电动机的相数越多,其工作方式越多。表 4-2 中列出了数控机床上常用的反应式步进电动机的工作方式及其通电顺序。

表 4-2　　　　　　　　常用的反应式步进电动机的工作方式及其通电顺序

| 相　数 | 循环拍数 | 通　电　顺　序 |
|---|---|---|
| 三相 | 单三拍 | A→B→C→A… |
| | 双三拍 | AB→BC→CA→AB… |
| | 单双六拍 | A→AB→B→BC→C→CA→A… |
| 四相 | 单四拍 | A→B→C→D→A… |
| | 双四拍 | AB→BC→CD→DA→AB… |
| | 单双八拍 | A→AB→B→BC→C→CD→D→DA→A… |
| | 双三八拍 | AB→ABC→BC→BCD→CD→CDA→DA→DAB→AB… |
| 五相 | 单五拍 | A→B→C→D→E→A… |
| | 双五拍 | AB→BC→CD→DE→EA→AB… |
| | 单双十拍 | A→AB→B→BC→C→CD→D→DE→E→EA→A… |
| | 双三十拍 | AB→ABC→BC→BCD→CD→CDE→DE→DEA→EA→EAB→AB… |
| 六相 | 单六拍 | A→B→C→D→E→F→A… |
| | 双六拍 | AB→BC→CD→DE→EF→FA→AB… |
| | 单双十二拍 | A→AB→B→BC→C→CD→D→DE→E→EF→F→FA→A… |
| | 双三十二拍 | AB→ABC→BC→BCD→CD→CDE→DE→DEF→EF→EFA→FA→FAB→AB… |

若步进电动机各相绕组的通电顺序与表4-2中的通电顺序相反,则电动机反转。

由步距角的计算公式(式(4-1))可知,循环拍数越多,步距角越小,定位精度越高。另外,步进电动机的相数对其运行性能有很大影响,通电循环拍数和每拍通电相数对步进电动机的矩频特性、稳定性等也有影响。为提高步进电动机的输出转矩、工作频率和稳定性,可选用多相步进电动机,并采用 $2 \times m$ 拍工作方式。但双 $m$ 拍和 $2 \times m$ 拍工作方式的功耗都比单 $m$ 拍的功耗要大。

2.硬件环形分配器

硬件环形分配器可用数字集成电路系列中的基本门电路和触发器构成,但这样构成的环形分配器过于复杂。实用的环形分配器均是集成化的专用电路芯片,这些芯片通常还具有除脉冲分配控制之外的其他功能。图4-21为三相硬件环形分配器的驱动控制示意图,其中 CLK 为数控装置发出的脉冲信号,每个脉冲信号的上升沿或下降沿到来时,步进电动机的绕组就改变一次通电状态;DIR 为数控装置发出的方向信号,其电平的高低对应电动机绕组通电顺序的方向,即控制步进电动机的正反转;FULL/HALF 用于控制电动机的整步(对四相步进电动机即四拍运行)或半步(对四相步进电动机即八拍运行)控制,一般情况下可根据需要将其接在固定的电平上即可。

3.软件脉冲分配控制

软件脉冲分配控制中常用查表法。查表法的基本设计思路是按步进电动机励磁状态转

图 4-21　三相硬件环形分配器的驱动控制示意图

换表,求出脉冲分配器输出的状态字,并将由其组成的状态表存入 EPROM 中。然后根据步进电动机的运转方向,按表地址正向或反向取出地址中的状态字进行输出,从而控制步进电动机的正向或反向旋转。图 4-22 为三相软环分的驱动控制示意图。

图 4-22　三相软环分的驱动控制示意图

假设计算机并行接口 $PA_0$、$PA_1$、$PA_2$ 分别与步进电动机的 A、B、C 三相对应,EPROM 表格的首址为 2000H,则脉冲分配见表 4-3。

表 4-3　　　　　　　　　　　三相步进电动机脉冲分配表

| 序　号 | C | B | A | 存储单元 | | 方向 |
|---|---|---|---|---|---|---|
| | $PA_2$ | $PA_1$ | $PA_0$ | 地址 | 内容 | |
| 1 | 0 | 0 | 1 | 2000H | 01H | 反转 |
| 2 | 0 | 1 | 1 | 2001H | 03H | ↑ |
| 3 | 0 | 1 | 0 | 2002H | 02H | |
| 4 | 1 | 1 | 0 | 2003H | 06H | |
| 5 | 1 | 0 | 0 | 2004H | 04H | ↓ |
| 6 | 1 | 0 | 1 | 2005H | 05H | 正转 |

进行查表法程序设计时,要根据步进电动机当前励磁状态和旋转方向的要求,找到下一个相应单元地址,并取出其中的内容进行输出。显然,这可通过指针方式结合变址寻址完成。但在地址指针做加减时,必须判断是否到达表首(2000H)或表底(2005H),因为指针在这里要进行相应调整。也就是说,当电动机正转,并且地址指针取到表底时,要将指针变换为表首地址;而当电动机反转,并且地址指针取到表首时,要将指针变换为表底地址,只有这

样才能构成环形脉冲分配链。相应的程序流程如图 4-23 所示。

图 4-23　查表法程序流程

**4.驱动放大电路**

驱动放大电路的功能是将环形分配器发出的 TTL 电平信号放大至几安到十几安的电流,送至步进电动机的各相绕组。

（1）对驱动放大电路的要求

①能提供前、后沿较陡的接近矩形波的励磁电流,以减少电流的过渡过程时间。步进电动机的控制绕组是一个铁芯电感,绕组在接通或断开时电流不能突变。过渡过程的存在使得在通电的周期中绕组实际电流的平均值比理想的矩形波小,其上升速度较慢。而电动机的输出转矩是与绕组电流密切相关的,因而电动机的输出转矩降低,尤其是在高频率工作时转矩下降更为明显。而绕组断电时,电流的逐渐下降还会阻碍电动机转至下一个转角位置。因此,除了在设计步进电动机时应尽量减小绕组电感外,还要求驱动电路能够尽量减少电流的过渡过程时间,以提高电动机的运行性能。

②电路本身的功耗小,效率高。为进一步减少电流的过渡过程时间,可使用较高的驱动电压,但简单地升高驱动电压又会使励磁电流超过额定值。为限制电流过大,往往要在绕组控制线路中串联适当的大功率电阻,这势必引起电阻消耗的功率很大,发热严重,工作效率

降低,运行也不可靠。因此,驱动电路在设法减少电流过渡时间的同时,还应力求电路本身的功耗小。

③成本较低且便于维修。

④能稳定可靠地运行。

(2)典型的驱动放大电路

按驱动方式分类的驱动放大电路的种类较多,包括单电压驱动、高低压切换驱动、高压恒流斩波驱动、调频调压驱动、细分驱动等。下面以单电压驱动、高低压切换驱动和细分驱动为例,介绍驱动放大电路的工作原理。

①单电压供电驱动电路 图 4-24 是采用单电压供电方式控制电动机一个绕组的驱动电路。它由光电耦合器、限流功率电阻以及大功率晶体管组成。

在图 4-24 中,驱动电路的输入为环形分配器输出的一相绕组控制信号 $V_{sr}$,当 $V_{sr}$ 为"1"时,光电耦合器 GD 中的发光二极管截止,GD 中的光敏三极管输出也截止,因此大功率三极管 VT 的基极有了驱动电流,60 V 电压经绕组 $L$、18 Ω 限流电阻以及大功率三极管 VT 形成通路。由于电感 $L$ 的影响,绕组电流 $I$ 按指数上升,达到稳定值 3.3 A 左右。当 $V_{sr}$ 变为"0"时,发光二极管导通,光敏三极管也受光而导通,其导通电压一般小于 1 V,这样大功率三极管 VT 必然截止,绕组断电。由于绕组 $L$ 的电感效应,在断电时绕组两端会产生很大的反电动势,因

图 4-24 单电压供电驱动电路

此在绕组两端并联 100 Ω 的电阻和二极管 VD,形成放电回路,使绕组电流按指数下降。此电路的特点是通过提高驱动电压(至 60 V)加速电流的上升,同时在绕组中串联 18 Ω 的大功率电阻,用于限制稳态电流。由于电流较大,在功率电阻上的功耗达 200 W 左右,所以发热严重,驱动电路的体积也很大。

单电压供电驱动电路的优点是线路简单;缺点是电流上升不够快,高频时带负载能力低。一般用于小功率步进电动机的驱动。

②高低压切换驱动电路 这种电路的特点是给步进电动机绕组的供电有高、低两种电压,高压建流,低压续流。高压一般为 80 V 甚至更高;低压即步进电动机的额定电压。

步进电动机的绕组每次通电时首先接通高压,以保证电流以较快的速度上升;然后改由低压供电,维持绕组中的电流为额定值。通常高压导通时间固定在 100~600 $\mu s$ 的某一值 ($t_H$),图 4-25(a) 为其驱动电路原理图,图 4-25(b) 为其电流波形图。

当环形分配器的某相绕组控制信号 $V_{sr}$ 由低变高时,通过前置放大,大功率三极管 $VT_d$ 导通。同时,单稳态电路输出一个固定宽度为 $t_H$ 的高电平脉冲信号。在 $t_H$ 期间大功率三极管 $VT_g$ 导通,高压 $V_H$ 供电,电流经 $VT_g$、电阻 $R$、电动机绕组(电感 $L$)、$VT_d$ 快速上升。

(a)驱动电路原理图        (b)电流波形图

图 4-25 高低压切换驱动电路原理图和电流波形图

当单稳电路到达规定的时间 $t_H$ 翻转结束时,$VT_g$ 即截止,此时由于二极管 $VD_1$ 的作用,改由低压 $V_L$ 供电,维持绕组所需的额定电流。

当环形分配器输出电平 $V_{sr}$ 由高变低时,$VT_g$、$VT_d$ 三极管截止。但由于绕组电流不能突变,所以电流回路改为 $V_L \rightarrow VD_1 \rightarrow R \rightarrow L \rightarrow VD_2 \rightarrow V_H$,所加的 $V_L - V_H$ 负电压使绕组 $L$ 中的电流迅速衰减至零。

该电路采用高压驱动,电流增长加快,绕组中脉冲电流的前沿变陡,使电动机的转矩、启动及运行频率都得到提高。又由于额定电流由低电压维持,故只需较小的限流电阻,功耗较小。

③细分驱动电路 前述的两种驱动电路,都是按电动机工作方式轮流给各相绕组依次通以矩形电流波的,每给电动机一相绕组或几相绕组一个矩形脉冲,步进电动机就旋转一步,即每拍电动机转动一个步距角。矩形电流波供电时,绕组中的电流基本上从零值跃到额定值,或从额定值降至零值。若绕组中的电流经若干阶梯上升到额定值,或经若干阶梯下降至零值,即在每次输入脉冲切换时,并不将绕组电流全部通入或切除,而是改变相应绕组中额定电流的一部分。电流分成多少级台阶,则转子就分多少个微步转过一个步距角。这种将一个步距角细分成若干微步的驱动方式称为细分驱动。细分驱动的优点是使步进电动机的步距精度提高,运行更加平稳,提高了匀速性,并能减弱或消除振荡。

5.步进电动机的进给控制

(1)速度控制

由前面分析的步进电动机原理可知,控制步进电动机相邻两种励磁状态之间的时间间隔,即可实现步进电动机速度的控制。

数控系统发出频率为 $f$ 的进给脉冲,经驱动放大后转化为相同频率 $f$ 的步进电动机定子绕组通电/断电状态变化,因而就决定了步进电动机转子的转速 $\omega$。$\omega$ 经减速齿轮和丝杠螺母副,转换为工作台的进给速度 $v$。这种对应关系可表示为:进给脉冲频率 $f$→定子绕组通电/断电状态的变化(频率 $f$)→步进电动机转速 $\omega$→工作台的进给速度 $v$。因此,开环系统的进给速度为

$$v = 60\delta f \qquad (4\text{-}10)$$

式中　$f$——输入到步进电动机的脉冲频率,Hz;

　　　$\delta$——脉冲当量,mm;

　　　$v$——进给速度,mm/min。

对于硬环分,只要控制脉冲的频率就可控制步进电动机的速度。对于软环分,则要控制相邻两次软环分输出状态之间的延时时间,即控制步进电动机线圈通电状态的变化频率。

(2)自动升/降速控制

在数控机床的加工过程中,要求步进电动机能够实现平滑的启动、停止或变速,这就要求对步进电动机的控制脉冲频率作相应的处理。为了防止步进电动机在变速过程中出现过冲或失步现象,步进电动机的频率不能突变。也就是说,当步进电动机的速度变化较大时,必须按一定规律完成平稳的升/降速过程。

在早期的硬件 NC 系统中,都是使用可逆计数器、振荡器和同步器等硬件电路实现上述功能,线路较复杂。而在现代 CNC 系统中,通过软件控制自动升/降速则非常方便。在计算机控制的步进系统中,只要按一定规律改变延时子程序中延时时间常数或定时器中定时时间常数,即可完成步进电动机速度的改变。在具体实现时,可按直线规律或指数规律进行升/降速控制,如图 4-26 所示。

自动升/降速控制时,速度的变化总要经历升速段、恒速段和降速段三个阶段。当按直线规律升/降速时,其加速度是恒定的,升/降速平稳性较好,适用在速度变化范围较大的快速定位方式中。当按指数规律升/降速时,加速度是逐渐下降的,当速度变化较大时平衡性变差;但指数加减速控制具有较强的跟踪能力,一般适用于跟踪响应要求较高的切削加工中。

图 4-26　直线与指数升/降速控制曲线

## 4.3.2　直流伺服驱动装置

直流伺服驱动装置的作用是将转速指令信号转换成电枢的电压值,以达到速度调节的目的。目前的直流伺服驱动装置均采用晶闸管(可控硅 SCR)调速系统或晶体管脉宽调制(PWM)调速系统,实行双闭环控制。双闭环控制原理如图 4-27 所示。

控制系统由电流、速度两个反馈回路组成,内环为电流环,外环为速度环,所以称为双环系统。其特点是通过电流互感器或采样电阻获得电枢电流的实际值,构成电流反馈回路。再通过与电动机同轴安装的测速发电机获得电动机的实际转速,从而构成速度反馈回路。

图 4-27　直流伺服驱动系统的双闭环控制原理

**1.晶闸管调速系统**

晶闸管调速系统中,多采用三相全控桥式整流电路作为直流速度控制单元的主回路,如图 4-28 所示,12 个晶闸管分为两组(Ⅰ和Ⅱ),每组按三相桥式连接,两组反并联,分别实现正转和反转。图 4-29 是整流电路波形图,从中可见,只要控制晶闸管的触发角 α,就可改变直流电动机的电枢电压,达到调节速度的目的。但是,这种开环系统调速特性软,最低速度受到限制,调速范围很小(1∶8～1∶10),不能满足数控机床的要求。为此,必须采用带有速度反馈加电流反馈的双闭环调速系统,如图 4-30 所示。

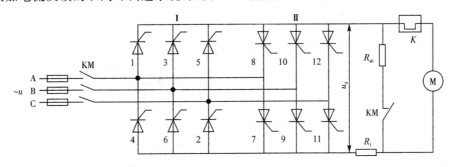

图 4-28　三相全控桥式整流电路

图 4-30 中:$I_R$ 为电流环的参考值,来自速度调节器的输出;$I_f$ 为电流环的反馈值,由电流传感器取自电动机的电枢回路;SCR 为晶闸管整流功率放大器;$U_R$ 为数控装置经 D/A 变换后输出的模拟量参考值,该值即速度的指令信号,一般为 0～±10 V 直流电压;$U_f$ 为速度反馈值。

晶闸管双闭环调速系统具有良好的动、静态指标,其启、制动过程快,可以最大限度地利用电动机的过载能力。其缺点是:在低速过载时,电机电流出现断续现象,机械特性变软。为此可采取电枢电流自适应调节方案。

**2.晶体管脉宽调制调速系统**

随着功率晶体管及其他新型功率器件制造工艺的成熟与发展,脉冲宽度调制型(Pulse Width Modulation,PWM)直流伺服驱动系统在中、小功率直流伺服系统中得到了广泛的应用。所谓脉宽调制,是指使功率放大器中的功率器件(常用大功率晶体管)工作在开关状态下,开关频率保持恒定,将直流电压转换成某一频率的方波脉冲电压,加到电动机电枢的两端。通过对方波脉冲宽度的控制,来改变电枢两端的平均电压,进而控制电动机的转速。

图 4-29　整流电路波形图

图 4-30　典型晶闸管双闭环调速系统

　　图 4-31 所示为 PWM 双闭环调速系统的组成原理。该系统由速度调节器、电流调节器、固定频率振荡器及三角波发生器、脉宽调制器、基极驱动电路、脉宽调制式开关功率放大器等组成。

　　脉宽调制式开关功率放大器是 PWM 调速系统的核心部分,其结构形式有 H 型(桥式)和 T 型两种。下面以广泛使用的 H 型驱动回路为例,介绍脉宽调制式开关功率放大器的基本原理。其电路原理如图 4-32 所示,它是由四个续流二极管 $VD_1 \sim VD_4$ 和四个功率晶体管 $VT_1 \sim VT_4$ 组成的桥式回路,M 为直流伺服电动机。

图 4-31　PWM 双闭环调速系统的组成原理

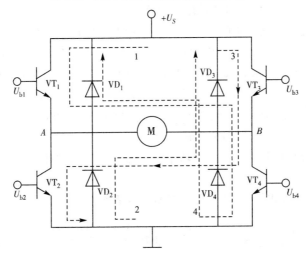

图 4-32　H 型驱动回路的工作原理

4 个功率晶体管的基极驱动电压分为两组：$U_{b1}=U_{b4}$，$U_{b2}=U_{b3}$。加到各晶体管基极上的电压波形如图 4-33(a) 所示。

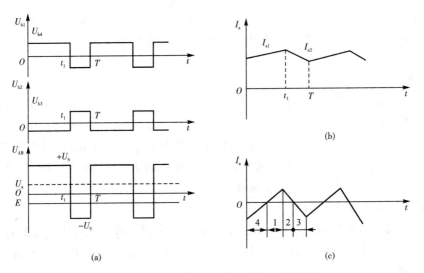

图 4-33　H 型驱动回路工作电压与电流的波形

当 $0<t<t_1$ 时，$U_{b1}=U_{b4}$ 为正电压，$U_{b2}=U_{b3}$ 为负电压。因此，$VT_1$ 和 $VT_4$ 饱和导通，$VT_2$ 和 $VT_3$ 截止，加在电枢端的电压 $U_{AB}=U_S$（忽略 $VT_1$ 和 $VT_4$ 的饱和压降），电枢电流 $I_a$ 沿回路 1 流动，形成 $I_{a1}$。

当 $t_1<t<T$ 时，$U_{b1}=U_{b4}$ 为负电压，$U_{b2}=U_{b3}$ 为正电压。使 $VT_1$ 和 $VT_4$ 截止，但 $VT_2$ 和 $VT_3$ 并不能立即导通。这是因为在电枢电感反电动势的作用下，电枢电流 $I_a$ 需经 $VD_2$ 和 $VD_3$ 续流，沿回路 2 流通，此时 $U_{AB}=-U_S$。$VD_2$ 和 $VD_3$ 的压降使 $VT_2$ 和 $VT_3$ 承受反压，$VT_2$ 和 $VT_3$ 能否导通，取决于续流电流的大小。此时，若 $VT_2$ 和 $VT_3$ 没来得及导通，下一个周期即到来，又使 $VT_1$ 和 $VT_4$ 导通，电枢电流又开始上升，使 $I_a$ 维持在一个正值附近波动，如图 4-33(b) 所示。当 $I_a$ 较小时，在 $t_1$ 至 $T$ 时间内，续流可能降到零，于是 $VT_2$ 和 $VT_3$ 导通，$I_a$ 沿回路 3 流通，方向反向，电动机处于反接制动状态。直到下一个周期，$VT_1$ 和 $VT_4$ 导通，$I_a$ 才开始回升，其波形如图 4-33(c) 所示。

由此可知，直流伺服电动机的转向取决于电枢两端电压平均值 $U_a$ 的正负。

若在一个周期 $T$ 内，$t_1=T/2$，则加在 $VT_1$ 和 $VT_4$ 基极上的正脉冲宽度和加在 $VT_2$ 和 $VT_3$ 基极上的正脉冲宽度相等，即 $VT_1$、$VT_4$ 与 $VT_2$、$VT_3$ 的导通时间相等，则 $U_a$ 为零，电动机静止不动。

若 $t_1>T-t_1$，则 $U_a>0$，电动机正转。平均值越大，转速越高。

若 $t_1<T-t_1$，则 $U_a<0$，电动机反转。

由上述过程可知，只要能改变加在功率放大器上的控制脉冲的宽度，就能控制电动机的转速。

与晶闸管控制方式相比，采用晶体管脉宽调速系统具有如下主要优点：

(1)避开了机械共振区

在晶闸管控制的伺服系统中，电枢电流的脉动频率低，容易引起电动机转子的振动，影响数控机床工作的平稳性和被加工零件的表面质量，而 PWM 调速系统的开关工作频率高（约为 2 kHz），远高于转子所能跟随的频率，因而避开了机械共振区。

(2)电枢电流脉动小

在晶闸管控制方式中，整流电压波形差，特别是低电压、轻负载时，电枢电流的不连续严重影响低速运行的稳定性，从而产生低速脉动。由于 PWM 调速系统的开关频率高，仅靠电枢绕组本身的电感滤波即可获得脉动很小的电枢电流，因此低速运行十分平滑、稳定，调速比可达 1∶10 000 或更高。

(3)动态特性好

PWM 调速系统不像 SCR 调速系统有固有的延时时间。它反应速度很快，具有很宽的频带。PWM 调速系统的速度控制单元与中、小惯量的伺服电动机相配时，可以充分发挥系统快速响应性能好的特点，且能给出极快的定位速度和很高的定位精度，适用于启动、制动频繁的场合。又由于在停转时，电动机两端是宽度相等的正、负方波信号，具有动态润滑作用，因此更能克服死区，提高启动的快速性。

(4)控制电路简单，开关特性好

晶体管脉宽调速系统的上述优点使它在直流驱动装置上被大量采用。目前，在中、小功率的伺服驱动装置中，大多采用性能优异的晶体管脉宽调速系统，而在大功率场合中，多采用晶闸管调速系统。

### 4.3.3 交流电动机驱动装置

交流感应式异步电动机与交流永磁同步电动机的工作原理相类似,都是由定子绕组产生旋转磁场,使转子跟随定子旋转磁场一起运行。不同点是交流永磁同步电动机的转速与外加交流电源的频率存在着严格的同步关系,即电动机的转速等于同步转速,见式(4-8);而交流感应式异步电动机由于需要转速差才能产生电磁转矩,所以电动机的转速低于同步转速,见式(4-9),转速差随外负载的增大而增大。

由式(4-8)和式(4-9)可见,要改变交流电动机的转速有三种途径:改变磁极对数 $p$;改变转速滑差率 $s$;改变频率 $f$。在数控机床中,交流电动机的调速采用变频调速的方式。

1. 交流感应式异步电动机的变频调速

(1)变频调速的控制方式

异步电动机在设计时,使电动机在额定工作状态下,定子铁芯的主磁通 $\Phi$ 达到或接近饱和状态。这样可以充分利用定子铁芯材料,并输出足够的转矩。根据异步电动机的理论,定子电动势平衡方程为

$$E = 4.44 f_1 W_1 K_1 \Phi \tag{4-11}$$

式中　$E$——定子每相感应电动势;

　　　$f_1$——定子电源频率;

　　　$W_1$——定子每相绕组匝数;

　　　$K_1$——定子每相绕组等效匝数系数;

　　　$\Phi$——每极气隙磁通。

当采用变频调速时,若定子电动势 $E$ 保持恒定,则随着频率 $f_1$ 的上升,气隙磁通 $\Phi$ 势必下降。根据电动机转矩关系得

$$T = C_T \Phi I_2 \cos\varphi_2 \tag{4-12}$$

式中　$C_T$——电磁转矩常数;

　　　$I_2$——转子电枢电流;

　　　$\varphi_2$——转子电枢电流的相位角。

由式(4-12)可知,磁通 $\Phi$ 的减小势必降低电动机的输出转矩和最大转矩,从而影响电动机的过载能力。相反,若频率 $f_1$ 下降,势必造成磁通 $\Phi$ 的增加,使磁路饱和,励磁电流上升,电动机发热严重,这也是不允许的。这就说明,变频调速时,必须根据不同的要求,在调节频率 $f_1$ 的同时,也要相应改变定子的电动势 $E$,以维持气隙磁通 $\Phi$ 不变。这就是恒定电动势频率比的调速方式,即

$$E/f_1 = 常数 \tag{4-13}$$

但定子电动势 $E$ 难以控制,也不便测量出来。当频率较高时,可以忽略定子绕组上的阻抗压降,即可认为定子电压 $U_1 \approx E$,则恒定电动势频率比控制方式可以变为恒定定子电压频率比控制方式,即

$$U_1/f_1 = 常数 \tag{4-14}$$

此方式简称恒压频比控制方式。

当频率很低时,定子阻抗压降已不能忽略,必须人为地提高定子电压 $U_1$,用以补偿定子阻抗压降。

在恒压频比控制方式下,$U_1$ 的最大值只能是定子额定电压 $U_{1e}$,而 $f_1$ 此时应为额定频率 $f_{1e}$,对应的转速为额定转速。调速时,电压 $U_1$ 只能小于额定值,即 $f_1$ 只能向下调才能保证电压与频率的比值为恒定,所以恒压频比工作方式只适于基频(额定转速)以下的调速。这相当于直流电动机恒磁调压调速的情况。

当工作频率 $f_1$ 大于额定频率时,电压 $U_1$ 不能向上调节,而只能维持在额定电压,这将迫使磁通 $\Phi$ 与频率 $f_1$ 成反比的变化,这相当于直流电动机弱磁升速的情况。

将基频以下和基频以上的两种情况结合起来,就是异步电动机变频调速完整的控制特性,如图 4-34 所示。图 4-35 所示为异步电动机变频调速的机械特性。

图 4-34　异步电动机变频调速控制特性
$U_1$—无定子阻抗压降补偿时的特性曲线;
$U_1'$—有定子阻抗压降补偿时的特性曲线;
$\Phi$—气隙磁通的变化曲线

图 4-35　异步电动机变频调速的机械特性
$f_{14} > f_{15} > f_{1e} > f_{11} > f_{12} > f_{13}$

在额定频率 $f_{1e}$ 以下,即恒压频比情况下,频率 $f_1$ 向下调时,机械特性将平行下移,这和直流电动机在恒定励磁下的调压调速的平行下移特性相类似,属于恒转矩调速;额定频率 $f_{1e}$ 以上的调速,转矩随频率 $f_1$ 反比下降,属于恒功率调速。

(2)正弦波脉宽调制(SPWM)

SPWM 变频器属于"交—直—交"静止变频装置,它先将 50 Hz 交流电经变压器得到所需电压 R、S、T 后,经二极管不可控整流和电容滤波,形成恒定直流电压,再送入由 6 个大功率晶体管构成的逆变器主电路,输出三相频率和电压均可调整的等效于正弦波的脉宽调制波 U、V、W,即可拖动三相异步电动机运转。图 4-36 所示为 SPWM 变频器主电路。

SPWM 变频器不受负载大小的影响,系统动态响应快、输出波形好,使电动机可在近似正弦波的交变电压下运行,脉动转矩小,扩展了调速范围,提高了调速性能,因此在数控机床的交流驱动中得到了广泛应用。

和控制信号为直流电压的 PWM 相比,SPWM 的控制信号为幅值和频率均可调的正弦波,载波信号为三角波,输出的调制波是等幅不等宽的脉冲序列。三角波调制法原理如图 4-37 所示,它利用三角波电压与正弦波参考电压相比较,以确定各分段矩形脉冲的宽度。在电压比较器 A 的两输入端分别输入正弦波参考电压 $u_R$ 和频率与幅值固定不变的三角波电压 $u_\triangle$,在 A 的输出端便得到 PWM 调制电压脉冲。PWM 脉冲宽度可由图 4-37(b)看出。当 $u_R < u_\triangle$ 时,A 输出端为高电平,而当 $u_R > u_\triangle$ 时,A 输出端为低电平。$u_R$ 与 $u_\triangle$ 的交点之间的距离随正弦波的大小而变化,而交点之间的距离决定了比较器 A 输出脉冲的宽度,因而可以得到幅值相等而宽度不等的脉冲调制信号 $u_P$。

(a) 组成

(b) 简化图

图 4-36　SPWM 变频器主电路

(a) 电路原理

(b) PWM 脉冲的形成

图 4-37　三角波调制法原理

从调制脉冲的极性看,SPWM 可分为单极性和双极性两种控制模式。

①单极性 SPWM 模式　单极性 SPWM 模式的调制原理如图 4-38 所示。首先由同极性的三角波调制电压 $u_\triangle$ 与正弦波参考电压 $u_R$ 相比较,如图 4-38(a)所示,产生如图4-38(b)所示的 PWM 脉冲;然后将单极性的 PWM 脉冲信号与如图 4-38(c)所示的倒相信号 $u_1$ 相乘,从而得到如图 4-38(d)所示的正、负半波对称的 SPWM 脉冲调制信号 $u_P$。

②双极性 SPWM 模式　双极性 SPWM 模式采用正、负交变的双极性三角波 $u_\triangle$ 与正弦波参考电压 $u_R$ 相比较,直接得到双极性的 SPWM 脉冲波,不需要倒相电路,如图 4-39 所示。与单极性 SPWM 相比,双极性调制模式的控制电路和主电路比较简单,然而通过

图 4-38　单极性 SPWM 的调制原理

图 4-38(d)与图 4-39(b)相比较可知,单极性 SPWM 模式输出电压的高次谐波要比双极性 SPWM 模式的高次谐波小得多。这是单极性 SPWM 模式的一个重要优点。

　　要获得三相双极性 SPWM 脉宽调制波形,则需要三个互呈 120°的控制电压 $u_a$、$u_b$、$u_c$ 分别与同一三角波比较,获得三路互呈 120°的 SPWM 脉宽调制波 $u_{0a}$、$u_{0b}$、$u_{0c}$。图 4-40 所示为三相双极性 SPWM 的调制原理,三相双极性控制电压 $u_a$、$u_b$、$u_c$ 的幅值和频率都是可调的,而双极性三角波的频率为正弦波频率的 $3n$ 倍(其中 $n$ 为正整数),所以保证了三路脉冲调制波形 $u_{0a}$、$u_{0b}$、$u_{0c}$ 和时间轴所围成的面积随时间的变化互呈 120°相位角。三相双极性控制电压信号 $u_a$、$u_b$、$u_c$ 和双极性三角载波信号 $u_\triangle$ 波形如图 4-40(b)所示,获得的三相脉宽调制波 $u_{0a}$、$u_{0b}$、$u_{0c}$ 如图 4-40(c)所示,再送入由 6 个大功率晶体管构成的逆变器主电路中,从而输出三相频率和电压均可调整的等效于正弦波的脉宽调制波 U、V、W,如图 4-40(c)中虚线部分所示。

　　(3)通用变频器

　　在数控机床主轴交流电动机驱动中,广泛使用通用变频器进行驱动。所谓"通用"包含两个方面的含义:一是可以和通用的异步电动机配套应用;二是具有多种可供选择的功能,可适应各种不同性质的负载。

　　通用变频器控制正弦波的产生是以恒压频比($U/f$)保持磁通不变为基础的,再经

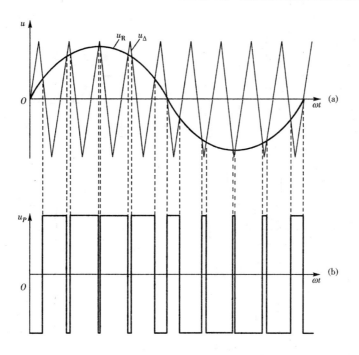

图 4-39　双极性 SPWM 的调制原理

图 4-40　三相双极性 SPWM 的调制原理

SPWM 调制驱动主电路,以产生 U、V、W 三相交流电驱动三相交流异步电动机,图 4-41 为通用变频器的组成框图。

在图 4-41 中,$R_0$ 的作用是限制启动时的大电流。合上电源后,$R_0$ 接入,以限止启动电流。经延时,触点 KA 闭合或晶闸管 VT 导通(图 4-41 中虚线部分),将 $R_0$ 短路,避免造成附加损耗。$R_b$ 为能耗制动电阻,制动时,异步电动机进入发电状态,通过逆变器的续流二极管向电容 C 反向充电,当中间直流回路电压($P$、$N$ 点之间电压,通常称泵升电压)升高到一定限制值时,通过泵升限制电路使开关器件 $V_b$ 导通,电容 C 向 $R_b$ 放电,这样将电动机释放

图 4-41　通用变频器的组成框图

的动能消耗在制动电阻 $R_b$ 上。为便于散热,制动电阻常作为附件单独装在变频器外。变频器中的定子电流和直流回路电流检测一方面用于补偿在不同频率下的定子电压,另一方面用于过载保护。

控制电路中的单片机一方面根据设定的数据,经运算输出控制正弦波信号,经 SPWM 调制,由驱动电路驱动 6 个大功率晶体管的基极,产生三相交流电压 U、V、W 驱动三相交流电动机运转,SPWM 的调制和驱动电路可采用 PWM 大规模集成电路和集成化驱动模块;另一方面,单片机通过对各种信号进行处理,在显示器中显示变频器的运行状态,必要时可通过接口将信号取出作进一步处理。

(4)矢量变换变频调速

①矢量控制原理　直流电动机能获得优良的调速性能,其根本原因是被控量只有电动机磁通 $\Phi$ 和电枢电流 $I_a$,且这两个量是相互独立的。此外,电磁转矩 $T$ 与磁通 $\Phi$ 和电枢电流 $I_a$ 分别成正比关系($T=C_T\Phi I_a$)。如果能够模拟直流电动机,求出与交流电动机对应的磁通与电枢电流,分别而独立地加以控制,就会使交流电动机具有与直流电动机近似的优良特性。为此,必须将三相交变量(矢量)转换为与之等效的直流量(标量),建立起交流电动机的等效数学模型,然后按直流电动机的控制方法对其进行控制。

利用"等效"的概念,将三相交流电动机的输入电流变换为等效的直流电动机中彼此独立的电枢电流和励磁电流,然后像直流电动机一样,通过对这两个量的控制,实现对电动机的转矩控制。再通过相反的变换,将被控制的等效直流电动机还原为三相交流电动机,那么,三相交流电动机的调速性能就完全体现了直流电动机的调速性能,这就是矢量控制的基本原理。

②矢量控制的等效过程　三相交流电动机的矢量变换过程见表 4-4。

表 4-4　　　　　　　　　　　三相交流电动机的矢量变换过程

| 序　号 | 1 | 2 | 3 | 4 |
|---|---|---|---|---|
| 等效矢量图 | | | | |
| 符号 | — | $\begin{array}{c} i_U \\ i_V \\ i_W \end{array}$ →[3/2]→ $\begin{array}{c} i_\alpha \\ i_\beta \end{array}$ | $\begin{array}{c} i_\alpha \\ i_\beta \end{array}$ →[VR]→ $\begin{array}{c} i_d \\ i_q \end{array}$ $\sin\varphi \quad \cos\varphi$ | $\begin{array}{c} i_d \\ i_q \end{array}$ →[K/P]→ $\begin{array}{c} \lvert i_1 \rvert \\ \theta \end{array}$ |
| 表达式 | — | $i_\alpha = i_u - \dfrac{1}{2}i_V - \dfrac{1}{2}i_W$ $i_\beta = \dfrac{\sqrt{3}}{2}i_V - \dfrac{\sqrt{3}}{2}i_W$ | $i_d = i_\alpha\cos\varphi + i_\beta\sin\varphi$ $i_q = -i_\alpha\sin\varphi + i_\beta\cos\varphi$ | $\lvert i_1 \rvert = \sqrt{i_d^2 + i_q^2}$ $\mathrm{tg}\,\theta = \dfrac{i_q}{i_d}$ |
| 说明 | U、V、W—三相绕组 $\Phi$—定子磁通 $\omega_1$—定子旋转磁通角频率 $\theta_1$—相位角 | $\alpha$、$\beta$—等效后二相绕组 | $i_d$—励磁电流 $i_q$—电枢电流 $\Phi_2$—转子磁通 $\varphi$—转子磁通相位角 $\theta$—负载角 | |

● 三相/二相(U、V、W/$\alpha$、$\beta$)变换　在三相定子绕组 U、V、W 上通以正弦平衡电流 $i_U$、$i_V$、$i_W$，就形成定子旋转磁通 $\Phi$，它的旋转方向决定于三相电流的相序，它的旋转角频率 $\omega_1$ 等于三相电流的角频率。这样，一个三相异步电动机可以用固定、对称的二相绕组 $\alpha$、$\beta$ 的异步电动机来等效，即同样产生角频率 $\omega_1$ 的定子旋转磁通 $\Phi$，见表 4-4 中的序号 1 和序号 2。

● 矢量旋转变换(VR)　将三相交流电动机等效为二相交流电动机后，还要将二相交流电动机变换为直流电动机。它是将两相绕组 $\alpha$、$\beta$ 中的交流量 $i_\alpha$、$i_\beta$ 变换为以转子磁通 $\Phi_2$ 定向的直流电动机的励磁绕组 $d$ 和电枢绕组 $q$，分别通以励磁电流 $i_d$ 和电枢电流 $i_q$。在保证旋转磁通 $\Phi$ 不变的情况下，实现了二相交流电动机向直流电动机的等效变换，其实质是矢量向标量的变换，见表 4-4 中的序号 3。$d$ 轴与旋转磁场同步旋转，将 $d$ 轴与旋转磁场的相对位置固定下来，就称为磁场定向控制。

由于电枢电流 $i_q$ 正比于转矩，励磁电流 $i_d$ 正比于转子磁通 $\Phi_2$，故在实际控制系统中，$i_q$ 和 $i_d$ 可通过转矩指令和磁通量来确定。

在 VR 变换中，转子磁通 $\Phi_2$ 的幅值和相位角 $\varphi$ 可根据励磁电流 $i_d$ 和电枢电流 $i_q$ 及有关电动机电气参数获得，即

$$|\Phi_2| = K_1 i_d \tag{4-15}$$

$$\omega_1 = K_2 i_q / K_1 i_d + \omega = \omega_s + \omega \tag{4-16}$$

式中　$K_1$、$K_2$——与交流电动机数据有关的参数；

　　　　$\omega_s$——转差角速度，$\omega_s = K_2 i_q / K_1 i_d$；

　　　　$\omega$——转子实际旋转角速度。

由于等效后转子旋转磁场的角频率与原定子旋转磁场的角频率一致，因此，对 $\omega_1$ 积分即可获得转子旋转磁场相位角 $\varphi$。在矢量控制中，转子实际旋转角速度 $\omega$ 可由电动机上的位置检测装置（如光电编码器等）获得。

③直角坐标/极坐标变换（K/P）　将直角坐标系中的 $i_d$、$i_q$ 通过极坐标变换，求得定子电流 $i_1$ 和负载角 $\theta$。负载角 $\theta$ 与转子磁通相位角 $\varphi$ 之和即三相交流电动机的旋转磁通 $\Phi$ 的相位角 $\varphi_1$，该相位角的大小决定了三相定子电流的角频率 $\omega_1$ 和通电频率 $f_1$。

矢量变换 SPWM 变频调速实现的方法，就是通过矢量变换获得幅值和频率可调的三相控制正弦波，经 SPWM 调制，驱动主电路中 6 个大功率晶体管输出三相定子电流，电动机转速随控制正弦波幅值和频率的变化而变化。图 4-42 为微机矢量控制 SPWM 变频调速系统框图。

图 4-42　微机矢量控制 SPWM 变频调速系统框图

在图 4-42 中，励磁分量 $i_d^*$ 是预置的恒值，无磁通调节环节，有速度环和电流环控制。SPWM 发生器的三个控制量是：基波相电压幅值调制系数 $M$、负载角 $\theta^*$、基波角频率 $\omega_1$。控制这三个量，可同时控制定子电流的幅值和相位角。目前，全数字微机控制的变频器已能适应复杂的速度控制系统，大大提高了可靠性。

2. 交流永磁同步电动机的驱动装置

从控制频率的方法上看，同步电动机变频调速系统可分为他控变频和自控变频两大类。用独立的变频装置给同步电动机提供变压变频电源的系统，称为他控变频调速系统；用电动机轴上所带的转子位置检测器来控制变频装置的系统是自控变频调速系统。

（1）永磁同步电动机的自控变频控制

同步电动机的自控变频通过电动机轴端上的转子位置检测器 BQ（如光电编码器）发出

的信号来控制逆变器的换流,从而改变同步电动机的供电频率,调速时由外部控制逆变器的
直流输入电压,其控制过程如图 4-43 所示。

图 4-43 永磁同步电动机的自控变频控制过程

自控变频同步电动机在原理上和直流电动机相似。直流电动机电枢里面的电流本来就
是交变的,只是通过换向器和电刷才在外部电路中表现为直流,这时,换向器相当于机械式
逆变器,电刷相当于磁极位置检测器。与此对应,自控变频同步电动机则采用电力电子逆变
器和转子位置检测器,用静止的电力电子电路代替了经常会产生火花的接触式电刷与换向
器,其优越性是非常明显的。稍有不同的是,直流电动机的磁极在定子上,电枢是旋转的,而
同步电动机的磁极在转子上,电枢却是静止的,这显然并没有本质的区别,只是处于不同位
置的相对运动而已,两者是完全等效的。

数控机床进给用三相交流永磁同步电动机可采用自控变频的方式进行控制。

(2)永磁同步电动机矢量变频控制

交流永磁同步电动机矢量变频控制是转子位置定向的矢量控制。由电动机轴上的转子
位置检测装置测得转子位置角 $\theta$,经正弦信号发生器可得三个正弦波位置信号,分别为

$$a = \sin\theta \qquad (4\text{-}17)$$

$$b = \sin(\theta - 120°) \qquad (4\text{-}18)$$

$$c = \sin(\theta + 120°) \qquad (4\text{-}19)$$

用这三个正弦波位置信号去控制定子三个绕组的电流,则

$$i_U = I\sin\theta \qquad (4\text{-}20)$$

$$i_V = I\sin(\theta - 120°) \qquad (4\text{-}21)$$

$$i_W = I\sin(\theta + 120°) \qquad (4\text{-}22)$$

式中,$I$ 为定子交流电流幅值,A。

交流永磁同步电动机转矩表达式为

$$T = KI\Phi \tag{4-23}$$

式中　$T$——电磁转矩，N·m；

　　　$K$——转矩系数；

　　　$\Phi$——有效磁通，Wb。

该转矩表达式与直流电动机的转矩表达式一样，不同的是，直流电动机转矩正比于电枢电流，而交流永磁同步电动机的转矩正比于定子交流电流的幅值。图 4-44 为交流永磁同步电动机矢量变频控制原理图。

图 4-44　交流永磁同步电动机矢量变频控制原理图

在图 4-44 中，速度指令 $U_n^*$ 与速度反馈信号 $U_n$ 相比较的差值，通过速度调节器 ASR 输出转矩指令 $T^*$，$T^*$ 与电流幅值指令 $I^*$ 成比例，指令 $I^*$ 在交流电流指令发生器中与正弦位置信号相乘，输出交流电流指令 $i_U^*$、$i_V^*$ 和 $i_W^*$，再通过电流调节器 ACR 得到 $u_U^*$、$u_V^*$ 和 $u_W^*$ 电压指令，然后经 SPWM、驱动电路、主电路中的 6 个大功率晶体管后，输出三相频率和电压均可调的等效于正弦波的脉宽调制波 U、V、W，以控制三相交流同步电动机的运转速度。

交流电流指令 $i_U^*$、$i_V^*$ 和 $i_W^*$ 获得的方法是，将转子位置角 $\theta$ 数据作为地址输入到存有正弦位置信号的 ROM 地址中，经 sin 正弦波发生器，得到三个正弦波位置信号 $a$、$b$、$c$，再与电流幅值指令 $I^*$ 相乘，即得到交流电流指令。

# 思考题与习题

4-1　数控机床对进给伺服系统有何要求？

4-2　数控进给伺服系统可分为哪几类？试从控制精度、系统稳定性及经济性三个方面比较它们的优劣。

4-3　何谓步进电动机的步距角？步距角的大小与哪些参数有关？

4-4　步进电动机的转速和转向是如何控制的？

4-5　小惯量和宽调速直流伺服电动机通过什么途径来提高转矩/惯量比？宽调速直流伺服电动机能与滚珠丝杠直接相连的意义何在？

4-6　三相交流永磁同步电动机用于进给驱动有何好处？交流伺服电动机上的转子位置检测器有何作用？

4-7　交流主轴电动机和交流伺服电动机有什么区别？

4-8　数控机床驱动装置的作用是什么？

4-9　步进驱动环形分配的目的是什么？有哪些实现形式？

4-10　单电压供电、高低压切换和细分驱动电路对提高步进电动机的运行性能各有何作用？

4-11　比较直流电动机晶闸管调速（SCR）和脉宽调制调速（PWM）的异同点，从而说明进给直流伺服电动机驱动通常采用 PWM 方式，而主轴直流电动机驱动通常采用 SCR 方式的原因。

4-12　三相交流永磁同步电动机有哪些变频控制方式？

4-13　SPWM 指的是什么？控制正弦波与三角形调制波经 SPWM 后，输出的信号波形是什么形式？

# 第5章

## 数控机床的机械结构

## 5.1 概 述

数控机床的机械结构与普通机床有很多相似之处,但又有本质的区别。由于普通机床的机械结构存在着许多众所周知的弱点,例如刚性不足、抗振性差、热变形大、滑动面之间的摩擦阻力大、动摩擦因数与静摩擦因数相差悬殊、存在低速爬行现象、传动元件之间的间隙较大、存在严重的机械滞后现象等,使传统机床无法达到数控加工的高精度、高质量、高效率、高寿命等方面的要求,所以现代数控机床的机械结构采用了许多高新技术,无论是整体布局、外观造型,还是支承部件、主传动系统、进给传动系统、刀具系统、辅助系统等各方面,都发生了根本性的变化,形成了数控机床独特的机械结构体系。

### 5.1.1 数控机床加工特点

数控机床是高精度、高自动化、高效率的加工机床,数控加工过程中的一切动作、运动以及各种辅助功能,都严格按照预先编制的数控加工程序自动进行,操作者不可能像普通机床操作那样对加工过程进行灵活的人工干预和随机调整。此外,数控机床的转速范围宽广,加工精度与切削效率都很高,既可以进行大切削量的高效、高速切削,又可以根据各种需要进行高质量精细切削。所以数控机床的机械结构,在各方面均要求比普通机床设计得更为完善,制造得更为精密。

### 5.1.2 数控机床机械结构特点

经过半个多世纪的不断发展完善,数控机床的机械结构已经形成具有鲜明特色的独立体系,其主要特点可以概括如下:

1.结构刚度高,抗振性能好

合理的机床结构形式,可以改善机床构件的受力情况,减少零部件的受力变形,从而减少可能引起的加工误差,提高机床的加工精度。图 5-1 所示为常见的提高数控机床刚度的结构形式:机床导轨较窄时,可采用单壁或加厚的单壁连接,或者在单壁上增加垂直加强筋来提高局部刚度,如图 5-1(a)～图 5-1(c)所示;如果机床导轨尺寸较宽,则应采用双壁连接形式,如图 5-1(d)～图 5-1(f)所示。

图 5-1　提高机床刚度的结构形式

合理地安排机床结构布局,同样可以提高机床刚度。如图 5-2(a)所示,机床的主轴箱呈单侧面悬挂布局,切削力将引起较大的立柱弯曲变形和立柱扭转变形,故刚性较差;若改为图 5-2(b)所示布局,将主轴箱置于两立柱导轨之间呈对称布局,就可以使数控机床的刚度得到显著提高。

(a)悬挂布局刚性较差　　　　　(b)双立柱布局刚性较好

图 5-2　机床结构布局的合理安排

此外,机床的基础大件采用封闭箱形结构、合理布置加强肋、提高构件之间的接触刚度等,都是提高机床静刚度的有效措施;改善机床结构的阻尼特性、在机床大件内腔填充阻尼材料、在其表面喷涂阻尼涂层、充分利用结合面间的摩擦阻尼以及采用合理的焊接结构等,都是提高机床动刚度的重要措施,都可以显著提高数控机床的抗振性能。

2．热稳定性较好

为了提高效率,数控机床往往需要连续生产,以加大机动加工的时间比率。由于数控机床的主轴转速高、进给速度快、切削用量大,连续生产时产生的热量比普通机床加工时的发热量多得多,所以需要采取特别措施减少热变形对加工精度的不利影响。

减小热变形通常可从降低发热总量和减少热影响的后果两个方面着手。降低发热总量,可以采取对热源强制冷却(水冷、风冷)的方法来控制温升,例如,在加工过程中,常采用多喷嘴、大流量切削液对切削部位进行强制冷却;减少热影响的后果,则要依靠改善数控机床的结构来实现,例如,设法使主轴箱主轴的热变形位于非误差敏感方向,尽可能缩减零件受热变形部位的长度以减少热变形总量,根据热对称原则来设计数控机床的布局,采用热平衡措施和特殊调节元件来补偿热变形等。

### 3. 低速运动平稳, 运动精度较高

数控机床通常以脉冲当量或最小设定单位作为移动部件(工作台)的最小位移单位, 工作台通常需要在极低或极高的移动速度条件下仍能保持平稳移动, 工作时既不能"过冲"也不能"丢步", 这就要求工作台对数控装置发出的指令能够作出快速准确的响应。图 5-3 为不同摩擦形式导轨副中摩擦力与运动速度的关系曲线, 其中以滚动摩擦或静压摩擦较为理想。这就提示我们: 应当尽可能采用滚动导轨或静压导轨。此外, 新型导轨材料——塑料导轨也具有较好的摩擦特性及耐磨性能, 已有取代滚动导轨的趋势。在数控机床进给系统中广泛采用贴塑导轨、以滚珠丝杠代替滑动丝杠等, 也正是基于上述原理。

图 5-3　不同摩擦副中摩擦力与速度的关系曲线

提高数控机床运动精度的另一项要求就是无间隙传动。由于精密加工的需要, 数控机床各坐标轴的运动都可能是双向的, 如果传动元件之间存在间隙, 就意味着存在"反向死区"和换向时的"机械滞后量", 无疑会影响数控机床的定位精度和重复定位精度, 所以必须采取措施消除传动间隙。

### 4. 满足人机工程学的要求

数控机床是一种自动化程度很高的加工设备, 由于采用了多主轴、多刀架及带刀库的自动换刀装置, 切削加工及辅助过程不需要人工操作干预, 故可采用封闭或半封闭式结构, 以减少噪声、油污等对周围环境的污染。在机床的操作性方面, 数控机床充分注意了各运动部件的互锁能力, 确保工作准确可靠; 从人机工程学的观点出发, 最大限度地改善了操作者的操作、观察和维修条件, 设有明快、干净、协调的人机交互界面, 将所有操作都集中在一个操作面板上, 大大改善了劳动者的工作条件。

## 5.1.3　数控机床传动系统特点

### 1. 主传动系统的特点

数控机床主传动系统的转速高、功率大、能进行大功率切削和高速切削; 数控机床主传动系统的变速范围宽广(调速范围 $R_n > 100$), 可以保证加工时选用最合理的切削速度, 充分发挥高速刀具的最佳切削性能; 数控机床通常是按照控制指令自动进行主轴的变速, 因此变速机构必须迅速可靠, 还要能够适应自动操作的要求; 数控机床的主传动系统应当具有长期精度保持性, 在轴颈、锥孔等有机械摩擦的部位应有足够的硬度, 轴承部位还应保持良好的润滑, 从而提高主轴组件的耐磨性。

### 2. 进给传动系统的特点

数控机床的进给传动系统必须满足对进给运动的位置和速度同时实现自动控制的要

求,除了要具有较高的定位精度外,还应具有良好的动态响应特性。为了确保数控机床进给系统的传动精度和工作平稳性,应注意尽可能做到无间隙、低摩擦、低惯量、高刚度以及具有适当的阻尼比。为了满足这些要求,在数控机床的进给传动系统中,主要采取如下措施:

(1)尽量采用贴塑导轨、静压导轨、滚动导轨和滚珠丝杠螺母副等低摩擦的传动副,以减小运动副之间的摩擦力和获得较为理想的摩擦特性。

(2)尽量减小传动系统折算到驱动轴上的转动惯量之和,以提高工作台跟踪指令的快速反应能力。

(3)尽量缩短传动链,并采用预紧和预拉伸的办法提高传动系统的刚度。

(4)采取多种措施消除传动间隙,以减小反向行程误差,提高跟随精度。

# 5.2　数控机床的主传动系统

## 5.2.1　数控机床主轴调速方法

数控机床的主轴通常按照加工程序中的指令进行自动调速,因此主变速机构必须满足自动化操作的要求。在数控机床的主传动系统中,目前多采用交流主轴电动机和直流主轴电动机无级调速系统。为了扩大调速范围,适应低速大扭矩的需要,也经常采用齿轮有级变速与电动机无级变速相结合的调速方式。

常见的数控机床主传动系统调速的方法主要有以下四种:

1.通过齿轮变速的主传动

如图 5-4(a)所示,通过少数几对齿轮变速,扩大输出扭矩,以满足主轴低转速时对输出扭矩特性的要求。如果在数控机床交流电机无级变速或直流电机无级变速的基础上配以齿轮变速,则成为分段无级变速系统,在大、中型数控机床中通常采用这种变速方式。在这种调速方法中,滑移齿轮的移位大多采用液压缸借助于拨叉自动完成,或者直接由液压缸带动齿轮轴向移动来自动实现。

2.通过带轮减速的主传动

通过带轮减速的主传动如图 5-4(b)所示,通常应用在转速较高、变速范围不大的场合。通过带轮减速的主传动适用于高转速、低转矩特性要求的主轴,常采用三角带或同步齿形带进行传动。当调速电动机本身的变速范围已经能够满足使用要求时,不必再增加齿轮副来扩大变速范围,此时采用带轮传动可以避免齿轮传动引起的振动与噪声,使主轴运转更平稳。

3.采用两个电动机的主传动

如图 5-4(c)所示,采用两个电动机分别驱动主轴。高速时一个电动机通过皮带轮直接驱动主轴旋转;低速时,另一个电动机通过两级齿轮变速驱动主轴旋转,齿轮起着降速增矩和扩大变速范围的作用,这样就使主轴的恒功率区变速范围被扩大,克服了低速时转矩不足和电动机功率不能充分利用的缺点。这种方式是前述两种传动方式的混合传动,同时具有它们的特点。

图 5-4　主传动系统的四种配置方式

### 4.内装电主轴的主传动

内装电主轴的主传动如图 5-4(d)所示,它大大简化了主轴箱箱体与主轴的结构,有效地提高了主轴部件的刚度,但电主轴的输出扭矩较小,电动机工作时的发热量对主轴精度的影响较大,需要采取一定的防护措施。

## 5.2.2　数控机床的主轴部件结构

数控机床的主轴部件既要满足精加工时精度较高的要求,又要具备粗加工时高效切削的能力,因此在旋转精度、刚度、抗振性和抗热变形等方面,都有很高的要求。在局部结构上,一般数控机床的主轴部件与其他高效、精密自动化机床没有多大区别。但对于具有自动换刀功能的数控机床,其主轴部件除主轴、主轴轴承和传动件等常用的组成部分外,还具有刀具自动装卸及吹屑装置、主轴准停装置等。

### 1.主轴的支承与润滑

数控机床主轴的支承可以有多种配置形式。如图 5-5 所示为 TND360 型数控车床的主轴部件。由于该车床主轴在切削时需要承受较大的切削力,所以轴径设计得比较大。前轴承采用三个推力角接触球轴承,前面两个轴承同向排列,开口朝主轴前端,接触角为 25°,用以承受较大的轴向切削力;第三个轴承开口朝主轴尾端,接触角为 14°。三个轴承的内圈、外圈的轴向位置由轴肩和箱体孔的台阶固定,以承受轴向负荷。后支承由两个背对背的推力角接触球轴承组成,只承受径向载荷,并由后压套进行预紧。该主轴为空心结构,可通过直径达 60 mm 的棒料。

数控车床主轴轴承可以采用油脂润滑,此时应采用迷宫式密封圈进行密封;也可以采用稀油集中强制润滑,此时为了保证润滑的可靠性,常以压力继电器作为失压报警装置。

### 2.卡盘

为了减少辅助时间和劳动强度,适应自动和半自动加工的需要,数控车床多采用助力卡盘装夹工件。目前使用较多的是自动定心液压助力卡盘,该卡盘主要由引油导套、液压缸和卡盘体三部分组成。

图 5-6 所示为数控车床上采用的一种液压驱动自定心卡盘,卡盘 3 用螺钉固定(短锥定位)在主轴上,液压缸 5 固定在主轴后端。改变液压缸左、右腔的通油状态,活塞杆 4 便可带

图 5-5 TND360 型数控车床的主轴部件

动卡盘内的驱动爪 1 和卡爪 2 夹紧或放松工件,并通过行程开关 6 和 7 发出相应信号。

图 5-6 液压驱动自定心卡盘
1—驱动爪;2—卡爪;3—卡盘;4—活塞杆;5—液压缸;6、7—行程开关

3.刀具自动装卸装置和自动吹屑装置

在某些带有刀库的数控加工中心机床中,主轴部件除需要具有较高的精度和刚度外,还需要有刀具自动装卸装置和主轴孔自动清除切屑装置。如图 5-7 所示为某加工中心机床的主轴结构,主轴前端有 7∶24 的锥孔,用于装夹锥柄刀具;端面键 13 既可用于刀具定位,又可通过它传递扭矩。为了实现刀具的自动装卸,主轴内设有刀具自动夹紧装置。由图5-7(a)可以看出,该机床是通过拉紧机构(碟形弹簧 5、拉杆 4)拉紧装于刀柄尾端的拉钉 2来实现刀具的定位及夹紧的。当夹紧刀具时,液压缸 7 的上腔接通回油,弹簧 11 推动活塞6 上移至图示位置,拉杆在碟形弹簧的作用下向上移动;由于此时装在拉杆前端径向孔内的四个钢球 12 已经被挤入主轴孔前段直径较小的 $d_2$ 处,如图 5-7(b)所示,四个钢球受迫径向收拢,卡入拉钉的环形凹槽部位,将刀具拉住紧固在主轴上。当换刀需要松开时,压力油进入液压缸的上腔,活塞下移推动拉杆向下移动,碟形弹簧被压缩,四个钢球随拉杆同步下移;进入主轴孔前段直径较大的 $d_1$ 处之后,四个钢球就再也拉不住拉钉的头部;紧接着拉杆的下端面碰撞拉钉的上端面,把刀具 1 顶松。刀具被松开的同时,行程开关 10 发出信号,换刀机械手随即将刀具取下;与此同时,压缩空气由管接头 9 经活塞和拉杆的中心通孔吹入主轴装刀孔内,把切屑或脏物吹除干净,以保证刀柄配合面的清洁度和刀具的装夹精度。机械手把新刀装上主轴后,液压缸的上腔再次接通回油,碟形弹簧又拉紧刀具;刀具被拉紧后,行程开关 8 发出信号,换刀工作结束。在换刀过程中,自动清除主轴孔内的切屑和灰尘是一个不容忽视的问题,因为如果在主轴锥孔内掉进了切屑或其他污物,当拉紧刀杆时,主轴锥孔的

内表面或刀杆锥柄的外表面就会被划伤,使刀杆发生偏斜,破坏刀具的正确定位,影响加工零件的精度,甚至导致零件报废。所以为了保证主轴锥孔的清洁,常用压缩空气吹屑。图5-7(a)中活塞的中心部钻有压缩空气通道,当活塞向下移动时,压缩空气经拉杆的通孔吹出,将锥孔清理干净。喷气小孔设计有合理的喷射角度,并均匀分布,可以提高吹除切屑的效果。

(a)主轴结构          (b)拉钉头部与拉杆连接方式

图 5-7   加工中心机床的主轴结构

1—刀具;2—拉钉;3—密封胶圈;4—拉杆;5—碟形弹簧;6—活塞;

7—液压缸;8、10—行程开关;9—管接头;11—弹簧;12—钢球;13—端面键

4.主轴准停装置

自动换刀数控机床的主轴部件设有主轴准停装置,它的作用是使主轴每次都准确地停止在固定的周向某一位置,从而保证换刀时主轴的端面键对准刀具上的键槽,使换刀顺畅快捷;还可以提高刀具的重复安装精度,从而提高被加工孔的尺寸一致性。主轴部件电气准停装置的工作原理如图5-8所示。在带动主轴5旋转的多楔带轮1的端面上装有厚垫片4,垫片上装有一个体积很小的永久磁铁3,在主轴箱体对应于主轴准停的位置上,装有磁传感器2。当机床需要停车换刀时,数控系统发出主轴停转指令,主轴电动机立即降速并以最低转速缓慢旋转,待永久磁

图 5-8  主轴准停装置的工作原理图
1—多楔带轮;2—磁传感器;3—永久磁铁;4—厚垫片;5—主轴

铁对准磁传感器时,磁传感器发出准停信号,此信号经放大后,由定向电路控制主轴电动机,使主轴准确地停止在规定的周向位置上。这种装置能够达到的主轴准停重复精度在±1°范围内。

## 5.2.3  高速精密电主轴结构

高速切削是一种先进的制造工艺,采用比常规速度高几倍甚至十几倍的极高速度进行切削,可以大大提高切削效率,并具有表面质量好、切削温度低、刀具寿命长等突出优点。

高速精密电主轴是高速切削机床的核心部件,它将数控机床的主轴与电动机轴合二为一,将电动机的定子和转子直接装入主轴组件内部,因此也称为内装式电主轴部件。图5-9所示为瑞士 IBAG 公司开发的内装高频电动机的电主轴部件,该电主轴采用了励磁式磁力轴承,取消了传统的皮带传动副或齿轮传动副,实现了机床主轴系统的"零传动",从而具有结构紧凑、质量轻、惯性小、振动小、噪声低、响应快、易于实现主轴定位等优点,在超高速数控机床中得到了广泛应用。

目前,国内外专业的电主轴制造厂商已可供应数百种规格的电主轴部件,其套筒直径从32 mm 至 320 mm。国外高速精密电主轴单元的发展较快,中等规格加工中心电主轴单元的转速已普遍达到 10 000 r/min,德国 GMN 公司的磁悬浮轴承主轴单元的转速最高已经达到 100 000 r/min 以上;国内 10 000～15 000 r/min 的立式加工中心主轴单元和18 000 r/min 的卧式加工中心主轴单元已开发成功并投放市场,用于高速数控仿形铣床的电主轴单元最高转速已经达到 40 000 r/min。

图 5-9　内装高频电动机的电主轴部件

## 5.2.4　同步带传动简介

同步带又称同步齿形带,端面为多楔型,是带传动形式中的一种,它利用同步带的齿形与同步带轮的轮齿依次相啮合来传递运动或动力。同步带传动能满足数控机床主传动高速、大转矩和不打滑的传动要求,在数控机床主传动系统中得到了广泛的应用。

1．同步带传动的特点

(1)传动过程中,同步带与带轮之间无相对滑动,可以保持较恒定的传动比,因而传动精度高。

(2)同步带传动的结构紧凑、工作平稳、无噪声、无须润滑,具有良好的减振性和使用方便性。

(3)同步带不需要采取特别的张紧措施,因此作用在轴和轴承上的径向载荷较小,传动效率高达 98％以上,有明显的节能效果。

(4)同步带传递的功率由数瓦至数千瓦,传动速度可达 50 m/s,传动速比可达 10 左右,使用范围较广。

(5) 同步带传动的缺点是带与带轮的制造工艺比较复杂,所传递的功率不能太大,传动带的使用寿命不太长。

2．同步带的结构和规格

如图 5-10(a)所示,同步带由强力层 1、带齿 2 和带背 4 组成。在采用氯丁橡胶为基体的同步带中,还增设了尼龙包布层 3。

强力层 1 是同步带的抗拉元件,需要传递动力,目前多采用伸长率较小、疲劳强度较高的钢丝绳和玻璃纤维绳构成,因为它们在受力后基本不产生变形,所以能保持同步带的节距恒定,实现同步传动。带齿 2 和带背 4 通常采用聚氨酯橡胶和丁腈橡胶为基础材料制造,具有强度高、弹性好、耐磨损、抗老化等优良性能,其允许工作温度为 $-20 \sim +80$ ℃。为了增加带齿的耐磨性,通常在齿形带内表面上,覆盖以尼龙或其他锦纶织物;根据需要,有的齿形带内表面还做有尖角凹槽,以增加带的挠性,提高抗弯曲疲劳强度。同步带的规格参数主要有模数 $m$、节距 $t$、齿数 $z$、宽度 $b$ 等,模数 $m$ 的取值范围通常为 $1 \sim 10$ mm。

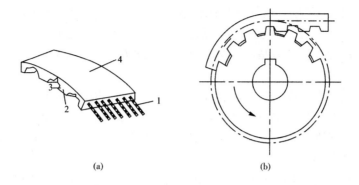

图 5-10 同步带的结构与传动图

1—强力层；2—带齿；3—尼龙包布层；4—带背

3.带轮的结构

带轮的材料一般采用铸铁或钢料,在高速、小功率传动的场合下,也可以采用轻合金、塑料等。小尺寸同步带轮可以制成实心的,较大尺寸的带轮则应采用腹板式结构。为了防止同步带运转时的意外脱落,一般在小带轮的两侧设有挡边,如图 5-11(a)所示;当传动比较大(≥3)时,主动带轮与从动带轮的不同侧边都应置有挡边,如图 5-11(b)所示;当带轮轴为垂直安装时,两个带轮一般都需要有挡边,或至少主动轮的两侧和从动轮的下侧需要有挡边,如图 5-11(c)所示。有关带轮几何尺寸的计算,请参阅《机械设计手册》等有关资料。

图 5-11 同步带轮的结构图

# 5.3 数控机床的进给传动系统

## 5.3.1 数控机床进给传动系统的要求

数控机床的进给传动系统是指将电动机的旋转运动传递给工作台或刀架,用以实现进给运动的整个机械传动链,包括齿轮传动副、丝杠螺母副、蜗杆蜗轮副、支承部件等。为了保证数控机床的定位精度和静态、动态工作性能,数控机床的进给传动系统应满足如下要求:

1.较高的传动刚度

进给传动系统的刚度主要取决于传动件及其支承部件的刚度。对于直线运动,常采用丝杠螺母副传动;对于回转运动,常采用蜗杆蜗轮副传动。如果它们的刚度不足,或者摩擦力不稳定,就会导致工作台出现低速爬行现象,影响工作平稳性;如果传动副中存在间隙,就会造成反向死区,影响传动的准确性。总之,在进给传动系统中采取缩短传动链、合理选择丝杠尺寸、对丝杠螺母副及支承部件进行预紧等,都是提高传动刚度的有效措施。

2. 较低的摩擦阻力

进给传动系统要求运动平稳,定位准确,快速响应特性好,因此必须降低运动件的摩擦阻力,特别是缩小运动副工作表面间的动、静摩擦因数之差。为了达到此目的,在数控机床进给传动系统中除了合理考虑导轨的结构之外,还普遍采用了滚珠丝杠螺母副或静压丝杠螺母副。

3. 较小的运动惯量

进给传动系统需要经常启动、停止、变速、换向,如果机械传动装置的惯量大,将会增大驱动电机的负载量,并使系统的动态性能变差。通常在满足强度与刚度的前提下,应尽量减小运动部件的总质量,减小各转动部件的直径和尺寸,以减小电机轴上的等效转动惯量之和。

4. 消除传动间隙

机械间隙严重影响进给传动系统的精度和刚度,造成进给系统的反向死区,因此对组成传动链的各个环节,包括联轴器、齿轮副、丝杆螺母副、蜗杆蜗轮副、支承部件等,均应采取消除间隙的措施。

## 5.3.2　滚珠丝杠螺母副传动

滚珠丝杠螺母副是数控机床进给传动系统的重要部件之一,它的优点是摩擦因数小,传动精度高,传动效率可达 $85\%\sim98\%$,为普通丝杠传动效率的 $2\sim4$ 倍。滚珠丝杠螺母副的摩擦角很小(小于 $1°$),因此不能自锁,如果用在立式升降运动的场合,必须考虑增加制动装置。滚珠丝杠螺母副的动、静摩擦因数之差甚小,有利于防止低速爬行现象和提高进给系统的灵敏度;采用预紧措施可以有效地消除滚珠丝杠螺母副的反向间隙,大大提高定位精度和传动刚度。在一般情况下,滚珠丝杠螺母副可以直接从专门生产厂家订购,无须自行设计制造,使用十分方便。

1. 滚珠丝杠螺母副的工作原理

滚珠丝杠螺母副的工作原理如图 5-12 所示。在丝杠和螺母上分别制有半圆弧形的螺旋槽,将它们组合起来就形成了滚珠的螺旋滚道 2。在滚道内装满滚珠,当丝杠与螺母相对转动时,滚珠在螺旋滚道内滚动,丝杠和螺母就出现相应的轴向位移。丝杠连续转动,滚珠就通过返珠器内的返珠滚道 1,从滚珠螺母的一端返回另一端,如此不断地进行循环。

图 5-12　滚珠丝杠螺母副的工作原理
1—返珠滚道;2—螺旋滚道

2. 滚珠丝杠螺母副的滚珠循环方式

滚珠的循环方式有外循环式和内循环式两种。滚珠在返回过程中与丝杠暂时脱离接触的为外循环方式;滚珠在循环过程中与丝杠始终保持接触的为内循环方式。循环中的滚珠叫工作滚珠,工作滚珠所走过的滚道数量叫工作圈数。外循环时,滚珠串单列多圈串联排列;内循环时,滚珠串单圈多列并联排列,如图 5-13(a)和图5-14(b)所示。

外循环滚珠丝杠螺母副按滚珠循环时的返回方式可分为螺旋槽式和插管式。图5-13(b)所示为螺旋槽式,它是在螺母外圆表面上铣出一小段螺旋槽,槽的两端钻出通孔与多圈串联滚珠的两端接通,形成多圈串联滚珠的返回通道。这种形式的结构比插管式结构的径向尺寸稍小,但制造比较复杂。图5-13(c)所示为插管式,它用弯管作为多圈串联滚珠的返珠管道,这种形式的结构工艺性好,但由于管道突出在螺母体外,径向尺寸很大。

图 5-13　外循环式滚珠丝杠螺母副

图 5-14 所示为内循环式结构。在螺母的侧孔中装有圆柱凸键式反向器,反向器端部开有 S 形返珠槽,将单圈螺旋形滚珠滚道的两端连通起来,构成滚珠的单圈封闭循环空间。工作时滚珠从某一圈螺纹滚道的一端进入反向器,借助于反向器上的 S 形返珠槽越过滚珠丝杠的牙顶,进入同一圈螺旋形滚珠滚道的另一端,实现滚珠的单圈封闭循环。通常一个滚珠螺母上装有 2～4 个反向器,反向器沿螺母的圆周等分分布,使滚珠形成 2～4 列并联的单圈封闭循环滚珠列。这种结构的优点是径向尺寸紧凑、刚性好,特别是返珠滚道较短,摩擦损失较小;其缺点是反向器的加工制造很困难。

图 5-14　内循环式滚珠丝杠螺母副

### 3.滚珠丝杠螺母副的轴向间隙调整

为了保证滚珠丝杠螺母副反向时的传动精度和传动刚度,必须消除滚珠丝杠螺母副的轴向传动间隙,这项工作称为"预紧"。消除轴向传动间隙的基本原理是将滚珠丝杠螺母副的螺母分为两段,用强迫外力使两段螺母产生轴向位移,使滚珠呈轻微过盈状态紧压在两螺母滚道的不同侧面上,从而使丝杠的轴向传动间隙消除。采用这种预紧方法时应注意预紧量不宜过大,否则会使空载力矩增加,降低传动效率,缩短滚珠丝杠螺母副的使用寿命。

常用的消除滚珠丝杠螺母副轴向间隙的方法有:

(1)双螺母垫片调整式预紧

如图 5-15 所示,改变调整垫片的厚度,使左、右两螺母产生轴向位移,即可消除轴向间隙和产生预紧力。这种方法结构简单、刚性好,但调整不方便,滚道出现磨损时不便于随时消除间隙和进行预紧。

螺母 B　　垫片　　螺母 A

图 5-15　双螺母垫片调整式预紧

(2)双螺母螺纹调整式预紧

如图 5-16 所示,左螺母的外端制有凸缘,右螺母的外端没有凸缘但制有外螺纹,并带有两个圆螺母 1、2。由于平键限制了两个滚珠螺母在螺母座内的转动,调整时只要拧动圆螺母 1,便可使右螺母出现轴向位移并产生预紧力,然后用圆螺母 2 锁紧。这种调整方法具有结构简单、工作可靠、调整方便的优点,但预紧量不很准确。

(3)双螺母齿差调整式预紧

如图 5-17 所示,在两个螺母的凸缘上各制有圆柱外齿轮,分别与紧固在套筒两端的内齿圈相啮合,两个内齿圈的齿数分别为 $Z_1$ 和 $Z_2$,并相差一个齿。调整时,先取下内齿圈,让左、右两段螺母相对于套筒同方向都转动一个齿,然后再插入内齿圈,则两个螺母便产生相对角位移,其轴向位移量 $S = (1/Z_1 - 1/Z_2) t$。例如,$Z_1 = 100$,$Z_2 = 99$,滚珠丝杠的导程为 $t = 10$ mm 时,$S = -10/9900 \approx -0.001$ mm。这种调整方法方便、可靠,能够精确地调整预紧量,但结构尺寸较大,多用于高精度的重要传动。

图 5-16　双螺母螺纹调整式预紧

图 5-17　双螺母齿差调整式预紧

（4）单螺母变导程自预紧

单螺母变导程自预紧方法适用于小型滚珠丝杠螺母副，其原理如图 5-18 所示。在整体螺母的内螺纹滚道中部某一圈上专门制造出一个 $L_0 + \Delta L_0$ 的导程突变量，从而使左、右两端的滚珠在装配后产生轴向错位实现预紧。预紧力的大小取决于导程突变量 $\Delta L_0$ 的大小。此种结构简单紧凑，运动平稳，可用于小型数控机床或精加工数控机床等结构尺寸较紧张的场合，但出现磨损之后无法修复，只能换用新螺母。

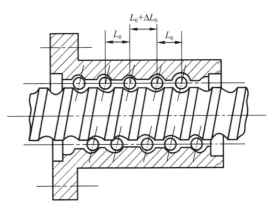

图 5-18　单螺母变导程自预紧

4. 滚珠丝杠的支承方式

数控机床的进给系统要获得较高的传动刚度，除了加强滚珠丝杠螺母副本身的刚度外，滚珠丝杠的正确安装及支承件的结构刚度也是不可忽视的因素。如为了减少受力后的变形，轴承座应有加强肋，应增大轴承座与机床的接触面积，应采用高刚度的推力轴承以提高滚珠丝杠的轴向承载能力等。

滚珠丝杠常见的支承方式，如图 5-19 所示。

图 5-19（a）所示为一端安装推力轴承的结构。这种安装方式适用于行程较小的短丝杠，它的承载能力小，轴向刚度低。

图 5-19（b）所示为在固定端的两侧面安装推力轴承的结构。这种方法可以提高丝杠的轴向刚度，但丝杠的受热变形十分敏感。

图 5-19（c）所示为一端安装推力轴承，另一端安装向心球轴承的结构。这种方式用于丝杠较长的场合，当热变形造成丝杠伸长时，其一端固定，另一端能做微量的轴向浮动。

图 5-19（d）所示为两端均安装推力轴承与向心球轴承的结构。由于两端均采用双重支承并施加预紧，使丝杠具有较大的刚度，故可应用在传动载荷较大的场合。

滚珠丝杠螺母副可以用润滑剂来提高耐磨性及传动效率。滚珠丝杠螺母副和其他滚动摩擦的传动元件一样，应避免硬质灰尘或切屑、污物进入，所以都应带有防护装置。

图 5-19　滚珠丝杠在机床上的支承方式

5.滚珠丝杠的预拉伸

　　滚珠丝杠螺母副预紧后的摩擦力加大,在正常工作时会产生一定的热量,逐渐使丝杠的温度高于床身的温度。丝杠温度升高后产生受热伸长,将使丝杠的导程加大,影响机床的定位精度。为了补偿滚珠丝杠的受热伸长,可以对丝杠进行预拉伸。通常预拉伸量应略大于正常工作条件下丝杠的热伸长量。采用预拉伸安装的滚珠丝杠工作一段时间达到热平衡之后,一部分预拉伸量被热伸长量抵消,丝杠内的拉应力下降,但丝杠的总长度及丝杠的导程却没有变化,因而提高了定位精度,这就是丝杠预拉伸的目的和原理。

　　滚珠丝杠预拉伸的方法如图 5-20 所示。丝杠的两端均装有推力球轴承和滚针轴承 3、6,丝杠的预拉伸力通过螺母 8、间隔套、推力球轴承 6、静圈 5、调整套 4,最终作用到床身支座上。预拉伸的安装调试过程如下:

图 5-20　滚珠丝杠的预拉伸方法

1、7—支座;2—轴;3、6—推力球轴承和滚针轴承;4—调整套;5—静圈;8—螺母;9—压盖

　　(1)按图 5-20 所示结构,将滚珠丝杠组件安装在床身上。

　　(2)调整各部位,使丝杠转动自如,没有明显间隙,然后用螺栓把支座 1、7 紧固在床身上,并打好定位销。

　　(3)拆出调整套 4,精确测量它的长度。

　　(4)测量丝杠两个支承间的距离,计算出正常工作条件下丝杠的最大热伸长量。

(5)另做一个加长调整套,使加长调整套的长度等于(3)、(4)两项测得的数值之和。

(6)稍稍拧松某一端支座上的螺栓,拔出两个定位销。

(7)用加长调整套替换原来的调整套4,然后重新将滚珠丝杠组件安装好,并调整到(2)的状态。

(8)打入定位销,拧紧螺栓即可。

6.中空强冷滚珠丝杠

为了减少滚珠丝杠的受热变形,可以将丝杠制成空心,在支承法兰处通入恒温油强行冷却循环,以保持滚珠丝杠在恒温状态下工作。这种方法可以有效地散发丝杠传动时产生的热量,对提高定位精度有益,可以获得较高的进给速度。据介绍,国外在铝合金端铣加工时采用这种措施,丝杠的进给速度已经达到 70 m/min,这在一般的普通滚珠丝杠传动方式中是难以实现的。

## 5.3.3 静压丝杠螺母副简介

1.静压丝杠螺母副的工作原理

静压丝杠螺母副是在丝杠和螺母的螺旋工作面之间通入压力油,使其间保持具有一定厚度、一定刚度的压力油膜,从而在丝杠和螺母之间形成纯液体摩擦的传动副。

2.静压丝杠螺母副的特点

(1)摩擦因数很小,仅为 0.000 5,因此摩擦损失小、启动力矩小、传动灵敏,有效地避免了爬行。

(2)油膜层可以吸振,提高了运动的平稳性,又由于油液不断流动,有利于散热和减少热变形,提高了机床的加工精度和光洁度。

(3)油膜层具有一定的刚度,大大减小了反向间隙,同时油膜层介于螺母与丝杠之间,对丝杠的误差有均化作用,使丝杠的传动误差比丝杠本身的制造误差还小。

(4)承载能力与供油压力成正比,与转速无关。

(5)静压丝杠螺母副没有自锁性,当丝杠转动时可以通过油膜推动螺母直线移动,反之,螺母的直线移动也可能推动丝杠转动。

(6)静压丝杠螺母副需要一套供油系统,特别是对油的清洁度要求较高,如果在运行过程中供油突然中断,将会造成不良后果。

## 5.3.4 直线电动机进给系统

直线电动机是指可以直接产生直线运动的电动机,其外观如图 5-21 所示,它可以作为进给驱动系统使用。直线电动机的雏形早在世界上刚有旋转电动机不久便出现了,但受制造技术水平和应用能力的限制,一直未能得到实际应用。在常规的数控机床进给系统中,通常采用"旋转电动机+滚珠丝杠"的传动体系。最近几年随着超高速加工技术的发展,滚珠丝杠机构已不能满足机床移动部件超高速和特大加速度运动的需要。同时,大功率电子元器件、新型交流变频调速技术、微型计算机数控技术和现代控制理论的发展,也为直线电动机在高速数控机床中的推广应用提供了可能,使直线电动机真正找到了用武之地。

图 5-21　直线电动机进给系统外观图
1—导轨;2—次级;3—初级;4—检测系统

1. 直线电动机的工作原理

直线电动机的工作原理与旋转电动机相比并没有本质的区别,可以将其视为旋转电动机沿圆周方向拉开展平的产物。如图 5-22 所示,对应于旋转电动机的定子部分,称为直线电动机的初级。对应于旋转电动机的转子部分,称为直线电动机的次级。当多相交变电流通入多相对称绕组时,就会在直线电动机初级和次级之间的气隙中产生一个行波磁场,从而使初级和次级之间出现相对移动。

(a) 旋转电动机　　　　　　　(b) 直线电动机

图 5-22　旋转电动机展平为直线电动机的过程

直线电动机可以分为直流直线电动机、步进直线电动机和交流直线电动机三大类,在数控机床上主要是使用交流直线电动机。在结构方面,直线电动机可以有如图 5-23 所示的两种形式。为了减小发热量和降低成本,高速数控机床一般采用的是"短初级、动初级"的结构。

在励磁方式上,交流直线电动机可以分为永磁(同步)式交流直线电动机和感应(异步)式交流直线电动机两种。永磁式直线电动机的次级是一块块顺序铺设的永久磁钢,初级是含铁芯的三相绕组;感应式直线电动机的初级与永磁式直线电动机的初级结构相同,但次级是用自行短路的不馈电栅条来代替永磁式直线电动机的永久磁钢。通常永磁式直线电动机在单位面积推力、效率、可控性等方面均优于感应式直线电动机,但其成本高、工艺复杂,而且给机床的安装、使用和维护带来不便。感应式直线电动机在不通电时是没有磁性的,因此

图 5-23 直线电动机的结构形式

有利于机床的安装、使用和维护。近年来,其性能不断改进,已接近永磁式直线电动机的水平。

2.直线电动机的特点

现在的机械加工对数控机床的加工速度和加工精度提出了越来越高的要求,传统的"旋转电动机＋滚珠丝杠"传动体系已经很难适应这一发展趋势。作为解决问题的可能途径之一,采用直线电动机的驱动系统,通常具有以下特点:

(1)使用直线伺服电动机,电磁力直接作用于运动体(工作台)上,而不必采用机械连接,因此没有机械滞后或齿轮周期误差,工作精度完全取决于反馈系统的检测精度。

(2)直线电动机上装配全数字伺服系统,可以达到极好的伺服性能,在任何速度下都能实现平稳的进给运动。由于电动机和工作台之间无机械连接件,工作台对位置指令几乎是立即反应(电气时间常数约为 1 ms),从而使跟随误差减至最小而达到较高的精度。

(3)直线电动机系统在动力传动过程中没有低效率的中介传动部件,因而能达到较高效率,可获得很好的动态刚度(动态刚度指在脉动负荷作用下伺服系统保持其位置的能力)。

(4)直线电动机驱动系统由于无机械零件的相互接触,因此无机械磨损,不需要定期维护,也不像滚珠丝杠那样有行程限制,可以使用多段拼接技术来满足超长行程机床的要求。

(5)由于直线电动机的动件(初级)已和机床的工作台合二为一,没有滚珠丝杠等转动零部件,因此直线电动机进给单元没有半闭环控制系统,只能采用全闭环控制系统。

## 5.3.5 齿轮传动装置及其间隙消除

1.齿轮传动的间隙消除

数控机床的进给系统由于经常需要正反换向,齿侧间隙的存在会造成反向时的指令脉冲丢失,产生反向死区而影响加工精度,所以必须采取措施消除齿轮传动链中的间隙。

(1)刚性调整法

刚性调整法是指调整后的齿侧间隙不能自动补偿的调整方法,它对齿轮制造时的周节误差及齿厚偏差需要严格控制,否则将会影响传动的灵活性。这种调整方法的结构比较简单,具有较好的传动刚度。

①偏心套调整法 图 5-24 所示为最简单的偏心套调整法消除间隙的结构。电动机 1 通过偏心套 2 装到壳体上,通过转动偏心套就可以调节两个啮合齿轮的中心距,从而消除两啮合齿轮的齿侧间隙。

②轴向垫片调整法  图 5-25 所示为利用轴向垫片消除间隙的结构。图 5-25（a）中两个啮合着的齿轮 1 和 2 的节圆沿齿宽方向做成稍有变化，使其齿厚略呈锥度，通过改变调整调整垫片 3 的厚度，可使两齿轮的轴向位置产生相对位移，从而消除齿侧间隙。图 5-25（b）中两个薄片斜齿轮 3 和 4 套在带键的轴上，通过改变调整垫片 2 的厚度可使齿轮 3、4 的左右齿面分别与宽斜齿轮 1 的齿槽右、左齿面紧密接触，达到既消除齿侧间隙又使齿轮转动灵活的目的。这种调整方法无论正、反向回转，均只有一个薄齿轮承受载荷，故齿轮的承载能力较小。

图 5-24  偏心套调整法

1—电动机；2—偏心套

图 5-25  轴向垫片调整法

1、2—齿轮；3—调整垫片；4、5—斜齿轮；6—宽斜齿轮

（2）柔性调整法

柔性调整法是指调整之后，齿侧间隙仍可获得自动补偿的调整方法。这种方法一般都通过调整弹簧的压力来自动实现消除齿侧间隙的目的，它能够在齿轮制造精度不高的场合下自动保持无间隙啮合。但这种调整方法的结构较复杂、轴向尺寸大、传动刚度低，传动的平稳性也较差。

①轴向弹簧调整法  图 5-26 所示为两个啮合着的锥齿轮 1 和 2，其中在装锥齿轮 1 的传动轴 5 上装有压簧 3，锥齿轮 1 在弹簧力的作用下可以向上稍做轴向移动，从而消除齿侧间隙。弹簧力的大小，可由螺母 4 进行调节。

②周向弹簧调整法  图 5-27 所示为两个齿数相同的薄片齿轮 3 和 4，同时与另一个宽齿轮（图 5-27 中未绘出）相啮合。薄片齿轮 3 空套在 4 上，二者可以相对回转，两个齿轮的端面上，分别装有四个均匀分布的螺栓凸耳 1 和 2，在薄片齿轮 3 的端面上还有四个通孔，凸耳 1 可以从通孔中穿过，弹簧 8 钩在调节螺钉 5 和凸耳 2 上，弹簧的拉力可以使薄片齿轮转动错位，所以两个薄片齿轮的左、右齿面分别与宽齿轮的左、右齿槽侧面贴紧，从而消除齿侧间隙。旋转螺母 6 和 7 可以对弹簧 8 的拉力进行调整。

图 5-26 轴向弹簧调整法

1、2—锥齿轮;3—压簧;4—螺母;5—传动轴

图 5-27 周向弹簧调整法

1、2—凸耳;3、4—薄片齿轮;5—调节螺钉;6、7—旋转螺母;8—弹簧

**2.齿轮齿条传动的间隙消除**

因为长丝杠制造困难,容易出现弯曲下垂,影响传动精度,又因为长丝杠的轴向刚度与扭转刚度较小,若采用加大丝杠直径的方法来提高刚度,则会因转动惯量增大而使伺服系统的动态特性不能得到保证,所以大型数控机床一般不采用丝杠传动,而采用齿轮齿条副进行传动。

采用齿轮齿条副传动时,必须采取措施消除齿侧间隙。当传动负载较小时,可以采用双薄片齿轮调整法;当传动负载较大时,就需要采用双斜齿轮传动的结构。图 5-28 是双斜齿轮传动消除间隙的原理图。进给运动由可轴向游动的轴 5 输入,在轴 5 上装有两个螺旋线方向相反的斜齿轮,当轴 5 受到轴向力 $F$ 的作用向前产生微量轴向位移时,两个斜齿轮带动轴 1 和轴 4 以相反方向转过微小角度,使齿轮 2 和 3 分别与齿条齿槽的异侧齿面贴紧,从而消除间隙。

**3.双导程蜗杆蜗轮的间隙消除**

在数控机床的回转工作台中,为了得到较大的减速比和较小的啮合间隙,常采用双导程蜗杆蜗轮传动。

如图 5-29 所示,双导程蜗杆又称为变齿厚蜗杆,它与普通蜗杆的区别是:双导程蜗杆齿形的单侧导程处处相等,但左、右两侧齿形的导程不相同(普通蜗杆左、右两侧齿形的导程都相同)。因此,双导程蜗杆齿形的特点是:蜗杆齿厚由蜗杆的一端向另一端均匀地逐渐增厚,故可用改变蜗杆轴向位置的方法来调整或消除双导程蜗杆蜗轮副之间的啮合间隙。

图 5-28 双斜齿轮传动消除间隙的原理

1、4、5—轴;2、3—齿轮

图 5-29 双导程蜗杆的齿形

双导程蜗杆蜗轮副具有以下突出优点：

（1）双导程蜗杆蜗轮副的啮合间隙可以调整得很小，并能在很小的侧隙下正常工作，这对提高数控转台的分度精度非常有利。

（2）双导程蜗杆蜗轮副通过蜗杆的轴向位移来调整蜗轮副的啮合侧隙，调整时不会改变它们的中心距，有利于保持蜗轮副的精度。

（3）双导程蜗杆蜗轮副采用修磨调整环的方法来控制双导程蜗杆的轴向移动量，故调整准确、方便可靠。

双导程蜗杆蜗轮副的缺点是：蜗杆加工比较麻烦，在车削和磨削双导程蜗杆的左、右齿面时，内联传动链要分别选配两套不同的挂轮，计算烦琐，当制造专用蜗轮滚刀时也存在同样的问题。由于双导程蜗杆左、右齿面的齿距不同，螺旋升角也不同，与它相啮合的蜗轮左、右齿面必须与蜗杆适配才能保证正确啮合，因此加工蜗轮的滚刀也应根据双导程蜗杆的参数来专门设计制造。

## 5.3.6 轴上零件连接的间隙消除

在伺服传动系统中，为了确保传动精度和工作稳定性，总是希望在设计上能达到无间隙、低摩擦、低惯量、高刚度、高固有频率及阻尼比适当的水平。虽然在滚珠丝杠传动、齿轮传动及机床导轨副中已经采取了一系列措施，努力提高传动刚度和适当消除传动间隙，但是在伺服传动系统中还有一些细小环节不容忽视，这就是轴上零件连接的间隙消除。

图 5-30 介绍了两种键连接的间隙消除方法：图 5-30(a)所示为双键连接结构，采用紧定螺钉顶紧的方法消除间隙；图 5-30(b)所示为楔形销连接结构，采用螺母拉紧楔形销的方法消除间隙。

(a) 双键连接结构　　　　　　　　　　(b) 楔形销连接结构

图 5-30　键连接的间隙消除方法

图 5-31 所示为锥环胀紧套连接结构，这是一种无键连接方式。轮毂 1 的孔与轴 4 的表面均为光滑圆柱，外弹性环 2 的内孔为锥形，内弹性环 3 的外表面为锥形。当拧紧螺母时，在轴向压力作用下，锥环产生弹性变形后，外弹性环的外径增大，内弹性环的内径缩小，故可在轴与轮毂孔的接触面上产生径向压紧力，利用此径向压紧力所引起的摩擦力矩来传递扭矩，可使该连接方式在传递动力时没有反向间隙。

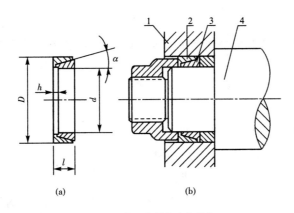

图 5-31  锥环胀紧套连接结构

1—轮毂；2—外弹性环；3—内弹性环；4—轴

# 5.4  数控机床的导轨

## 5.4.1  直线贴塑滑动导轨

直线滑动导轨副有多种结构形式，图 5-32(a)所示为开式窄导向结构，工作台由一条导轨的两侧实现导向，它没有加装压板，不能承受颠覆力矩。图 5-32(b)所示为闭式宽导向结构，因装有压板，故可以承受较大的颠覆力矩。又由于它采用两条导轨进行导向，导向面之间的距离较大，所以具有一定的稳定性。但这种结构不能用于环境温度变化太大的工作场合，否则热胀冷缩将使导轨面之间的配合间隙产生过大的变动，使导向性能恶化。

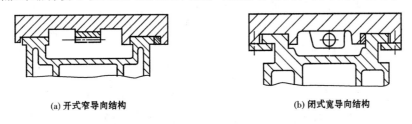

(a) 开式窄导向结构          (b) 闭式宽导向结构

图 5-32  开式窄导向和闭式宽导向直线滑动导轨副

数控机床上的直线滑动导轨副主要有山-矩形、矩-矩形两种截面组合形式。这两种导轨副的接触刚度较高，承载能力较强，制造、检验和维护都很方便。为了提高直线导轨副的低速运动性能，防止出现低速爬行现象，很少采用普通材质的"铸铁-铸铁"导轨副，而是在数控机床的动导轨上粘贴工程塑料导轨软带，构成"工程塑料-铸铁"或"工程塑料-淬火钢"贴塑滑动导轨副，以提高滑动导轨副的使用寿命和性能。

贴塑的方法是在动导轨的摩擦表面上，贴一层以聚四氟乙烯为基体，并与青铜粉、铅粉、石墨粉等填料混合、模压、烧结而成的工程塑料软带，以降低导轨副的摩擦因数，提高导轨的耐磨性能。贴塑导轨的支承导轨通常采用淬火钢材料制造。当要求不太高的时候，也可采用普通铸铁导轨。贴塑导轨的优点是：摩擦因数比较低，动静摩擦因数比较接近，即使在干摩擦的情况下也不易出现爬行现象；导轨接合面之间的抗咬合磨损能力强，减振性好；耐磨性高,与"铸铁-铸铁"导轨相比可提高1～2倍;化学稳定性好,耐水、耐油;可加工性能好、工艺简单、成本低;遇有硬粒落入导轨面时,可将硬粒挤入塑料内部,以避免导轨的磨损和撕伤。

### 5.4.2 直线滚动导轨

#### 1.概述

直线滚动导轨如图5-33所示,它是在机床直线导轨的两工作面之间放置滚动体而构成的。如果滚动体是滚柱,则称为直线滚柱导轨;如果将滚柱改为滚珠,则称为直线滚珠导轨。无论是滚柱导轨还是滚珠导轨,都需要设置保持架,将滚动体相互隔离开,才能保持直线滚动导轨的正常工作。

直线滚动导轨使导轨副的摩擦性质由滑动摩擦变为滚动摩擦,摩擦因数显著减小为 0.002 5～

图 5-33　直线滚动导轨

0.005,特别是动摩擦因数与静摩擦因数相差甚微,因此导轨副的运动轻便灵活,有效地消除了低速爬行问题。直线滚动导轨副所需的驱动功率小,机械磨损小,机床的精度保持性好,特别是低速进给运动时工作平稳,使数控机床的运动精度和定位精度都得到了提高。但滚动导轨的结构复杂,制造精度和制造成本较高,滚动体与导轨面之间构成高度接触,抗振性较差,因此对导轨的防护要求较高,一般工厂很难自行生产制造。

#### 2.滚动导轨块

滚动导轨块是由专业厂家批量生产的标准化机电产品,它可以用螺钉固定在机床的移动工作台或立柱上,装卸十分方便,具有效率高、寿命长、灵敏性好、润滑简单等许多优点,常用于中等负荷机床导轨副场合。

(1)滚动导轨块的形状特点

滚动导轨块的外形如图5-34所示,该滚动导轨块内装有许多滚柱,导轨块整体安装在机床的移动部件上,当机床的移动部件运动时,滚动导轨块内的滚柱就在导轨块内循环运动,起导向和支承作用。图5-35是滚动导轨块的内部结构简图,可以看出它的结构紧凑,既可以单独使用,也可以拼接使用。滚动导轨块的承载能力大,运动平稳,润滑、维修、调整都很方便,已广泛用于各类数控机床和加工中心机床。

(a)　　　　　　　　　　(b)

图 5-34　滚动导轨块的外形

图 5-35 滚动导轨块的内部结构简图
1—中间导向；2—滚柱；3—油孔；4—保持器

（2）滚动导轨块的安装

滚动导轨块需要配合镶钢淬硬导轨使用，才能发挥最佳效果，这是因为镶钢淬硬导轨的硬度高，可以大幅度提高滚动导轨副的承载能力和耐磨性。镶钢淬硬导轨有正方形和长方形两种截面形状，为了方便热处理操作和减少导轨的热处理变形，可以把镶钢淬硬导轨做成若干小段，使用时再将它们拼装到机床上。

滚动导轨块有两种安装方式。图 5-36 所示为滚动导轨块的窄式安装，采用的是正方形截面的闭式导轨安装方式，由一条主导轨的两侧面进行导向（窄式导向），另一条导轨仅承受重力但不起导向作用。图 5-37 所示为滚动导轨块的宽式安装，采用的是长方形截面的闭式导轨安装方式，此时由两条导轨的不同外侧面进行导向（宽式导向），在导轨的上、下、左、右方向都采用了滚动导轨块，所以接触刚度较大，还可以利用弹簧垫或调整垫来调节滚子与支承导轨之间的预压力，调整接触刚度；但这种安装方式的跨距较大，对温度的变化比较敏感。

图 5-36 滚动导轨块的窄式安装

图 5-37 滚动导轨块的宽式安装
1、2—弹簧垫或调整垫

（3）滚动导轨块的调整

滚动导轨块的调整方法有多种，如采用调整垫调整、调整螺钉调整、楔铁调整、弹簧垫压紧等。调整时滚动导轨块与镶钢淬硬导轨之间不能留间隙,且必须有适当预紧,这样做可以提高导轨副的导向精度和达到足够的接触刚度。

3.直线滚动导轨副

图 5-38 所示为直线滚动导轨副,它是一种使用更为方便的独立完整的机床部件。直线滚动导轨副工作时的摩擦因数小、运动精度高,可以根据需要任意接长,安装和维修都十分方便。直线滚动导轨副在安装时,对机床上的连接部位的要求不高,机床上的结合面不必淬硬,也不必磨削和刮研,只需精铣或精刨就可以满足使用要求。直线滚动导轨副工作时的移动速度可以高达 60 m/min,在数控机床和加工中心机床上已经得到广泛应用。

图 5-38　直线滚动导轨副

(1)直线滚动导轨副的结构特点

直线滚动导轨副的结构如图 5-39 所示,它是由一条长导轨和若干滑块组成的。每个滑块内装有许多列滚动体,其中的 2、3、6、7 为负载列,1、4、5、8 为返程列。每一个负载列与相邻的返程列(例如 1 和 2)之内的滚动体首尾连接起来,在封闭的滚道内构成紧密排布的单圈滚动体循环序列,这称为一组。每个滑块内装有 4 组滚动体,当滑块相对于导轨移动时,每一组滚动体都在各自的滚道内循环运动,承受载荷并进行导向。这种导轨可以采用预紧措施,因而刚度高,承载能力大。

图 5-39　直线滚动导轨副的结构
1、4、5、8—回珠;2、3、6、7—负载滚珠

直线滚动导轨副中的滚动体可以采用滚珠,也可以采用短滚柱,分别构成滚珠循环型直线滚动导轨副或滚柱循环型直线滚动导轨副,以满足不同机床的承载能力与加工精度的需要。两类直线滚动导轨副的截面形状如图 5-40 所示。

(2)直线滚动导轨副的安装特点

直线滚动导轨副可以采用水平安装,也可以采用竖直安装或倾斜安装,通常情况下是两条直线滚动导轨配对使用。当导轨长度不够时,可以将多根直线滚动导轨接长使用。在特殊情况下,也可以将多根导轨平行安装。

(a) 滚珠循环型　　　　　　　　(b) 滚柱循环型

图 5-40　直线滚动导轨副的截面形状

　　直线滚动导轨副有两种定位安装方式。第一种安装方式为单导轨定位安装方式,如图 5-41 所示。基准导轨条 4 的定位侧面紧靠床身 6 的侧定位基准面,在楔块 2 的作用下,导轨条 4 被准确定位并固连到床身上成为基准导轨条。为了保证各导轨之间的平行度,可以仔细校正其余各导轨对基准导轨条的平行度,调整合格之后逐一加以固定,单导轨定位安装方式称为单导轨定位。这种安装方式的操作过程简便,对床身的平行度加工要求不高,比较容易达到所需的精度。

图 5-41　单导轨定位安装方式

1—工作台;2、3—楔块;4—基准导轨条;5—非定位导轨;6—床身

　　直线滚动导轨副的另一种安装方式为双导轨定位,如图 5-42 所示,当机床的精度要求较高且工作时的振动、冲击又比较大时,可以采用这种安装方式,此时两条导轨的侧面与底面都必须在机床上进行准确可靠的定位。由于双导轨定位方式对机床定位面的加工要求很高,对调整垫的加工精度要求也高,所以调整难度比较大。

图 5-42　双导轨定位的安装方式

1、5—基准导轨条;3—工作台;2、4—调整垫;6—床身

(3)直线滚动导轨副的优点

直线滚动导轨副的刚度高、强度高、吸振性好、运动阻力小、工作噪音低,可以用于高速运动的场合。此外,直线滚动导轨副还具有润滑条件好、使用寿命长、基本可以免维护运行、可以任意接长使用等突出优点。

# 5.5 刀库及自动换刀装置

## 5.5.1 刀 库

### 1.刀库的类型

刀库的结构类型有很多种,按照形式的不同,分别叙述如下:

(1)鼓(盘)式刀库

①刀具轴线与刀库轴线平行的鼓式刀库 刀具轴线与刀库轴线平行的鼓式刀库如图5-43所示,在刀库中刀具呈环形排列,有径向取刀和轴向取刀两种形式。两者的刀座、刀套结构不同。鼓式刀库的结构简单,在刀库容量不大的情况下经常被采用。但当所需容纳的刀具数量很多时,由于刀库直径大大增加,转动惯量很大,所以选刀所需时间也很长。此时为了提高刀库的利用率,可以改为采用双圈刀具排列或多圈刀具排列的刀库形式,但此类刀库的结构相对复杂一些。

(a) 径向取刀        (b) 轴向取刀

图 5-43 刀具轴线与刀库轴线平行的鼓式刀库

②刀具轴线与刀库轴线不平行的鼓式刀库 图 5-44 所示为刀具轴线与刀库轴线夹角为锐角的鼓式刀库,这种刀库安装在数控机床的主轴箱上,可以随同主轴箱上下移动,共同完成换刀动作过程。

图 5-45 所示为刀具轴线与刀库轴线夹角为直角的盘式刀库,这种刀库需要占用较大的空间。因受刀库安装位置与刀库容量的限制,故应用较少。这种刀库换刀时可以减少机械手的动作,所以机械手的结构相对简单。

图 5-44　刀具轴线与刀库
轴线夹角为锐角的鼓式刀库

图 5-45　刀具轴线与刀库轴线
夹角为直角的盘式刀库

（2）链式刀库

如图 5-46 所示为链式刀库,它的结构比较紧凑,通常采用轴向取刀方式,刀库的容量比较大,可用于 30~240 把刀具的场合。

(a) 单环链式刀库　　　　　　　　　　(b) 多环链式刀库

图 5-46　链式刀库

1—刀座;2—滚轮;3—主动链轮

链式刀库的刀具输送链可以根据机床的布局配置成各种形状。如图 5-47 所示结构将换刀位置的刀座突出排列,有利于换刀操作。

（3）固定型格子盒式刀库

固定型格子盒式刀库如图 5-48 所示。刀具分几排直线排列,由纵、横向移动的取刀机械手完成选刀运动,再将选取的刀具送到固定的换刀位置刀座上,由换刀机械手交换刀具。这种刀库由于刀具排列密集,空间的利用率很高,故刀库的容量很大。

图 5-47　剪式手爪回转式单臂双机械手

1—刀座；2—剪式手爪；3—机床主轴；4—伸缩臂；5—伸缩与回转机构；6—手臂摆动机构

图 5-48　固定型格子盒式刀库

1—刀座；2—刀具固定板架；3—取刀机械手横向导轨；

4—取刀机械手纵向导轨；5—换刀位置刀座；6—换刀机械手

### 2.选刀方式

选刀方式是指数控机床在加工过程中,根据指令带的要求,将所需的刀具从刀库中准确调出的方法,通常有顺序选刀方式和任意选刀方式两种。

（1）顺序选刀方式

顺序选刀方式是指按照工艺要求,依次将所用刀具插入刀库刀座中的一种选刀方式。当更换不同的产品时,常常需要重新排列刀库中的刀具顺序,因而操作烦琐。顺序选刀方式适用于工件品种数较少、加工批量较大、刀具数量不多的加工中心机床。

（2）任意选刀方式

大多数加工中心的数控系统都具有刀具任选功能,因此加工中心大多采用任意选刀方式,它可分为刀座编码、刀具编码和 PLC 跟踪记忆等几种。

①刀座编码任选刀具　刀具不进行编码,一旦刀具装入刀座后就自动获得该刀座的编码。在编程时规定每一工序所需刀具应装入的刀座号,加工时依靠刀座编码识别装置来选取所需的刀具。这种方式将刀具还回刀库时,必须回到刚才所占用过的刀座,不允许装错。

因此,刀座编码选刀方式的操作时间较长,刀库的运动及控制较复杂,它适合于选刀、还刀运动与机床加工时间重合、并可以存放较大直径的刀具的场合。

②刀具编码任选刀具 编程时只规定每一工序所需刀具的编码,而不限定刀具装入哪个刀座。采用这种选刀方式时,每把刀具自身都必须带有编码装置,并且要有完善的刀具编码管理系统,以确保使用过的刀具放回随机空刀座之后,仍可被正确地识别和调用。

③PLC跟踪记忆任选刀具 将刀具号与刀座号一一对应输入数控系统的PLC之后,刀具可以任意取出,也可以任意送回到随机刀座中存放,由计算机全程跟踪,不会出现混淆。这种方法所使用的刀柄是采用国际通用的形式,不必设置编码条,结构简单,通用性能好,刀座上也不必设置编码,但在刀库上应当设有刀座位置检测装置(一般与电动机装在一起),还需设有一个机械原点(又称零位),以便检测有关信息,供计算机处理和使用。

### 5.5.2 装刀机械手

装刀机械手是用于主轴装卸刀具的机构。当主轴上的刀具完成加工后,依靠机械手把已用过的刀具送回刀库,同时把所需的新刀具由刀库取出,然后装入主轴的端部。对机械手的要求是动作可靠迅速、协调准确、换刀时间短。由于刀库与主轴的相对位置和距离不同,所以机械手的结构不同,换刀过程也有所不同。单臂单机械手只有一个手臂换刀,因此换刀时间长。各种回转式单臂双机械手可同时拔刀装刀,通过手臂的回转迅速交换刀具的位置,因此换刀时间短,应用广泛。

1.180°回转式单臂双机械手

(1)不伸缩回转式单臂双机械手

图5-49所示为用于刀座轴线与机床主轴轴线平行情况下的自动换刀装置,该换刀装置的机械手在回转时,不会与相邻刀座内的刀具发生干涉。这种不伸缩回转式机械手的回转动作快速可靠,换刀时间短,一般在2 s以内。

(2)可伸缩回转式单臂双机械手

图5-45所示为适用于刀座轴线与机床主轴轴线垂直情况下的自动换刀装置。由于机械手在缩回后转位换刀,故可避免与刀库中的其他刀具干涉。但因为增加了机械手伸缩的动作,所以换刀所需的时间较长。

(3)剪式手爪回转式单臂双机械手

这种机械手的特点是采用两组剪式手爪来夹持刀柄,故称为剪式机械手。图5-47(a)所示为刀库刀座轴线与机床主轴轴线平行情况下,采用剪式机械手换刀的示意图;图5-47(b)所示为刀库刀座轴线与机床主轴轴线垂直情况下,采用剪式机械手换刀的示意图。

图5-49 不伸缩回转式机械手
1—刀库;2—换刀位置的刀座;
3—机械手;4—机床主轴

2.垂直回转式单臂双机械手

图5-50所示机械手用于刀库刀座轴线与机床主轴轴线垂直、刀库为径向存取刀具形式情况下的自动换刀装置。机械手有伸缩、回转和抓刀、松刀等动作。

图 5-50　两手互相垂直的回转式单臂双机械手
1—刀库；2—齿条；3—齿轮；4—抓刀活塞；5—手臂托架；
6—机床主轴；7—抓刀动块；8—销子；9—抓刀定块；
10、12—小齿轮；11—弹簧；13、14—小齿条

伸缩动作：液压缸（图中未示出）带动手臂托架 5 沿主轴轴向移动。

回转动作：液压缸活塞驱动齿条 2 使与机械手相连的齿轮 3 旋转。

抓刀动作：液压驱动抓刀活塞 4 移动，通过活塞杆末端的齿条传动两个小齿轮 10。再分别通过小齿条 14、小齿轮 12、小齿条 13 移动两个手部中的抓刀动块，抓刀动块上的销子 8 插入刀具颈部后法兰上的对应孔中，抓刀动块与抓刀定块 9 撑紧在刀具颈部两法兰之间。

换刀后在弹簧 11 的作用下，抓刀动块松开及销子退出。这种夹持刀具的方法必须采用特殊的刀柄（德国 DIN 标准）。

3. 平行回转式单臂双机械手

平行回转式单臂双机械手如图 5-51 所示，由于刀库 4 中刀具的轴线与机床主轴 1 的轴线方向垂直，故机械手 3 有三个动作：

(1) 沿主轴轴线方向（$Z$ 方向）平移，对主轴轴端位置上的刀具 2 进行插刀或拔刀动作。

(2) 绕水平轴做 $90°$ 摆动（$S_1$ 方向），完成主轴与刀库之间刀具传递的动作。

(3) 绕垂直轴做 $180°$ 旋转（$S_2$ 方向），完成刀具的换位交换动作。

机械手换刀动作分解如图 5-52 所示，其过程如下：

Ⅰ 抓刀：机械手 4 抓取装于刀库 6 中的待换刀具 5。

Ⅱ 逆转 $90°$：机械手 4 在取出待换刀具 5 的同时，抓取装于机床主轴 1 中的待卸刀具 2。

Ⅲ 拔刀：机械手 4 向下平移，取出待卸刀具 2。

图 5-51 平行回转式单臂双机械手

1—机床主轴；2—刀具；3—机械手；4—刀库

Ⅳ 换位：机械手 4 绕垂直轴做 $180°$ 旋转，完成刀具的换位动作。

Ⅴ 装刀：机械手 4 向上平移，将待换刀具 5 安装到机床主轴 1 中。

Ⅵ 顺转 $90°$：机械手 4 将待卸刀具 2 装于刀库 6 上。

Ⅶ 主轴进行加工，同时刀库旋转开始下一次选刀，直至将下一次待用刀具转到刀库的最下方，为下一次换刀作准备。

经过Ⅰ～Ⅶ的运动环节，便可完成一次换刀循环。

图 5-52 机械手换刀动作分解

1—机床主轴；2—待卸刀具；3—转臂；4—机械手；5—待换刀具；6—刀库

如图 5-53 所示，机械手有两对手爪，分别由液压缸 1 驱动夹紧和松开。当液压缸驱动手爪外伸时(图 5-53 中上部手爪),支架上的导向槽 2 拨动销子 3,使该对手爪绕轴销 4 摆动,手爪合拢实现抓刀动作;当液压缸驱动手爪缩回时(图 5-53 中下部手爪),支架上的导向槽使该对手爪放开,实现松刀动作。

图 5-53　机械手的手爪结构

1—液压缸;2—导向槽;3—销子;4—轴销

### 4.双手交叉式机械手

如图 5-54 所示为手臂座移动的双手交叉式机械手,其换刀动作循环如下:

图 5-54　双手交叉式机械手换刀示意图

Ⅰ—选取待用刀具;Ⅱ—等待交换;Ⅲ—完成刀具交换;

1—机床主轴;2—装上的刀具;3—卸下的刀具;4—手臂座;

5—刀库;6—装刀手;7—卸刀手

（1）选取待用刀具

机械手移动到机床主轴 1 处卸、装刀具,卸刀手 7 伸出,抓住主轴中卸下的刀具 3,手臂座 4 沿主轴轴向前移,拔出刀具 3;卸刀手 7 缩回;装刀手 6 带着刀具 2 前伸到对准主轴位置;手臂座 4 沿主轴轴向后退,装刀手把刀具 2 插入主轴,装刀手缩回。

（2）机械手换刀

机械手移动到刀库 5 处,送回卸下的刀具 3,并选取下一次加工所需的刀具(这些动作可在机床加工时进行)。手臂座 4 横移至刀库 5 上方位置Ⅰ并轴向前移,卸刀手 7 前伸使刀具 3 对准刀库空刀座,手臂座 4 后退,卸刀手 7 把刀具 3 插入空刀座,卸刀手 7 缩回。刀库的选刀运动与上述相同,选刀后,横移到等待换刀的中间位置Ⅱ。

双手交叉式机械手适用于距主轴较远、容量较大的落地分置式刀库自动换刀装置,因向刀库归还刀具和选取刀具均可与机床加工同时进行,故换刀时间较短。

# 5.6 数控机床的其他常用机构

## 5.6.1 回转工作台

数控机床回转工作台主要有两种,即数控进给回转工作台和分度回转工作台,其工作台面的形式有带托板交换装置和不带托板交换装置两种。

### 1. 数控进给回转工作台

数控进给回转工作台的主要功能有两个:一是工作台分度运动,即在非切削时,装有工件的数控回转工作台在整个圆周(360°)范围内进行分度旋转;二是工作台做圆周方向的数控进给运动,即在进行切削时,与 $X$、$Y$、$Z$ 三个坐标轴进行联动,加工复杂的空间曲面。

数控进给回转工作台由传动系统、间隙消除装置及蜗轮夹紧装置等组成。如图 5-55 所示,回转工作台由电动机 1 驱动,经齿轮 2、4 带动蜗杆 9 转动,通过蜗轮 10 使工作台回转。为了消除齿轮副的反向间隙和传动间隙,通过调整偏心环 3 来改变齿轮 2、4 的中心距,使齿

图 5-55 数控进给回转工作台

1—电动机；2、4—齿轮；3—调整偏心环；5—楔形圆柱销；6—压紧块；7—螺母；8—锁紧螺钉；9—蜗杆；
10—蜗轮；11—调整套；12、13—夹紧块；14—液压缸；15—活塞；16—弹簧；17—钢球；18—光栅

轮总是无侧隙啮合。齿轮 4 和蜗杆 9 依靠楔形圆柱销 5($A$—$A$ 剖面)来连接,以消除轴与套的配合间隙。蜗杆 9 采用齿厚渐变的双导程螺杆,通过轴向移动蜗杆就可以消除蜗杆蜗轮副的啮合间隙。调整时松开螺母 7 的锁紧螺钉 8,使压紧块 6 与调整套 11 松开,松开楔形圆柱销 5,然后转动调整套 11,带动蜗杆 9 轴向移动,调整后锁紧调整套和楔形圆柱销。

工作台在静止时,必须处于锁紧状态,为此,在蜗轮底部装有八对夹紧块 12、13,并在底座上均布八个液压缸 14,当液压缸 14 的上腔通入压力油时,活塞 15 向下运动,通过钢球 17 撑开夹紧块 12、13,将蜗轮夹紧;当工作台需要回转时,数控系统发出指令,液压缸 14 通回油,钢球 17 在弹簧 16 的作用下向上抬起,夹紧块 12 和 13 松开,此时蜗轮和回转工作台可按照控制系统的指令作回转运动。

数控回转工作台设有零点,当它做回零运动时,首先使装在蜗轮上的挡块碰撞限位开关,使工作台减速,然后通过光栅 18 使工作台准确地停在零点位置上。利用光栅可作任意角度的回转分度,并可达到很高的分度精度。

数控回转工作台主要应用在数控铣床上,特别是用于空间复杂曲面零件(如航空发动机叶片、船用螺旋桨等)的加工方面,且需要与高性能的数控系统相配套。

2.分度回转工作台

数控机床的分度回转工作台简称分度工作台,它与数控进给回转工作台的区别,在于分度工作台只能根据加工的需要将工件转至某一个所需的角度,以便完成不同表面的加工。但它不能实现圆周方向的数控进给运动,故而两者在结构上有重大差异。

分度工作台主要有定位销式分度工作台和鼠齿盘式分度工作台两种形式。前者的定位分度主要靠工作台的定位销和定位孔来实现,分度的角度取决于定位孔在圆周上分布的数量,通常可做二、四、八等分的分度运动。由于受细分角度数的限制及定位精度低等原因,故很少用于现代数控机床和加工中心上。鼠齿盘式分度工作台是利用一对上下啮合的多齿齿盘,通过上、下齿盘的相对旋转来实现工作台的分度,分度的角度范围依据齿盘的齿数而定。其优点是结构简单、定位刚度好、重复定位精度高,分度精度可达±($0.5°\sim3°$);其缺点是鼠齿盘的制造精度要求很高。目前,鼠齿盘式分度工作台已经广泛应用于各类数控机床和加工中心上。

图 5-56 所示为 ZHS-K63 卧式加工中心上的带有托板交换机构的分度工作台,采用鼠齿盘式分度结构,其分度工作原理如下:

当分度工作台不转位时,上鼠齿盘 7 和下鼠齿盘 6 总是啮合在一起。当控制系统给出分度指令后,电磁铁控制换向阀运动(图 5-56 中未画出),使压力油进入油腔 3,使活塞体 1 向上移动,并通过滚珠轴承带动整个工作台台体 13 向上移动。工作台台体 13 的上移使得鼠齿盘 6 与 7 脱开。装在工作台台体 13 上的齿圈 14 与驱动齿轮 15 保持啮合状态,电动机通过皮带和一个降速比 $i=1/30$ 的减速箱带动驱动齿轮 15 和齿圈 14 转动。当控制系统给出转动指令时,驱动电动机旋转并带动上齿盘 7 旋转进行分度;当转过所需角度后,驱动电动机停止,压力油通过液压阀 5 进入油腔 4,迫使活塞体 1 向下移动并带动整个工作台台体 13 下移,使上、下鼠齿盘相啮合,可准确地定位,从而实现了工作台的分度。

驱动齿轮 15 上装有保险销(图 5-56 中未画出),如果分度工作台发生超载或碰撞等现象,保险销将被自动切断,从而避免了机械部分的损坏。

分度工作台根据数控加工程序的命令可以正转,也可以反转,由于该齿盘有 360 个齿,

图 5-56 带有托板交换机构的分度工作台

1—活塞体；2、5、16—液压阀；3、4、8、9—油腔；6—下鼠齿盘；7—上鼠齿盘；
10—托板；11—液压缸；12—圆锥定位销；13—工作台台体；14—齿圈；15—驱动齿轮

故最小分度单位为 1°。

分度工作台上的两个托板 10 是用来交换工件的，每个托板的台面上有 7 个 T 形槽，托板台面利用 T 形槽来安装夹具和零件。托板靠四个精磨的圆锥定位销 12 在分度工作台台体 13 上定位，由液压夹紧。托板的交换过程如下：

当需要更换托板时，控制系统发出指令，使分度工作台返回零位，此时液压阀接通，使压力油进入油腔 9，推动液压缸 11 向上移动，托板则脱开圆锥定位销 12。当托板被顶起后，托板交换液压缸 11 左移驱动齿条（图 5-57 中的虚线部分）向左移动，带动与其相啮合的齿轮旋转并使整个托板装置旋转，使托板沿着环形滑动轨道旋转 180°，从而达到托板交换的目的。当新的托板到达分度工作台上面时，空气阀接通，压缩空气经管路从圆锥定位销 12 中间吹出，清除圆锥定位销孔中的杂物。同时，电磁液压阀 2 接通，压力油进入油腔 8，迫使液压缸 11 向下移动，并带动托板夹紧在四个圆锥定位销 12 中，完成整个托板的交换过程。

托板夹紧和松开一般不单独操作，而是在托板交换时自动进行。

图 5-57 托板交换装置

## 5.6.2 自动排屑装置

数控机床是一种可以进行高效切削的自动化加工机床，如果较长时间开机之后的切屑堆积与切屑排除问题得不到妥善解决，高效加工便不能正常进行。自动排屑装置是与数控机床配套的一种独立的功能附件,它要解决两个问题,即首先要将切屑从切削区分离,使切屑自动进入排屑装置,然后利用排屑装置将切屑自动排出加工区。

1. 切削区的排屑方法

实现切削区排屑,要充分利用机床上已有的运动和本身的条件。常用的方法有:

(1)斜置床面,利用重力使切屑自动掉入排屑槽中,例如在数控车床中就是采用本方法。

(2)利用大流量冷却液冲刷,将切屑强制性冲离切削区,进入排屑槽内,例如在数控加工中心机床上,利用大流量冷却液可以将切屑冲离刀具、夹具和工作台,使之掉入工作台台面两侧的槽中。

(3)利用压缩空气吹扫,使切屑掉入排屑槽中。

2. 常见的自动排屑装置

(1)平板链式排屑装置

平板链式排屑装置如图 5-58(a)所示,它利用链板使切屑在箱式封闭槽中运动,直到出屑口。这种装置适用于各种形状切屑的排除,各类机床都能配套使用。在车床上它还能和冷却液回收相结合,以简化机床的结构。

图 5-58 自动排屑装置示意图
1—链板;2—刮板;3—减速器;4—电动机

(2)刮板式排屑装置

刮板式排屑装置如图 5-58(b)所示,它的原理及结构与平板链式排屑装置相似,采用刮板 2 运送切屑,排屑能力强,但因负载较大,故需采用大功率电机,适合排除各种短切屑。

(3)螺旋式排屑装置

螺旋式排屑装置如图 5-58(c)所示,电动机通过减速器带动螺杆输送器旋转,从而推动切屑移至出屑口。这种装置的排屑性能好、结构简单、占用空间小,适于安装在空间窄小的位置上,但只能水平运送,不适于垂直提升排屑。

## 5.6.3　润滑系统

在数控机床上,润滑系统不仅起着润滑作用,而且还起着冷却作用,对机床部件实现恒温控制,以减小热变形的影响。

数控机床采用的润滑方式有油脂润滑和油液润滑两种。油液润滑又可分为油液循环润滑、定时定量润滑、油雾润滑和油气润滑等方式。在一台数控机床上,有时只有一种润滑方式,有时却是多种润滑方式同时并存。例如在某一数控车床上,主轴轴承、滚珠丝杠螺母副以及滚珠丝杠支承轴承等采用油脂润滑,机床导轨等移动部件采用定时定量油液润滑,而主轴箱内的变速齿轮则采用油液循环润滑。

1. 油脂润滑方式

油脂润滑方式不需要特殊的润滑设备,工作可靠、密封简单、不需要经常添加和更换油脂,维护比较方便,但运转时的摩擦阻力较大。油脂润滑方式一般采用的是高级锂基润滑脂,润滑时油脂的封入量一般为润滑空间容积的10%,切忌随意填满,否则会加剧运动部件的发热。采用油脂润滑方式时,要采取有效的密封措施,以防止切屑液和稀油进入。密封措施有迷宫式密封、油封密封和密封圈密封等。

2. 油液循环润滑方式

在数控机床上,发热量大的部件常采用油液循环润滑方式。油液循环润滑方式是利用油泵把油箱中的润滑油经管道和分油器等元件送到各润滑点,用过的油液返回油箱,在返回途中或者在油箱中油液经过冷却和过滤,供再循环使用。这种润滑方式供油充足,可以采用各种专用装置进行润滑油压力、流量和温度的控制与调整。

3. 定时定量润滑方式

定时定量润滑是指无论润滑点的位置是高还是低,离油泵的距离是远还是近,都能保持各润滑点的供油量稳定。由于润滑的周期及供油量均可受控调整,所以减少了润滑油的消耗,易于实现缺油自动报警,该润滑方式的可靠性高。

4. 油雾润滑方式

油雾润滑方式是利用经过净化处理的压缩空气将润滑油雾化,并经管道吹送到摩擦表面。这种润滑方式能以较少的油量获得较充分的润滑,压缩空气还兼有冷却作用,常用于高速回转轴承的冷却与润滑。但因润滑时的油雾容易被吹出,故可能对环境造成污染。

5. 油气润滑方式

油气润滑方式是针对高速主轴而开发的新型润滑方式。它是用极微量的油气润滑轴承,以抑制轴承发热。

## 5.6.4　液压与气压传动系统简介

1. 液压与气压传动系统的特点

液压与气压传动系统在数控机床的机械控制与调整系统中占据着很重要的位置,它被广泛应用于主轴自动装夹、主轴箱齿轮变挡、主轴箱齿轮和主轴轴承的润滑、换刀装置、回转工作台以及尾座等结构中。

液压传动装置由于使用工作压力高的油性介质,因此机械结构紧凑、机构出力大,动作平稳可靠、噪声较小且易于调节,但当油液发生泄漏时会污染环境。

气动装置的气源容易获得,机床不必单独配置动力源。气动装置的结构简单、工作介质对环境无污染、工作速度快、动作频率高,适于完成频繁启动的辅助工作。气动装置过载时比较安全,不易发生因过载而损坏部件的事故。

2.液压与气压传动系统的应用

液压与气压传动系统在数控机床中主要用于完成如下辅助功能:

(1)自动换刀所需的动作,如机械手的伸、缩、回转和摆动,以及刀具的松开和夹紧动作。

(2)机床运动部件的平衡,如机床主轴箱的重力平衡装置、刀库机械手的平衡装置等。

(3)机床运动部件的运动、制动和离合器的控制,如齿轮拨叉变挡等。

(4)机床运动部件的支承,如动压轴承、静压轴承、液压导轨等。

(5)机床的润滑冷却,防护罩、板、门的自动开关,工作台的夹紧、松开和交换工作台的自动交换动作,夹具的自动夹紧、自动吹屑和清理等。

# 思考题与习题

5-1  采用哪些方法可以提高数控机床的结构刚度?试举例进行说明。

5-2  对数控机床进行总体布局时,需要考虑哪些方面的问题?

5-3  和普通机床相比较,数控机床的机械结构有哪些特点?

5-4  数控机床的主轴调速方法有哪几种?如何实现主轴的分段无级变速功能?

5-5  加工中心机床的主轴为什么需要有准停装置?如何实现准停?

5-6  根据图 5-7,详细分析加工中心机床主轴的结构特点和刀具自动装卸装置的工作过程。如果在刀柄上忘了安装拉钉,将会产生什么严重后果?

5-7  与齿轮传动相比,同步齿形带传动有何特点?

5-8  数控机床为什么常采用滚珠丝杠螺母副作为传动元件?它有什么特点?

5-9  滚珠丝杠螺母副为什么要预紧?具体有哪几种调整间隙的预紧方法?

5-10  滚珠丝杠螺母副为什么要预拉伸?试说明预拉伸的具体操作方法。

5-11  数控车床没有机械式进给箱,车螺纹时如何实现不同导程的螺纹车削?

5-12  数控机床消除齿侧间隙的方法有哪些?各用在什么场合?

5-13  数控机床常用的导轨有哪几种形式?各有什么特点?

5-14  数控机床的对刀方式有哪几种?简述对刀仪的结构与原理。

5-15  加工中心主轴内孔自动吹屑装置的作用是什么?

5-16  加工中心的选刀方式有哪几种?各有什么特点?

5-17  数控加工在什么情况下需要使用回转工作台?简述两种回转工作台的工作过程。

5-18  数控机床的自动换刀装置有哪些主要类型?常见的刀库类型有哪些?

5-19  与滚珠丝杠螺母副传动系统相比,直线电动机进给驱动系统具有哪些特点?

5-20  数控机床为何需要专设自动排屑装置?常用的自动排屑装置有哪些形式?

# 第6章

# 位置检测装置

## 6.1 概　述

### 6.1.1 位置检测装置的要求

位置检测装置是数控机床伺服系统的重要组成部分。它的作用是检测位移和速度,发送反馈信号至数控系统,构成闭环或半闭环控制。数控机床的加工精度主要由检测系统的精度决定。不同类型的数控机床,对位置检测元件、检测系统的精度要求和被测部件的移动速度各不相同。目前检测元件与系统的最高水平是被测部件的最高移动速度达到 240 m/min 时,其检测位移的分辨率(能检测的最小位移量)可达 1 $\mu$m。

数控机床对位置检测装置有如下要求:

(1)受温度、湿度的影响小,工作可靠,抗干扰能力强,能长期保持精度。

(2)在机床执行部件移动范围内,能满足精度和速度的要求。

(3)使用维护方便,适应机床的工作环境。

(4)成本低。

### 6.1.2 位置检测装置的分类

数控机床位置检测装置的种类很多。对于不同类型的数控机床,因工作条件和检测要求不同,可以采用以下不同的检测方式。

数控机床常见的位置检测装置见表 6-1。

表 6-1　　　　　　　　　数控机床常见的位置检测装置

| 类型 | 增量式 | 绝对式 |
|---|---|---|
| 回转型 | 脉冲编码器　旋转变压器<br>圆感应同步器　圆光栅　圆磁栅 | 多速旋转变压器　绝对脉冲编码器<br>三速圆感应同步器 |
| 直线型 | 直线感应同步器　计量光栅<br>磁尺　激光干涉仪 | 三速直线感应同步器<br>绝对值式磁尺 |

1.增量式和绝对式测量

增量式测量方式只测量位移增量,并用数字脉冲的个数来表示单位位移(最小设定单位)的数量,每移动一个测量单位就发出一个测量信号。其优点是检测装置比较简单,任何一个对中点都可以作为测量起点。但在这种系统中,移距是靠对测量信号累积读出的,一旦累计有误,后续测量结果将全错。另外,在发生故障(如断电)时不能再找到事故前的正确位置,事故排除后,必须将工作台移至起点重新计数才能找到事故前的正确位置。脉冲编码器、旋转变压器、感应同步器、光栅、磁栅、激光干涉仪等都是增量式检测装置。

绝对式测量方式测出的是被测部件在某一坐标系中的绝对坐标值,并且以二进制或十进制数码信号表示出来,一般都要转换成脉冲数字信号以后,才能送去进行比较和显示。采用这种方式,分辨率要求越高,结构越复杂。这样的测量装置有绝对式脉冲编码器、三速式绝对编码器(或称多圈式绝对编码器)等。

2. 数字式和模拟式检测

数字式检测将被测量单位量化以后以数字形式表示。其测量信号一般为电脉冲,可以直接把它送到数控系统中进行比较、处理。这种检测装置有脉冲编码器、光栅等。数字式检测有如下特点:

(1)被测量转换成脉冲个数,便于显示和处理。

(2)测量精度取决于测量单位,与量程基本无关,但存在累计误差。

(3)检测装置比较简单,脉冲信号抗干扰能力强。

模拟式检测将被测量单位量化后用连续变量来表示,如电压的幅值变化、相位变化等。在大量程内做精确的模拟式检测时,对技术有较高要求,数控机床中模拟式检测主要用于小量程测量。模拟式检测装置有测速发电机、旋转变压器、感应同步器和磁尺等。模拟式检测的主要特点有:

(1)直接对被测量进行检测,无须量化。

(2)在小量程内可实现高精度测量。

(3)可用于直接检测和间接检测。

3. 直接检测和间接检测

(1)直接检测

位置检测装置安装在执行部件(末端件)上,直接测量执行部件末端件的直线位移量或角位移量,都可以称为直接检测。这种方法可以构成闭环进给伺服系统,检测方式为用直线光栅、直线感应同步器、磁栅、激光干涉仪等测量执行部件的直线位移量。这种检测方式是采用直线型检测装置对机床的直线位移量进行的测量,其优点是直接反映工作台的直线位移量;缺点是要求检测装置与行程等长,对大型的机床来说,这是一个很大的限制。

(2)间接检测

位置检测装置安装在执行部件前面的传动元件或驱动电机轴上,测量其角位移量,经过传动比变换以后才能得到执行部件的直线位移量,这种方法称为间接检测,可以构成半闭环伺服进给系统,如将脉冲编码器安装在电机轴上。间接检测的使用可靠方便、无长度限制;其缺点是在检测信号中加入了直线运动转变为旋转运动的传动链误差,从而影响测量精度。一般需对机床的传动误差进行补偿,才能提高定位精度。

除了以上位置检测装置,伺服系统中往往还包括检测速度的元件,用以检测和调节电动机的转速。常用的测速元件是测速发电机。

# 6.2 脉冲编码器

## 6.2.1 脉冲编码器的分类

脉冲编码器是一种旋转式脉冲发生器,能把机械转角转换成电脉冲序列,可作为位置检测装置和速度检测装置。脉冲编码器可按以下方式分类:

(1)根据计数制的不同,可分为二进制编码(8421 码)和二进制循环码(格雷码)编码器。

(2)根据输出信号形式的不同,可分为增量式脉冲编码器和绝对式脉冲编码器。

增量式脉冲编码器在转动时输出脉冲,通过计数设备计算所得脉冲的数目,即可测出工作轴转角,并可通过数显装置进行显示;通过测定计数脉冲的频率,即可测出工作轴转速。增量式脉冲编码器不具备"零点"记忆功能,当编码器停止转动时,不能依靠计数设备记忆的内部数据来记住工作轴的位置。这样,当断电停转后,增量式脉冲编码器不能有丝毫转动;当来电恢复工作时,编码器也不能因意外干扰而丢失脉冲,否则就会使计数设备记忆的数据失真偏移,而这种偏移量的大小与方向是无从事先知晓的,将可能在生产中引发重大错误及严重后果。

绝对式脉冲编码器的编码盘上有许多道等距刻线区域,每道刻线区域的转角范围一定,依次以权重 $2^1 = 2$、$2^2 = 4$、$2^3 = 8$、$2^4 = 16$……编排,这样,在编码器的任一个转角位置,通过读取每道刻线区域的明、暗信息,即可得到一组确定且唯一的多位二进制编码,称为 $n$ 位绝对式编码器。绝对式脉冲编码器的数值是由编码盘的机械位置决定的,它不受停电或干扰的影响,在定位可靠性方面明显优于增量式脉冲编码器,已经越来越广泛地应用于各种工业系统中的角度测量、长度测量和定位控制。

绝对式脉冲编码器还可以分为单圈绝对式编码器和多圈绝对式编码器。

单圈绝对式编码器在转动中测量编码盘上的各道刻线,以获取唯一的编码;当转角超过360°范围时,编码又重复返回到原点,这样就不符合"绝对编码唯一"的原则,因此这样的编码器只可用于360°角度范围以内的测量,称为单圈绝对式编码器。

如果要使测量的角度超过360°范围,就要用到多圈绝对式编码器。该编码器生产厂家运用钟表齿轮机械的原理,当中心码盘旋转时,通过齿轮传动另一组码盘(或多组齿轮、多组码盘),在单圈编码的基础上再增加圈数的编码,以扩大编码器的测量范围。这样的绝对编码器就称为多圈绝对式编码器,它同样由机械位置确定编码,在大于360°的范围也可以做到每个位置的编码唯一,无须另行记忆。

多圈编码器的另一个优点是测量范围大,实际使用时量程的富余量较多,因此在安装时不必刻意找零点,只要将某一中间位置作为起始点就可以了,因而大大简化了安装调试工作的难度。

(3)根据内部结构和检测方式可分为接触式、光电式和电磁式编码器三种。光电式编码器的精度与可靠性优于其他两种,因此在数控机床上通常使用光电式脉冲编码器。

(4)根据在机床上安装形式的不同,可分为内装式编码器和外装式编码器。

内装式编码器与伺服电动机同轴连接在一起,安装比较方便;伺服电动机的另一轴端与滚珠丝杠轴连接,编码器位于进给传动链最前端,距离工作台较远,所以它的位置控制精度不太高。外装式编码器安装在滚珠丝杠轴上,距离工作台较近,传动链较短,所以它的位置控制精度较高,但外装式编码器的安装不太方便。

## 6.2.2 增量式光电脉冲编码器

### 1.增量式光电脉冲编码器的结构及工作原理

增量式光电脉冲编码器又称为光电盘,它的结构如图 6-1 所示,由带聚光镜的光源(LED 或灯)、分度狭缝板、光电盘、光电元件及信号处理电路组成。其中,光电盘在一块玻璃圆盘上镀上一层不透光的金属薄膜,然后在上面制成沿圆周等距分布的透光与不透光交替相间的径向放射状狭缝条纹,并在分度狭缝板上也制成与光电盘相同的透光狭缝。光电盘也可采用不锈钢薄片制成。

在编码器光电盘的另一侧,安装了 A、B 两个光电元件,它们之间相距四分之一狭缝距离。当光电盘旋转时,通过光电盘和分度狭缝板的光线被遮挡,产生周期性明暗相间的变化,由光电元件接收并转换成电脉冲信号输出。电脉冲信号通常为 A、B 两相,其相位差为 1/4 周期,相互之间相差 90°相位角。根据 A 相或 B 相脉冲的数目,可测出转轴转过的角位移量;根据脉冲的频率,可测出转轴的转速;根据 A 相、B 相信号的相位超前滞后关系,可测出转轴的转动方向。

增量式脉冲编码器的输出波形如图 6-2 所示。两个光电元件接收到的信号 A 和 B 相位角相差 90°,通过整形,成为两路方波信号。根据两路信号相位的先后顺应,即可判断光电盘的正/反转。若 A 相超前于 B 相,则电机正转;若 B 相超前于 A 相,则电机反转。若以该方波的前沿产生计数脉冲,则可以形成代表正向位移和反向位移的脉冲序列。此外,增量式光电脉冲编码器还输出每转一个脉冲的信号,可用做加工螺纹时的同步信号。

图 6-1 增量式光电脉冲编码器的结构

图 6-2 增量式光电脉冲编码器的输出波形

提高增量式光电脉冲编码器分辨率的方法有:增加光电盘圆周上等分狭缝的密度;增加光电盘的发信通道数量。第一种方法实际上是使光电盘的狭缝变成圆光栅线纹。第二种方法使光电盘上不仅只有一圈透光狭缝,而是有若干圈大小不等的同心圆环狭缝(亦称码道),虽然光电盘仍是回转一周,但发出的脉冲信号数却大大增多,使分辨率大大提高。进给电动机常用的增量式光电脉冲编码器的分辨率有 2 000 p/r、2 024 p/r、2 500 p/r 等。

2.增量式光电脉冲编码器的特点

增量式光电脉冲编码器具有以下特点：

(1)非接触式测量，无接触磨损，所以码盘的寿命长，精度保持性好。

(2)允许的测量转速较高，精度较好。

(3)光电转换，抗干扰能力强。

(4)体积小，便于安装，适用于机床运行环境。

(5)编码盘的基片若为玻璃，则抗冲击和抗振动的能力较差。

## 6.2.3　绝对式脉冲编码器

1.绝对式脉冲编码器的种类

绝对式脉冲编码器是一种直接编码、绝对测量的检测装置。与增量式脉冲编码器不同，它通过读取绝对式编码盘上的图案代码信号，指示出转角相对于零位的绝对位置。绝对式脉冲编码器在读数时没有累积误差，电源切断后位置信息也不会丢失，一旦重新来电就可以继续正常工作。

绝对式脉冲编码器有接触式、光电式和电磁式等结构形式。

绝对式接触编码器的优点是结构简单、体积小、输出信号强；缺点是电刷磨损造成使用寿命缩短，转速不能太高(每分钟几十转)，精度受外圈(最低位)码道宽度限制，因此使用范围有限。

绝对式光电编码器是目前用得较多的一种，编码盘由透明区与不透明区构成，转动时，由光电元件接收相应的编码信号。绝对式光电编码盘的优点是没有接触磨损，码盘的寿命长，允许的工作转速高，而且最外圈码道的宽度可做得很小，因而精度高，是一种有发展前途的绝对式直接编码检测元件；其缺点是结构比较复杂，价格较高，光源的寿命较短。

2.绝对式光电脉冲编码器

绝对式光电脉冲编码器的编码盘上有透光和不透光的编码图案，它可将被测转角转换成相应的代码来指示绝对位置而没有累计误差，是一种直接编码式的角位移测量装置。其编码方式可以有二进制编码、二进制循环编码等。

如图 6-3 所示为绝对式光电脉冲编码器的原理与结构。在图 6-3(a)中，编码盘上有四条同心圆码道。按照二进制分布规律，最外圈为最低位，把每条码道加工成透明和不透明相间的形式。编码盘的一侧安装光源，另一侧安装径向排列的一排光电管，每个光电管对准一条码道。当光源照射编码盘时，如果是透明区，则光线通过后被光电管接收，转变成电信号，并输出信号"1"；如果是不透明区，光线被阻挡，光电管接收不到光线，则输出信号"0"。转轴带动编码盘旋转时，光电管输出的信息就代表了转轴的相应位置，即角度位置的绝对值。

3.绝对式接触脉冲编码器

绝对式接触脉冲编码器的特点是电刷与编码盘上导电区直接接触，以测出编码盘的位置。编码盘的基体是绝缘体，码道是一组同心圆，码道的数目根据分辨率来决定。

如图 6-4(a)所示为采用 8421 码表达的四位二进制编码盘。它在一个不导电基体(绝缘体)上做成许多金属区使其导电，其中涂黑部分为导电区，用"1"表示；其他部分为绝缘区，用

图 6-3　绝对式光电脉冲编码器的原理与结构

"0"表示。这样,在每一个径向上,都有由"1""0"组成的四位二进制代码。最内圈是公用的,它和各码道所有导电部分连在一起,经电刷和电阻接电源正极。除公用圈以外,四位二进制码盘的四圈码道上也都装有电刷,电刷经电阻接地。由于码盘是与被测转轴连在一起的,而电刷位置是固定的,所以当编码盘随被测轴一起转动时,电刷和编码盘的位置发生相对变化。若电刷接触的是导电区域,则经电刷、码道、电阻和电源形成回路,该回路中的电阻上有电流流过,读为"1";反之,若电刷接触的是绝缘区域,则不能形成回路,电阻上无电流流过,读为"0"。由此可根据电刷的位置得到由"1""0"组成的四位二进制码。码道的圈数就是二进制的位数,且高位在内、低位在外。因此,若是 $n$ 位二进制编码盘,就设置有 $n$ 圈码道,且每一圈码道都沿圆周均匀分为 $2^n$ 等份,即采用 $2^n$ 个数据来分别表示圆周的不同位置,该编码盘所能分辨的角度(分辨率)为

$$\alpha = \frac{2\pi}{2^n}$$

位数 $n$ 越大,所能分辨的角度越小,测量精度越高。因此,若要提高分辨率,就必须增加码道的圈数,即提高二进制数的位数。

图 6-4　绝对式接触脉冲编码器

目前接触式脉冲编码器一般可以做到九位二进制。若位数更多,则可采用组合码盘,一个作为粗计数码盘,另一个作为精计数码盘;精计数码盘转一圈,粗计数码盘顺次转一格。

另外,在实际应用中对码盘制作和电刷安装的要求也十分严格,否则就会产生非单值性误差。例如,当电刷由 8421 码表达的 0111 位置向 1000 位置滑移过渡时,若电刷的安装位置不准或接触不良,则可能引发误读为 8～F 中的任何一个十进制数。这种误读产生的误差称为非单值性误差。为了消除这种非单值性误差,可采用二进制循环码盘(格雷码码盘)。

如图 6-4(b)所示为四位格雷码码盘。通过与图 6-4(a)比较,两者的不同之处在于:格雷码码盘的码道不会出现两个或两个以上的码位信息同时改变的现象,所以任何位置相邻两数码之间永远只有一个码位是变化的,每次只切换一位数,不可能出现非单值性误差,借助于这种做法能可靠地把数据的误读率控制在最小范围内。

将二进制 8421 码转换为格雷码的方法是演算"退位去尾不进位加法":将某个二进制码右移一位并舍去末位码,然后与原二进制码作不进位加法,即得转换后的格雷码(循环码)。例如:二进制码 1101 对应的格雷码为 1011,其演算过程如下:

$$
\begin{array}{r}
1101 \quad \text{(二进制码)} \\
\oplus \quad 110 \quad \text{(右移一位并舍去末位)} \\
\hline
\text{(不进位加法)} \quad 1011 \quad \text{(格雷码)}
\end{array}
$$

式中,"$\oplus$"表示不进位相加。

接触式码盘的优点是结构简单、体积小、输出信号功率大;缺点是有磨损、寿命短且转速不能太高。

4.绝对式磁电脉冲编码器

绝对式磁电脉冲编码器是在导磁圆盘上用腐蚀的方法做成一定的编码图形,使有的地方导磁性高,有的地方导磁性低。再用一个很小的马蹄形磁芯做磁头,上面绕两组线圈,原边用正弦电流励磁,由于副边感应电动势与整个磁路的磁导率有关,所以可以区分数码"0"或数码"1"。它也是一种非接触式编码器,具有寿命长、转速高等优点。

## 6.2.4　脉冲编码器在数控机床上的应用

脉冲编码器在数控机床上的应用场合有:位移测量、主轴控制、速度测量,借助于零标志脉冲的回参考点控制等。

1.位移测量

在位置控制系统中,为了提高控制精度,准确测量受控对象的位置是十分重要的。目前,位置检测的方法有两种:其一是使用绝对式位置传感器,将测量到的位移量由传感器经A/D 转换成数字量送至数控系统进一步处理,这种方法虽然检测精度高,但在多路、长距离位置监控系统中成本较高,安装困难,因此并不太实用;其二是使用增量式光电脉冲编码器,通过对脉冲计数就能计算出相应的位移。第二种位置测量方法使用方便、测量准确,而且成本较低,在电力拖动进给系统中经常采用。

2.主轴控制

(1)主轴旋转与坐标轴进给的同步控制

在螺纹加工中,为了保证被加工螺纹的导程准确,必须有固定的进刀点和退刀点。此时,安装在数控车床主轴上的光电脉冲编码器主要应解决两个问题:

①通过对编码器输出脉冲的计数,保证主轴每旋转一周时,刀具相应准确地移动一个导程。

②在较大螺纹需要经过多次切削才能完成加工的切削过程中,控制每次重复切削的开始进刀位置相同,以保证重复切削螺纹不乱扣,此时的数控系统只有在接收到光电脉冲编码器中的一转脉冲(零点脉冲)后才开始螺纹切削的计算。

(2)主轴定向准停控制

加工中心机床换刀时,为了使机械手对准刀柄,主轴必须准确停止在某一固定的径向位置;在某些固定切削加工循环(如精镗孔)中,刀具也必须准确停止在某一固定的径向位置才能安全退刀,这就是主轴定向准停功能。加工中心机床的主轴定向准停功能通常采用磁传感器定向、编码器定向或机械定向三种方式控制实现,准确停止的角度和位置可以任意设定。

(3)主轴恒线速度切削控制

车床和磨床在进行较大端面或锥形面的切削时,为了保证加工表面的表面粗糙度要求,通常需要使刀具与工件接触点的线速度保持为恒定值,这就是主轴恒线速度切削控制功能。随着刀具的径向进给,瞬时切削直径逐渐减小或逐渐增大,数控系统应不断提高或降低主轴转速,以保持切削线速度为常值。由 $v=\pi Dn/1\,000$($v$ 为恒定的线切削速度,$D$ 为随刀具径向进给不断变化的工件瞬时切削直径,$n$ 为所需相应变化的主轴瞬时转速)可知,$D$ 由坐标轴的位移检测装置获得,经软件数据处理后即得主轴瞬时转速 $n$,转换成速度控制信号后传至主轴驱动装置,实现主轴恒线速度切削控制。

3.速度测量

光电脉冲编码器输出脉冲的频率与其转速成正比,因此,光电脉冲编码器可代替测速发电机用于模拟测速,成为数字测速装置。

当利用光电脉冲编码器的脉冲信号进行速度反馈时,若伺服驱动装置为模拟式的,则脉冲信号需经过频率/电压($f/U$)转换器转换成正比于频率的电压信号;若伺服驱动装置为数字式的,则可直接进行数字测速反馈。例如带编码器的伺服电动机常被用于半闭环数控机床。

4.借助于零标志脉冲的回参考点控制

当数控机床采用增量式位置检测装置时,数控机床在接通电源后首先要进行"回参考点"操作。这是因为机床断电后,数控系统就失去了对各坐标轴位置的记忆,所以在接通电源后,必须让各坐标轴回到机床某一固定点上,这一固定点就是机床坐标系的原点或零点,也称为机床"参考点"。使机床回到这一固定点的操作,称为"回参考点"或"回零"操作。

参考点位置是否正确,与检测装置中的零标志脉冲有相当大的关系。在回参考点操作时,数控机床坐标轴先以快速向参考点方向运动;当碰到减速挡块后,以慢速沿坐标轴趋近;当脉冲编码器产生零标志信号(一转脉冲信号)后,再按事先设定的距离沿坐标轴移动,准确停止于参考点位置。

### 6.2.5 脉冲编码器安装与使用的注意事项

脉冲编码器安装与使用时需注意以下几点：

(1)脉冲编码器属于高精度仪器,安装时严禁敲击、摔打和碰撞,安装或使用不当会影响编码器的性能和使用寿命。

(2)脉冲编码器与外部连接应避免刚性连接,需要采用联轴器、连接齿轮或同步齿形带连接传动,以避免因机床转轴的窜动或跳动造成脉冲编码器的轴系和编码盘损坏。

(3)安装时应注意脉冲编码器允许的轴负载,不得超过极限负载。

(4)注意不要超过脉冲编码器的极限转速,因为如果超过极限转速,电信号可能会丢失。

(5)接线务必正确,错误的接线可能导致脉冲编码器的内部电路损坏。

(6)不要将脉冲编码器的数据线与动力线缠绕在一起,不要使用同一管道传输,也不宜在配电柜附近使用,以防电磁干扰。

## 6.3 旋转变压器

旋转变压器又称同步分解器,是一种数控机床上常见的角位移测量装置,也是一种控制用微电机。它具有结构简单、动作灵敏、工作可靠、对环境条件要求低(特别是高温、高粉尘环境)、输出信号幅度大和抗干扰能力强等优点;其缺点是信号处理比较复杂。但是,它是能将机械转角变换成与该转角呈某一函数关系的电信号的一种间接测量装置,目前被广泛地应用于半闭环控制的数控机床上。

### 6.3.1 旋转变压器的结构

旋转变压器在结构上与二相线绕式异步电动机相似,由定子和转子组成,是一种以定子绕组为变压器的一次绕组、以转子绕组为变压器的二次绕组的结构。旋转变压器分为有刷和无刷两种。有刷旋转变压器定子与转子上两相绕组轴线分别相互垂直,如图6-5(a)所示,转子绕组的引线(端点)经滑环引出,并通过电刷送到外部。无刷旋转变压器无电刷与滑环,由分解器和变压器组成,如图6-5(b)所示,左边是分解器,右边是变压器,变压器的作用是不通过电刷与滑环把信号传递出来,其分解器结构与有刷旋转变压器基本相同。变压器的一次绕组(转子绕组)与分解器转子上的绕组相连,并绕在与分解器转子固定在一起的线轴上,与转子轴一起转动;变压器二次绕组绕在与线轴同心的变压器定子的线轴上。励磁电压接到转子绕组上,感应电动势由定子绕组输出。

常用的励磁频率为400 Hz、500 Hz、1 000 Hz和5 000 Hz。如果励磁频率较高,则旋转变压器的尺寸可以显著减小,转子的转动惯量也就可以很小,适用于加/减速比较大或高精度的齿轮、齿条组合使用的场合;分解器转子线圈输出信号接到变压器一次绕组,从变压器二次绕组(定子绕组)引出最后的输出信号。无刷旋转变压器具有输出信号大、可靠性高、寿命长及无须维修等优点,所以数控机床主要使用无刷旋转变压器。

(a) 有刷旋转变压器

1—转子绕组；2—定子绕组；3—转子；

4—整流子；5—电刷；6—接线柱

(b) 无刷旋转变压器

1—壳体；2—分解器定子；3—变压器定子；

4—变压器一次绕组；5—变压器转子线轴；

6—变压器二次绕组；7—分解器转子；

8—转子轴

图 6-5　旋转变压器结构示意图

　　旋转变压器可分为单极对和多极对两种。单极对旋转变压器的定子和转子的极对数，使电气转角为机械转角的倍数，用于高精度绝对式检测系统。双极对旋转变压器的定子和转子上都各有两对相互垂直的磁极，其检测精度较高，在数控机床中应用普遍。

　　旋转变压器工作时，通过将其转子轴与电机轴或丝杠轴连接在一起来实现电机轴或丝杠转速的测量。对于单极对旋转变压器，其转子通常不直接与电机轴相连，而是经过精密齿轮升速后再与电机轴相连，此时需要根据丝杠的导程选用齿轮的升速比，以保证机床的脉冲当量与输入设定的单位相同，升速比通常为 $1:2$、$1:3$、$1:4$、$2:3$、$1:5$、$2:5$ 等。多极对旋转变压器不用升速，可与电机直接相连，因此精度更高。

　　通常应用的旋转变压器为二极旋转变压器，其定子和转子绕组中各有互相垂直的两个绕组。另外，还有一种多极对旋转变压器。它可以把一个极对数少的和一个极对数多的两种旋转变压器做在一个磁路上，并安装在一个机壳内，构成"粗测"和"精测"电气变速双通道检测装置，用于高精度检测系统和同步系统。此时，粗、精机可以各自有各自的铁芯，为分磁路式。也可以是粗、精机绕组放在同一个铁芯内，为共磁路式。

## 6.3.2　旋转变压器的工作原理

　　旋转变压器的定子和转子之间的磁通分布符合正弦规律，因此当励磁机的励磁电压加到定子绕组上时，通过电磁耦合，转子绕组产生感应电动势，如图 6-6 所示。其输出电压的大小取决于转子的角向位置，即随着转子偏移的角度呈正弦变化。由变压器原理，设原边绕组匝数为 $N_1$，副边绕组匝数为 $N_2$，$k = N_1/N_2$ 为变压比，当原边输入交变电压时，即

$$U_1 = U_m \sin(\omega t) \tag{6-1}$$

则副边产生感应电动势

$$E_2 = kU_1 = kU_m \sin(\omega t) \tag{6-2}$$

(a) 线圈位置图　　　　　　　　　(b) 波形图

图 6-6　旋转变压器的工作原理

当转子绕组的磁轴与定子绕组的磁轴位置为任意角度 $\theta$ 时,绕组中产生的感应电动势为

$$E_2 = kU_1\sin\theta = kU_m\sin(\omega t)\sin\theta \tag{6-3}$$

式中　$k$—— 变压比;

　　　$U_1$—— 定子的输入电压;

　　　$U_m$—— 定子最大瞬时电压。

当转子转到两磁轴平行时,即 $\theta = 90°$ 时,转子绕组中感应电动势最大,即

$$E_2 = kU_m\sin(\omega t) \tag{6-4}$$

旋转变压器转子绕组输出电压的幅值是严格地按转子偏转角的正弦规律变化的,其频率和励磁电压的幅值相同。

## 6.3.3　旋转变压器的应用

旋转变压器作为位置检测装置,有鉴相工作方式和鉴幅工作方式两种。

### 1. 鉴相工作方式(相位工作方式)

在旋转变压器定子的两相正交绕组(正弦用 s、余弦用 c 表示,一般称为正弦绕组和余弦绕组)上,分别输入幅值相等,频率相同的正弦、余弦激磁电压,即

$$U_s = U_m\sin(\omega t) \qquad U_c = U_m\cos(\omega t)$$

两相励磁电压在转子绕组中会产生感应电动势。根据线性叠加原理,在转子绕组中感应电压为

$$U = kU_s\sin\theta_{机} + kU_c\cos\theta_{机} = kU_m\cos(\omega t - \theta_{机}) \tag{6-5}$$

式中,$k$ 为变压比。

由式 6-5 可知感应电压的相位角等于转子的机械转角 $\theta_{机}$。因此,只要检测出转子输出电压的相位角,就知道了转子的转角,而且旋转变压器的转子是和伺服电机或传动轴连接在一起的,从而可以求得执行部件的直线位移量或角位移量,如图 6-7 所示。

图 6-7 定子两相绕组励磁

2.鉴幅工作方式(幅值工作方式)

给定子的两个绕组分别通以频率、相位相同但幅值不同的电压(调幅的激磁电压),即

$$U_s = U_m \sin\theta_{电} \sin(\omega t) \qquad U_c = U_m \cos\theta_{电} \sin(\omega t)$$

则在转子绕组上得到感应电压为

$$U = kU_s \sin\theta_{机} + kU_c \cos\theta_{机}$$
$$= kU_m \sin(\omega t)(\sin\theta_{电} \sin\theta_{机} + \cos\theta_{电} U_c \cos\theta_{机})$$
$$= kU_m \cos(\theta_{电} - \theta_{机}) \sin(\omega t) \qquad\qquad (6\text{-}6)$$

在实际应用中,通过不断修改励磁调幅电压值的电气角 $\theta_{电}$,使之跟踪 $\theta_{机}$ 的变化,并测量感应电压幅值,即可求得机械角位移量。

# 6.4　感应同步器

感应同步器是一种电磁感应式高精度位移检测装置。它是利用两个平面印制电路绕组之间的互感量随其位置而变化的原理制造的、用于位移检测的传感器。

## 6.4.1　感应同步器的结构与特点

### 1.感应同步器的结构

如图 6-8 所示为直线感应同步器,主要由定尺和滑尺组成。定尺是单向均匀感应绕组,尺长一般为 250 mm,绕组节距 2T 通常为 2 mm。

滑尺上有两个励磁绕组,一组称为正弦励磁绕组,另一组称为余弦励磁绕组,滑尺上两绕组的节距与定尺绕组的节距相同,并相互错开 1/4 节距排列,一个节距相当于旋转变压器的一转,这样两个滑尺激磁绕组之间相差 90°电角度。

### 2.感应同步器的特点

(1)精度高。感应同步器直接对机床的位移进行测量,测量结果只受本身精度的限制,定尺上感应电压信号为多周期的平均效应,降低了绕

图 6-8　直线感应同步器
1—正弦励磁绕组;2—余弦励磁绕组

组的局部尺寸误差影响,达到了较高的测量精度,其直线精度一般为±0.002 mm/250 mm。

(2)适应性强。它利用电磁感应原理产生信号,所以不怕油污,测量信号与绝对位置一一对应,对环境的适应性强,抗干扰能力强,不易受到干扰。

(3)安装维护简单。定尺和滑尺之间无接触磨损,在机床上安装简单。使用时通常需要另加防护罩,可防止切屑进入定尺和滑尺之间划伤导片,并防止灰尘、油雾的不利影响,因此其使用寿命长。

(4)工艺性好,成本低。定尺绕组与滑尺绕组便于复制和成批生产。

(5)测量距离不受限制。可以根据测量长度的需要,采用多根接长的方法,将多条定尺拼接到所需要的长度,可用于测量较长距离的位移,使机床移动的行程范围基本上不受限制,特别适于大中型数控机床使用。

(6)与旋转变压器相比,感应同步器的输出信号比较微弱,需要一个放大倍数很高的前置放大器。

## 6.4.2 感应同步器的类型

感应同步器按其结构特点和用途,可分为直线感应同步器和圆感应同步器。直线感应同步器由定尺和滑尺组成,用于直线位移量的检测;圆感应同步器由转子和定子组成,用于角度位移量的检测。

## 6.4.3 感应同步器的工作原理

感应同步器是基于电磁感应现象工作的,如图6-9所示。

图 6-9 感应同步器的工作原理

定尺与滑尺相互平行安装,并保持一定的间距。向滑尺正弦绕组通以交流励磁电压,则在滑尺正弦绕组中产生励磁电流,滑尺正弦励磁绕组周围产生按正弦规律变化的磁场。由于电磁感应,在定尺上感应出感应电压,当滑尺与定尺间产生相对位移时,由于电磁耦合的变化,使定尺上感应电压随位移的变化而变化。若在滑尺余弦绕组中通以交流励磁电压,也能在定子绕组中得到感应电动势,感应电动势则按余弦波形变化。

## 6.4.4 感应同步器的工作方式

根据励磁绕组中励磁供电方式的不同,感应同步器可分为鉴相工作方式和鉴幅工作方式。

1.鉴相工作方式

鉴相工作方式是给滑尺的正弦绕组和余弦绕组分别通以频率相同、幅值相同但时间相位相差 $\pi/2$ 的交流励磁电压,即

$$u_S = U_m\sin(\omega t) \qquad u_C = U_m\sin(\omega t + \pi/2) = U_m\cos(\omega t)$$

若起始时正弦绕组与定尺的感应绕组对应重合,当滑尺移动时,滑尺与定尺的绕组不重合,则定尺绕组中产生的感应电压为

$$u_{d1} = ku_s\cos\theta = kU_m\sin(\omega t)\cos\theta \tag{6-7}$$

式中　$k$——耦合系数;

$\theta$——滑尺绕组相对于定尺绕组的空间相位角,$\theta = 2\pi x/T$($T$ 为节距)。

当滑尺移动距离 $x$ 时,对应的感应电压以余弦或正弦函数变化角度 $\theta$。

同理,由于余弦绕组与定尺绕组相差 1/4 节距,故在定尺绕组中的感应电压为

$$u_{d2} = ku_c\cos(\theta + \pi/2) = -kU_m\sin\theta\cos(\omega t)$$

应用叠加原理,定尺上感应电压为

$$u_d = u_{d1} + u_{d2} = kU_m\sin(\omega t)\cos\theta - kU_m\sin\theta\cos(\omega t) = -kU_m\sin(\omega t - \theta) \tag{6-8}$$

可见,在鉴相工作方式中,由于耦合系数 $k$、励磁电压幅值 $u_m$ 以及频率 $\omega t$ 均是常数,所以定尺的感应电压 $u_d$ 只随着空间相位角 $\theta$ 的变化而变化。由此可以说明定尺的感应电压与滑尺的位移值有严格的对应关系,通过鉴别定尺感应电压的相位,即可测得滑尺和定尺间的相对位移。

2.鉴幅工作方式

鉴幅工作方式是给滑尺的正弦绕组和余弦绕组分别通以相位相同、频率相同但幅值不同的交流励磁电压,即

$$u_S = u_{sm}\sin(\omega t), \qquad u_C = u_{cm}\sin(\omega t)$$

式中,两励磁电压的幅值分别为

$$u_{sm} = u_m\sin\theta_1, \qquad u_{cm} = u_m\cos\theta_1$$

则在定尺上的叠加感应电压为

$$
\begin{aligned}
u_d &= ku_{sm}\sin(\omega t)\cos\theta - ku_{cm}\sin(\omega t)\sin\theta \\
&= k\sin(\omega t)(u_{sm}\cos\theta - u_{cm}\sin\theta) \\
&= k\sin(\omega t)(U_m\sin\theta - U_m\cos\theta_1\sin\theta) \\
&= kU_m\sin(\omega t)\ \sin(\theta_1 - \theta)
\end{aligned} \tag{6-9}
$$

若　　　　　　　　　　　　　　　$\theta_1 = \theta$

则　　　　　　　　　　　　　　　$u_d = 0$

在滑尺移动过程中,在一个节距内的任一 $u_d = 0$,$\theta_1 = \theta$ 点称为节距零点。若改变滑尺位置,$\theta_1 \neq 0$,则在定尺上出现的感应电压为

$$u_d = kU_m\sin(\omega t)\sin(\theta_1 - \theta) = kU_m\sin(\omega t)\sin\Delta\theta \tag{6-10}$$

令 $\theta_1 = \theta + \Delta\theta$,则当 $\Delta\theta$ 很小时,定尺上的感应电压可近似表示为

$$u_d = kU_m\sin(\omega t)\Delta\theta$$

又因为　　　　　　　　　　　　　$\Delta\theta = \dfrac{2\pi}{T}\Delta x$

所以　　　　　　　　　$u_d = kU_m\Delta x\,\dfrac{2\pi}{T}\sin(\omega t) \tag{6-11}$

可见,定尺感应电压 $u_d$ 实际上是误差电压,当位移增量 $\Delta x$ 很小时,误差电压的幅值和 $\Delta x$ 成正比,因此可以通过测量 $u_d$ 的幅值来测定位移量 $\Delta x$ 的大小。

在鉴幅工作方式中,每当改变一个 $\Delta x$ 的位移增量,就有误差电压 $u_d$,当 $u_d$ 超过某一预先设定的门槛电平时,就产生脉冲信号,并用此修正励磁信号 $u_s$、$u_c$,使误差信号重新降低到门槛电平以下,这样就把位移量转化为数字量,实现了对位移的测量。

## 6.4.5　感应同步器的安装

感应同步器的安装如图 6-10 所示。

图 6-10　感应同步器的安装

1—机床移动部件;2—机床不动部件;3—定尺座;4—防护罩;5—滑尺;6—滑尺座;7—调整板;8—定尺

把定尺 8 安装在定尺座 3 上,再把定尺与定尺座一起安装在机床不动部件 2 上。为了尽量减小阿贝误差(并联读数误差),应使定尺尽量靠近移动导轨,但不可接触到移动导轨,否则可能产生很大的读数误差。将滑尺 5 与励磁盒安装在一起,同时安装在滑尺座 6 上,再把安装好的滑尺与滑尺座安装在机床移动部件 1 上。安装时要仔细调整,使定尺与滑尺之间的相互位置达到安装图(图 6-11)所示的精度要求,这些要求主要有:

图 6-11　直线感应同步器的外形尺寸、安装尺寸和安装要求

（1）定尺侧母线与机床导轨基准面 $A$ 的平行度允差为 0.1 mm/全长,定尺安装平面与机床导轨机基准面 $B$ 的平行度允差为 0.04 mm/全长。

（2）滑尺侧母线与机床导轨基准面 $A$ 的平行度允差为 0.024 mm/全长。

（3）定尺基准侧面与滑尺侧面相距（ $88\pm0.1$ ）mm。

（4）定尺、滑尺之间的间隙为（ $0.25\pm0.05$ ）mm,且定尺与滑尺应该保持间隙均匀,定尺、滑尺四角间隙差不大于 0.03 mm。

（5）定尺安装面的挠曲度在每 250 mm 长度范围内应小于 0.01 mm。

# 6.5  光栅位移检测装置

光栅的种类很多,其中有物理光栅和计量光栅之分。物理光栅刻线细而密,栅距（相邻两刻线间的距离）为 0.002～0.005 mm,通常用于光谱分析和光波波长的测定。计量光栅刻线相对来说较粗,栅距为 0.004～0.25 mm,通常用于数字检测系统中的高精度直线位移和角位移的测量,是数控机床上应用较多的一种检测装置。

## 6.5.1  光栅的种类

1. 直线光栅

（1）玻璃透射光栅

在玻璃的表面上制成透明与不透明间隔相等的线纹,称为透射光栅。其制造工艺为在玻璃表面感光材料的涂层上或金属镀膜上刻成光栅线纹,也有采用刻蜡、腐蚀、涂黑工艺制造的。

玻璃透射光栅的特点：

①采用垂直入射光源,光电元件可直接接收光信号,因此信号幅度大,读数头结构比较简单。

②刻线密度较大,常用 100 线/mm,其栅距为 0.01 mm,再经过电路细分,可达到微米级的分辨率。目前工艺水平下,最高刻线密度可达 200 线/mm。

（2）金属反射光栅

在钢尺或不锈钢带的镜面上用照相腐蚀工艺制作光栅,或用钻石刀直接刻划制作光栅细纹,称为反射光栅。常用的反射光栅刻线密度为 4、10、25、40、50 线/mm。

金属反射光栅的特点：

①标尺光栅的线膨胀系数很容易做到与机床材料一致。

②标尺光栅的安装和调整比较方便。

③易于接长或制成整根的钢带长光栅。

④不易碰碎。

⑤分辨率比透射光栅低。

### 2.圆光栅

圆光栅通常用于测量角位移。圆光栅是在玻璃圆盘的外缘端面上,刻成由中心向四周呈辐射状的黑白间隔条纹,条纹相互间的夹角均匀相等。根据不同精度的使用要求,在同一圆周内刻线的条纹数也不相同。

## 6.5.2 直线透射光栅的工作原理

### 1.直线透射光栅的结构

直线透射光栅的结构如图 6-12 所示,由光源、短光栅(指示光栅)、长光栅(标尺光栅,又称为移动主尺)、光电元件等组成。长光栅安装在可移动的机床工作台上,它的长度与工作台的移动行程协调一致;短光栅与其他元器件组合在一起,固定安装在不可移动的机床床身上,长、短光栅相互重叠且保持一个不变的微小间隙,并在自身平面内相交一个极其微小的角度 $\theta$,即可产生莫尔条纹,借助于莫尔条纹的放大作用即可进行机床加工过程中的高精度位移检测。

图 6-12 直线透射光栅的结构

### 2.莫尔条纹的产生和特点

莫尔条纹的产生机理如图 6-13 所示。由于长光栅与短光栅在自身平面内相交一个极其微小的角度 $\theta$,所以当光源以平行光照射光栅时发生的挡光效应和光的衍射现象在与刻线相互垂直的方向上出现了明暗交替、间隔相等的粗大条纹,称为莫尔干涉条纹,简称莫尔条纹。

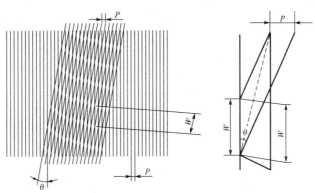

图 6-13 莫尔条纹的产生及有关计算

莫尔条纹具有如下特点：

(1)放大作用

如果用 $P$(mm)表示栅距(节距)，$W$(mm)表示莫尔条纹的纹距，$\theta$(rad)表示两光栅线纹间夹角，经简单计算得

$$\sin(\theta/2)=\frac{P/2}{W}$$

故
$$W=\frac{P/2}{\sin(\theta/2)}\approx\frac{P/2}{\theta/2}=\frac{P}{\theta} \tag{6-12}$$

减小 $\theta$ 可增大 $W$，即增加莫尔条纹纹宽，使 $W\gg P$，起到放大作用。它使得根据莫尔条纹读数变得更方便。例如，已知 $P=0.01$ mm，通常 $\theta=0.1°\approx0.001\ 745$ rad，则 $W=5.730$ mm，尺寸被放大了573倍。这就是说，利用莫尔条纹的干涉现象，无须复杂的光学系统，就能把光栅的栅距放大573倍，从而大大提高了光栅测量装置的分辨率，这是光栅的一个重要特点。

(2)平均效应

莫尔条纹是由光栅的大量刻线共同形成的，例如，若 $P=0.01$ mm，则20 mm长(短光栅长度)的一根莫尔条纹就由2 000条线纹组成。这样一来，栅距之间因制造精度不足产生的固有相邻刻线误差就被平均化了。短光栅的工作长度越长，这一均化误差的作用越显著。

(3)对应关系

当光栅移动一个栅距($P$)时，莫尔条纹也相应移动一条纹距($W$)，其光强变化近似于正弦波形；若移动方向相反，则莫尔条纹移动方向也相反。莫尔条纹的移动存在如下规律：

若长光栅不动，将短光栅按逆时针方向转过一个极其微小的角度($+\theta$)，然后使它向左移动，则莫尔条纹向下移动；反之，当短光栅向右移动时，莫尔条纹向上移动。

若将短光栅按顺时针方向转过一个极其微小的角度($-\theta$)时，则刚好与($+\theta$)的情况相反。借助于栅距移动与莫尔条纹移动的对应关系，便于用光电元件(如光敏三极管、硅光电池)将光信号转换成电信号。

3. 数据转换处理

将光电元件检测到的电信号加以放大、整形、微分等，变成相应的测量脉冲，即可进行后续处理。简言之，它利用电脉冲来标定直线位移量，一个脉冲代表一个栅距的位移量。

4. 辨向原理

为了辨别运动方向，需配置两个彼此错开1/4莫尔条纹纹距的光电元件，使输出电信号在相位上彼此相差90°。若以其中的一个为参考信号，则另一个信号将超前或滞后于参考信号90°，由此来确定运动方向。

## 6.5.3 光栅读数头

光栅读数头又称为光电转换器，可把光栅的莫尔条纹变成电信号。

常见的垂直入射读数头如图6-14所示，光源通过准直透镜垂直照射到标尺光栅上，再通过指示光栅由光电元件接收信号，这种读数头把光源、准直透镜、指示光栅、光电元件和放

大变换线路组装在一起,就做成了一个单独的部件。

图 6-14　垂直入射读数头

## 6.5.4　提高测量精度的措施

在实际应用中为了进一步提高测量精度,广泛采用倍频(或称为细分)方法。图 6-15 所示为四倍频辨向电路。

图 6-15　四倍频辨向电路

若图 6-15(a)中硅光电池 $a$、$b$、$c$、$d$ 的安装位置彼此相差 $W/4$,则产生的信号彼此差 90°。这些信号被送入差动放大器,成为 sin 和 cos 的两路信号,经过整形,使之成为两路相位差为 90°的方波。为了使其在 0°、90°、180°、270°的位置上都能得到脉冲,必须把两路相位差为 90°的方波各自反相一次,然后再微分,就可得到 4 个脉冲,使分辨率提高 4 倍。

为了辨向,正向运动时,用与门 $Y_1 \sim Y_4$ 及或门 $H_1$,得到 $A'B + AD' + C'D + B'C$ 四个输出脉冲;反向运动时,用与门 $Y_5 \sim Y_8$ 及或门 $H_2$,得到 $BC' + AB' + A'D + CD'$ 四个输出脉冲,其波形如图 6-15(c)所示。

在光栅位移/数字转换系统中,除上述四倍频外,还有八倍频、十倍频、二十倍频等。例如,刻线密度为 100 线/mm 的光栅,十倍频后,其最小读数值为 1 $\mu$m,可用于精密机床的测量。

## 6.5.5　计量光栅的特点

(1)精度高。测量直线位移量时,精度可达 $0.5 \sim 3$ $\mu$m ( 30 mm 范围内),分辨率可达 0.1 $\mu$m;测量角位移量时,精度可达 $0.15''$,分辨率可达 $0.1''$,甚至更高。

(2)可用于大量程测量。

(3)可实现动态测量,易于实现测量及数据处理的自动化。

(4)具有较强的抗干扰能力。

(5)不耐振动和油污,即易碎易污。

(6)高精度光栅的制作成本很高。

## 6.5.6　光栅尺的安装与防护

### 1.光栅尺的安装

数控机床的坐标轴大多采用滚珠丝杠螺母副传动,理论上要求光栅尺安装在与滚珠丝杠螺母副同轴线的位置上。因为这样做可以使光栅尺的安装符合误差最小化原则,使测量形成的阿贝误差小,光栅尺控制的位置精度高,机床定位精度好。但实践中由于受结构和空间位置的限制,光栅尺的安装方式只有两种:一种安装在滚珠丝杠螺母副近侧;另一种安装在导轨外侧。为了取得最小的误差,推荐尽可能选取第一种安装方式。

光栅尺安装位置应尽量远离机床的发热源,以避免温度的影响。光栅尺的安装位置处要有足够的刚性和强度,最好与机床的坚固铸件连为一体,这也是保证光栅尺正常工作的关键环节。光栅尺是通过光电扫描原理来工作的,因为振动会引起光源不稳定,影响光栅尺的检测精度,所以要求连接件与机体之间的整体接触良好,连接刚性足够。

### 2.光栅尺的防护

光栅尺安装位置的防护非常重要。在现代数控机床中,用户一般都要求大流量冷却;而在大流量冲洗时,会有切削液飞溅到光栅尺上,使光栅尺的工作环境中充满了潮湿、富含冷却喷雾的空气,使这种环境下的光栅容易产生冷凝现象,在光栅头上易结一层薄膜。这样一来,就会导致光栅尺的光线投射不佳,容易使光栅留下水渍,严重影响光栅的测量效果。如果加工后的切屑在光栅附近堆积造成排屑、排水不畅,会导致光栅尺浸泡在切削液和杂质中,从而影响光栅的使用,严重时会使光栅尺损坏,使整机处于瘫痪状态。每隔一年,可用乙醚、乙醇(各 50%)混合液洗擦光栅尺面,保持光栅尺面清洁。

在使用光栅位移检测装置时还应注意避免热插拔,必须在关闭电源 3 min 之后才可以插拔数显表、读数头等电气插头,以防止意外电气损坏。

# 6.6 磁　栅

磁栅又称为磁尺,是用电磁方法计算磁波数目的一种位置检测元件,可用于直线和角位移的测量。磁栅与感应同步器、光栅相比,测量精度略低,但也有其独特的优点:

(1)制作简单,安装、调整方便,成本低。磁栅上的磁化信号录制完后,若发现不符合要求,可抹去重录。亦可安装在机床上再录磁,避免安装误差。

(2)磁栅的长度可任意选择,亦可录制任意节距的磁信号。

(3)对使用环境要求低。可在油污、粉尘较多的环境中应用,具有较好的稳定性。

因此,磁栅较广泛地应用在数控机床和各种测量机上。

## 6.6.1 磁栅的工作原理

磁栅的工作原理与普通磁带录音机的录磁和拾磁原理基本相似。用录磁磁头将相等节距(常为 20 $\mu$m 或 50 $\mu$m)周期变化的电信号记录在磁性标尺上,用它作为测量位移量的基准尺。在进行位置检测时,用拾磁磁头读取记录在磁性标尺上的磁信号,通过检测电路将所测得的位移量用数字显示出来或送至位置控制系统,如图 6-16 所示。

但是,测量用磁栅的工作原理与普通录音磁带的原理有根本性的区别:

(1)等节距磁性标尺录磁的精度要求很高。因为磁性标尺录磁节距的精度直接影响位移测

图 6-16　磁栅的结构与工作原理

量精度,为此需要在高精度录磁设备上对磁尺进行录磁。

(2)必须采用磁通响应型磁头(静态磁头)。拾磁磁头分为动态磁头和静态磁头两种。动态磁头又称为速度响应型磁头,它只有一组输出绕组,所以只有当磁头和磁尺有一定相对速度时才能读取磁化信号,才有电压信号输出。这种用于录音机、磁带机的拾磁磁头显然不可以用来测量位移量。为了使磁头与磁尺在相对运动速度很低或处于静止时(数控机床低速运动或静止时)亦能测量位移量,必须采用静态磁头。静态磁头又称为磁通响应型磁头,它有带励磁线圈的可饱和铁芯,利用了可饱和铁芯的磁性调制的原理。静态磁头又可分为单磁头、双磁头和多磁头等多种。

## 6.6.2 磁栅的主要结构

磁栅主要由磁性标尺、磁头和检测电路三部分组成。

1.磁性标尺

磁性标尺是在非导磁材料的基体(如铜、不锈钢或其他合金材料)上,采用涂敷、化学沉积或电镀镀上一层 10~30 $\mu$m 厚的高导磁性材料,通常所使用的磁性材料应不易受到外界温度、电磁场的干扰,能形成均匀的磁性膜;然后使用录磁磁头使磁膜磁化成节距相等的周

期变化磁化信号并作为测量基准。磁化信号可以是脉冲、正弦波或饱和磁波等,可以来自基准尺(更高精度的磁尺)或激光干涉仪。磁化信号的节距(或周期)一般有 0.05 mm、0.10 mm、0.20 mm、1.0 mm 等。最后在磁尺表面涂上一层 1~2 μm 厚的耐磨塑料保护层,以防磁头与磁尺因频繁接触而导致磁膜磨损。

### 2.磁头

磁头是一种磁-电转换器,它把反映空间位置变化的磁化信号检测出来,转换成电信号,输送给检测电路。

(1)磁通响应型磁头

如图 6-17 所示为单磁头的磁通响应型磁头,它是一个带有可饱和铁芯的二次谐波磁性调制器,用软磁材料(坡莫合金)制成,在铁芯截面尺寸较小的水平横臂上绕有励磁绕组,在铁芯截面尺寸较大的竖臂上绕有拾磁绕组。当励磁绕组通以 $I = I_0 \sin(\omega_0 t/2)$ 的高频励磁电流时,铁芯内快速变化的交变磁场使励磁绕组、拾磁绕组、磁性标尺中的磁信号相互交链;当高频励磁电流 $I$ 的瞬时值增大到某一数值时,横臂处因铁芯截面尺寸较小而出现磁饱和,磁阻变为无穷大,磁路被切断,磁性标尺的磁通 $\Phi_0$ 不能通过磁头闭合,故拾磁绕组无输出;随 $I$ 的瞬时值逐渐增大,铁芯的磁饱和深度继续增加,磁路保持被阻断状态;经过峰值后 $I$ 的瞬时值逐渐减小,铁芯的磁饱和深度随之减小;当 $I$ 的瞬时值减小到某一数值时,横臂铁芯退出磁饱和状态使磁路开通,输出线圈与 $\Phi_0$ 交链。可见,高频励磁线圈与可饱和铁芯的作用相当于无触点磁开关,高频励磁电流 $I$ 的强度在一个周期内两次过零、两次出现峰值,相应地使磁开关通、断各两次。

图 6-17　单磁头的磁通响应型磁头

磁路由通到断的时间内,输出线圈中的交链磁通量由 $\Phi_0$ 变化到 0;磁路由断到通的时间内,输出线圈中的交链磁通量由 0 变化到 $\Phi_0$。$\Phi_0$ 由磁性标尺中的磁信号决定,可见,输出线圈的输出信号是一个调幅信号,即

$$e = E_0 \sin(2\pi X/\lambda)\sin(\omega t) \tag{6-13}$$

式中　　$e$—— 输出线圈输出的感应电动势；

　　　　$E_0$—— 输出线圈输出的感应电动势峰值；

　　　　$\lambda$—— 磁性标尺上的磁化信号节距；

　　　　$X$—— 磁头对磁性标尺的位移量；

　　　　$\omega$—— 输出线圈感应电动势的频率，$\omega$ 是励磁电流 $I$ 的频率 $\omega_0$ 的 2 倍。

由式(6-13)可知，磁头输出信号的幅值是位移量 $X$ 的函数。一般选用磁尺的某一 N 极作为位移零点(如图 6-17 中的 $a$ 点)，测出 $e$ 过 0($e=0$，如图 6-17 中的 $b$ 点)的次数，则根据磁性标尺的磁信号的节距，便可计算出位移量 $X$ 的大小。

磁尺的分辨率不仅与磁性标尺的磁信号的节距有关，还与细分电路的细分倍数有关。如磁性标尺写入磁信号的节距为 0.04 mm，当把它细分为四等分时，其磁尺的分辨率可达 0.01 mm。

(2)多间隙磁通响应型磁头

使用单个磁头读取磁化信号时，由于输出信号电压很小(几毫伏到几十毫伏)，抗干扰能力低，所以实际使用时将几个甚至几十个磁头以一定方式连接起来组成多间隙磁头使用，如图 6-18 所示。它具有高精度、高分辨率和较大的输出电压等特点。

多间隙磁头中的每一个磁头都以相同的间距 $\lambda_m/2$ 配置，相邻两磁头的输出绕组反相串联，这时得到的总输出电压为每个磁头输出电压的叠加。当 $\lambda_m/\lambda=1、3、5、7$ 时，总的输出电压最大。

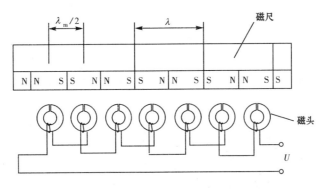

图 6-18　多间隙磁通响应型磁头

3. 检测电路

磁栅的检测电路包括磁头励磁电路、信号放大及辨向电路、细分内插电路、显示及控制电路等，详细内容请参阅有关参考书。

## 6.7　激光干涉仪

激光是 19 世纪 60 年代末兴起的一种新型光源，广泛应用于各个领域。它与普通光相比具有许多特殊性能：

1. 高度相干性

相干波是指两个具有相同方向、相同频率和相同相位差的波。普通光源是自发辐射光，是非相干光。激光是受激辐射光，具有高度的相干性。

**2.方向性好**

普通光向四面八方发散,而激光器发出的激光发散角很小,几乎与激光器的反射镜面垂直。如配置适当的光学准直系统,其发散角可小到 $1×10^{-4}$ rad 以下,几乎是一束平行光。

**3.高度单色性**

普通光源包含许多波长,所以具有多种颜色。如日光包含红、橙、黄、绿、青、蓝、紫七种颜色,其波长为 760～380 nm。激光的单色性很强,如红宝石激光器发射激光的波长为 694.3 nm。

**4.亮度高**

激光的光束极窄,所以有效功率和照度特别高。

由于具有上述许多特殊性能,所以激光被广泛应用于长距离、高精度的位置检测工作中。

## 6.7.1 激光干涉法测距原理

根据光的干涉原理,两列具有固定相位差、相同频率、相同振动方向或振动方向之间夹角很小的光相互交叠,将会产生干涉现象,如图 6-19 所示。由激光器发射的激光经分光镜 $A$ 分成反射光束 $S_1$ 和透射光束 $S_2$。两光束分别由固定反射镜 $M_1$ 和可动反射镜 $M_2$ 反射回来,两者在分光镜处汇合成相干光束。若两列光束 $S_1$ 和 $S_2$ 的光程差为 $N\lambda$($\lambda$ 为波长,$N$ 为零或正整数),则实际合成光的振幅是

图 6-19 光的干涉现象

两个分振幅之和,光强最大;当 $S_1$ 和 $S_2$ 的光程差为 $\lambda/2$(或半波长的奇数倍)时,合成光的振幅和为零,此时光强最小。

激光干涉仪就是利用这一原理使激光束产生明暗相间的干涉条纹,由光电转换元件接收并转换为电信号,经处理后由计数器计数,从而实现对位移量的检测。由于激光的波长极短,特别是激光的单色性好,其波长值很准确,所以利用激光干涉法测距的分辨率至少为 $\lambda/2$。利用现代电子技术还可测定 0.01 个光干涉条纹,因此用激光干涉法测距的精度极高。

激光干涉仪由激光管、稳频器、光学干涉部分、光电接收元件、计数器和数字显示器组成。目前应用较多的有单频激光干涉仪和双频激光干涉仪。

## 6.7.2 单频激光干涉仪

图 6-20 所示为单频激光干涉仪的工作原理,激光器 1 发出的激光束,经镀有半透明银箔层的分光镜 5 将光分为两路,一路折射进入固定棱镜 4,另一路反射进入可动棱镜 7,二者反射回来的光重新在分光镜 5 处汇合成相干光束,此光束又被分光镜 5 分成两路,一路进入光电接收元件 3,另一路经棱镜 8 反射至光电接收元件 2。

由于分光镜上镀有半透明半反射的金属膜,它所产生的折射光和反射光的波形相同,但相位上有变化,适当调整可动棱镜 7 的位置,使两光电信号相位差 90°。两者相位超前或滞后的关系,取决于棱镜 7 的移动方向,当工作台 6 移动时棱镜 7 也移动,则干涉条纹移动,每

移动一个干涉条纹,光电信号变化一个周期。如果采用四倍频电子线路细分,采用波长 $\lambda=0.632\,8\ \mu m$ 的氦-氖激光为光源,则一个脉冲信号相当于机床工作台实际位移量为

$$\frac{1}{4}\times\frac{1}{2}\lambda=\frac{0.632\,8}{8}\approx0.08\ \mu m$$

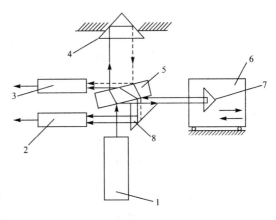

图 6-20　单频激光干涉仪的工作原理
1—激光器;2、3—光电接收元件;
4、7、8—棱镜;5—分光镜;6—工作台

### 6.7.3　双频激光干涉仪

双频激光干涉仪是一种新型激光干涉仪,其工作原理与单频激光干涉仪不同。如图 6-21 所示,它是利用光的干涉原理和多普勒效应(此处指由于振源相对运动而发生的频率变化的现象)产生频差的原理来进行位移测量的。

图 6-21　双频激光干涉仪的工作原理

激光器放在轴向磁场内,发出的激光为方向相反的右旋圆偏振光和左旋圆偏振光,其振幅相同,但频率不同,分别表示为 $f_1$ 和 $f_2$。经分光镜 $M_1$,一部分反射光经检偏器射入光电元件 $D_1$ 作为基准频率 $f_{基}(f_{基}=f_1-f_2)$。另一部分通过分光镜 $M_1$ 的折射光到达分光镜 $M_2$ 的 $a$ 处。频率为 $f_2$ 的光束完全反射,经滤光器变为线偏振光 $f_2$,投射到固定棱镜 $M_3$ 并反射到分光镜 $M_2$ 的 $b$ 处。频率为 $f_1$ 的光束折射经滤光器变为线偏振光 $f_1$,投射到可动棱镜 $M_4$ 后也反射到分光镜 $M_2$ 的 $b$ 处,两者产生相干光束。若 $M_4$ 移动,则反射光 $f_1$ 的频率发生变化而产生多普勒效应,其频差为多普勒频差 $\Delta f$。频率为 $f'=f_1\pm\Delta f$ 的反射光与频率为 $f_2$ 的反射光在 $b$ 处汇合后,经检偏器射入光电元件 $D_2$,得到频率为测量频率 $f_{测}=f_2-(f_1\pm\Delta f)$ 的光电流,这路光电流与经光电元件 $D_1$ 后得到的频率为 $f_{基}$ 的光电流同时经放大器进入计算机,经减法器和计数器,即可计算出差值 $\pm\Delta f$,然后计算出可动棱镜 $M_4$ 的移动速度 $v$ 和移动距离 $l$,即

$$v=\frac{\lambda}{2}\Delta f \tag{6-14}$$

$$l = \int_0^t v\,dt = \frac{\lambda}{2}\int_0^T f\,dt = \frac{\lambda}{2}N \qquad (6\text{-}15)$$

式中，$N$ 为由计算机记录下来的脉冲数。$N$ 乘以半波长就得到所需测量的位移量。

双频激光干涉仪具有下列优点：

(1)接收信号为交流信号，前置放大器为高倍数的交流放大器，不用直流放大，故没有零点漂移等问题。

(2)利用多普勒效应和计数器计算频率差的变化，不受激光强度和磁场变化的影响。在光强度衰减 90% 时仍可得到满意的信号，这对于远距离测量是十分重要的，同时在近距离测量时又能简化调整工作。

(3)测量精度不受空气湍流的影响，无须预热。

用激光干涉仪作为机床的测量系统可以提高机床的精度和效率。起初仅用于高精度的磨床、镗床和坐标测量机上，以后又用于加工中心的定位系统中。但由于在普通机床上使用感应同步器和光栅一般就能达到精度要求，而激光仪器的抗振性和抗环境的干扰性能差，且价格较贵，所以目前在机械加工现场使用较少。

# 思考题与习题

6-1 名词解释：莫尔条纹；电子细分；辨向；循环码。

6-2 数控机床对位置检测装置有哪些要求？

6-3 增量式位置检测与绝对式位置检测各有什么特点？分别说出 2～3 种常用的增量式位置检测装置和绝对式位置检测装置。

6-4 简述莫尔条纹用于测量位移量的工作原理，并说明莫尔条纹的特点。

6-5 光栅位移检测装置由哪些部件组成？它的工作原理是什么？

6-6 格雷码码盘与直接二进制码(8421 码)码盘相比较，具有什么突出的优点？

6-7 在磁栅测量装置中，为什么一定要采用静态磁头？静态磁头的结构如何？

6-8 简述感应同步器的工作原理。

6-9 试述旋转变压器的工作原理及应用。

6-10 激光与普通光相比有哪些特殊性能？

6-11 将下列十六进制数对应的二进制数码和格雷码填入表 6-2 中。

表 6-2　　　　　　　　　　　　　　　题 6-11 表

| 十六进制数 | 0 | 1 | 2 | 3 | 4 | 5 | 6 | 7 | 8 | 9 | A | B | C | D | E | F |
|---|---|---|---|---|---|---|---|---|---|---|---|---|---|---|---|---|
| 二进制数码 | 0000 | 0001 | 0010 | 0011 | 0100 | 0101 | 0110 | | | | | | | | | |
| 格雷码 | 0000 | 0001 | 0011 | 0010 | | | | | | | | | | | | |

# 第7章

## 数控刀具系统

## 7.1 数控刀具系统的特点

随着数控技术的发展,数控机床刀具已经不是普通机床所采用的一机一刀的模式,而是各种不同类型的刀具同时在数控机床上轮换使用,以实现快速自动换刀。因此,"数控刀具"的含义已扩展为"数控刀具系统"。此外,为了适应数控机床对刀具提出的可调、快换、稳定、耐用等要求,机夹可转位不重起磨刀具的使用已占整个数控刀具数量的30%～40%,机夹可转位不重磨刀具的金属切除量已占数控机床刀具切削总量的80%～90%。

### 7.1.1 数控刀具的种类

1. 按数控刀具的结构分类

(1)整体式刀具 由整块刀具材料根据不同用途专门磨削而成的刀具。其优点是结构简单,使用方便,工作可靠,换刀快捷等。

(2)镶嵌式刀具 将刀片以焊接或机械夹持的方式镶嵌在刀体上的刀具。

(3)减振式刀具 当刀具的工作臂较长时,为了减小刀具在切削时的振动所采用的一种特殊结构的刀具。它主要应用于镗孔加工。

(4)内冷式刀具 可通过机床主轴或刀盘将切削液自动输送到刀体内部,并从喷嘴自动喷射到切削部位进行冷却的刀具。

(5)特殊刀具 包括强力夹紧刀具、挤压攻螺纹刀具、复合刀具等。

2. 按数控刀具的刀头材料分类

(1)高速钢刀具

(2)硬质合金刀具

(3)陶瓷刀具

(4)超硬刀具

3. 按数控刀具的切削工艺分类

(1)车削刀具 有外圆车刀、端面车刀和成形车刀等。

（2）镗削刀具　有单刃镗刀、双刃镗刀和多刃组合镗刀等。

（3）钻削刀具　有普通麻花钻、可转位浅孔钻和扩孔钻等。

（4）铣削刀具　有立铣刀、球端铣刀、可转位面铣刀、键槽铣刀、模具铣刀和成形铣刀等。

**4.按刀具系统分类**

（1）整体式刀具系统

（2）模块式刀具系统

## 7.1.2　数控刀具的特点

数控刀具与普通机床所使用的刀具实际上是相同的，但数控机床在使用性能上对数控刀具提出了更高的要求。数控刀具性能的改进和提高，对充分发挥数控机床的效率具有十分重要的意义。数控刀具的特点主要有：

**1.切削效率高**

数控刀具要适应数控机床的发展趋势，即高速度、高效率、高刚度和大功率。因此，数控刀具必须优质、高效，具有可承受高速切削和强力切削负荷的性能。

**2.精度高**

刀具精度高，首先指刀具本身的尺寸精度高。此外，为了实现数控加工高精度和可自动换刀的要求，数控刀具的重复定位精度要求较高，刀柄与快速夹头之间或刀柄与机床主轴锥孔之间的连接定位精度要求较高，以满足精密零件的高精度加工需要。

**3.可靠性和耐用度高**

刀具的可靠性直接关系到零件的加工质量。刀具不可能允许因切削条件有所变化而出现故障，所以必须具有较高的工作可靠性。此外，数控刀具不但要求切削性能好，而且要求耐用度高、性能稳定，要求尽量避免在同一个零件的加工过程中途停机换刀刃磨。同时，零件加工过程中使用的同一批刀具，其切削性能和寿命也应基本一致，不得有较大的差异，以免在无人看管自动走刀切削的情况下，出现因刀具早期磨损或意外破损造成的加工工件大量报废甚至损坏机床。

**4.刀具尺寸能够预调和快速换刀**

为了达到较高的定位精度，减少换刀调整时间，刀具的结构应便于刀具预调尺寸。人工换刀时应采用快速夹头，当具有刀库装置时应实现自动换刀。

**5.具有完善的工具系统**

在多品种中小批量的生产条件下，实行刀具管理标准化工作可减少刀具的品种和规格，有利于增加批量、降低成本。数控机床采用模块式工具系统，可以较好地适应多品种中小批量零件的生产需要，有效地减少工具储备。

6.具有刀具管理系统

数控加工中心和柔性制造系统使用的刀具数量繁多,数控刀具管理系统可以对刀库中的所有刀具进行自动识别,存储刀具尺寸、刀具位置和切削时间等信息,还可以实现刀具的更换、运送、刃磨和尺寸预调等实时监控功能。

7.具有在线监测补偿系统

在线监测装置可以进行刀具磨损或破损的在线监测,其中刀具破损的在线监测可通过接触式传感器、光学摄像和声发射等方法进行,并可将监测结果输入计算机,及时发出调整或更换刀具的指令,保证数控加工工作循环的正常进行。

# 7.2 数控车床刀具系统

## 7.2.1 数控车刀

数控车刀按结构不同可分为整体式车刀、焊接式车刀、机夹式车刀和可转位式车刀。目前广泛使用的是机夹可转位不重磨车刀。

机夹可转位不重磨车刀如图 7-1 所示,由刀杆、不重磨刀片、刀垫和夹紧元件组成。机夹可转位不重磨车刀具有如下特点:

(1)刀片有多条主切削刃,可转位轮流使用,可大大延长刀具的使用寿命,并可明显缩短换刀时间。

(2)刀刃不需要重磨,直接可用好用,有利于推广采用涂层刀片。

(3)断屑槽经预先压制而成,尺寸稳定,形状准确,断屑效果可靠,节省硬质合金。

图 7-1　机夹可转位不重磨车刀的组成

1—刀杆;2—刀垫;3—不重磨刀片;4—夹紧元件

(4)刀片与刀杆槽的制造精度高,刀具角度合理,使用效果好。

机夹可转位不重磨刀具不仅广泛应用于车刀,而且被推广到其他各种类型的刀具。

在车削加工中,由于目前使用的机夹可转位不重磨刀片的形状、规格和材料很多,所以 ISO 标准和我国国家标准都对机夹可转位不重磨车刀的型号表示规则、可转位车刀刀片的形状、代码、刀垫等作出了统一规定。

表 7-1 列出了机夹可转位不重磨车刀的型号表示规则,适用于机夹可转位不重磨外圆车刀、端面车刀和仿形车刀等。

**表 7-1**　　　机夹可转位不重磨车刀的型号表示规则(摘自 GB/T 5343.1－2007)

| 型号表示规则 | 内　容 | | | |
|---|---|---|---|---|
| | 代号 | 车刀刀片夹紧方式 | 说　明 | |
| 第一位字母表示车刀刀片的夹紧方式 | C | | 装无孔刀片,利用压板从刀片上方将刀片夹紧,如压板式 | |
| | M | | 装圆孔刀片,从刀片上方并利用刀片孔将刀片夹紧,如楔钩式 | |
| | P | | 装圆孔刀片,利用刀片孔将刀片夹紧,如杠杆式、偏心式和拉垫式等 | |
| | S | | 装圆孔刀片,螺钉直接穿过刀片孔将刀片夹紧,如压孔式 | |
| 第二位字母表示车刀刀片的形状 | 代号 | 车刀刀片形状 | 代号 | 车刀刀片形状 |
| | T | 正三边形 | P | 正五边形 |
| | W | 凸三边形 | H | 正六边形 |
| | F | 偏8°三边形 | O | 正八边形 |
| | S | 正方形 | L | 矩形 |
| | R | 圆形 | K | 55°平行四边形 |
| | V | 35°菱形 | B | 82°平行四边形 |
| | D | 55°菱形 | | |
| | E | 75°菱形 | A | 85°平行四边形 |
| | C | 80°菱形 | | |
| | M | 86°菱形 | | |
| | 注:对于菱形、平行四边形,表中所示角度指较小的角度 | | | |

（续表）

| 型号表示规则 | 内 容 | | | | |
|---|---|---|---|---|---|
| | 代号 | 刀片头部形状 | | 代号 | 刀片头部形状 |
| 第三位字母表示车刀头部的形状 | A | 90°直头外圆车刀 | | M | 50°直头外圆车刀 |
| | B | 75°直头外圆车刀 | | N | 63°直头外圆车刀 |
| | C | 90°直头端面车刀 | | R | 75°偏头外圆车刀 |
| | D | 45°直头外圆车刀 | | S | 45°偏头外圆车刀 |
| | E | 60°直头外圆车刀 | | T | 60°偏头外圆车刀 |
| | F | 90°偏头端面车刀 | | U | 93°偏头端面车刀 |
| | G | 90°偏头外圆车刀 | | V | 72.5°直头外圆车刀 |
| | J | 93°偏头外圆（仿形）车刀 | | W | 60°偏头端面车刀 |
| | K | 75°偏头端面车刀 | | Y | 85°偏头端面车刀 |
| | L | 95°直头外圆（端面）车刀 | | | |

注:D型和S型车刀也可以安装圆形(R)刀片

（续表）

| 型号表示规则 | 内 容 | | | | |
|---|---|---|---|---|---|
| 第四位字母表示车刀刀片法后角大小 | 代号 | 刀片法后角 | | 代号 | 刀片法后角 |
| | A | | 3° | F | 25° |
| | B | | 6° | G | 30° |
| | C | | 7° | N | 0° |
| | D | | 15° | 其余的后角需专门说明 | 11° |
| | E | | 20° | | |
| | 注：如所有切削刃都用来做主切削刃并且具有不同的后角，则法后角表示较长一段切削刃的法后角，这段较长的切削刃亦即代表切削刃的长度 | | | | |
| 第五位字母表示车刀的切削方向 | R：右切车刀；L：左切车刀；N：左、右切通用车刀 | | | | |
| 第六位代号用两位数字表示车刀刀尖高度 | 例如：刀尖高度为 25 mm 的车刀，其第六位代号为 25 | | | | |
| 第七位代号用两位数字表示车刀的刀杆宽度 | 例如：刀杆宽度为 20 mm 的车刀，其第七位代号为 20；<br>刀杆宽度为 8 mm 的车刀，其第七位代号为 08 | | | | |

| 第八位代号用符号"-"表示该车刀长度符合 GB/T 5343.2—2007《可转位车刀型式尺寸和技术条件》规定的标准长度（$L=125$ mm），否则用一位字母表示其长度值 | 代号 | 车刀长度 | 代号 | 车刀长度 | 代号 | 车刀长度 | 代号 | 车刀长度 |
|---|---|---|---|---|---|---|---|---|
| | A | 32 | G | 90 | N | 160 | U | 350 |
| | B | 40 | H | 100 | P | 170 | V | 400 |
| | C | 50 | J | 110 | Q | 180 | W | 450 |
| | D | 60 | K | 125 | R | 200 | X | 特殊尺寸 |
| | E | 70 | L | 140 | S | 250 | Y | 500 |
| | F | 80 | M | 150 | T | 300 | | |

| 型号表示规则 | 内 容 | | |
|---|---|---|---|
| 第九位代号用两位数字表示车刀刀片边长 | 选取舍去小数值部分的刀片切削刃长度或刀片理论边长值做代号，例如，切削刃长度为 16.5 mm，则数字代号为 16。如舍去小数部分后只剩下一位数字，则必须在数字前加"0"，如切削刃长度为 9.525 mm，则数字代号为 09 | | |
| 第十位代号用一位字母表示不同测量基准的精密级车刀 | 代号 | 简图 | 测量基准面 |
| | Q | | 外侧面和后端面 |
| | F | | 内侧面和后端面 |
| | B | | 内、外侧面和后端面 |

根据表 7-1 的规定,机夹可转位不重磨车刀的型号表示方法示例如下:

P T G A R 20 20 — 16 Q

车刀刀片夹紧方式为利用刀片孔将刀片夹紧

车刀刀片形状为正三边形

车刀头部形状为 G 型 (90° 偏头外圆车刀 )

车刀刀片法后角为 3°

车刀切削方向为右切

车刀刀尖高度为 20 mm

车刀刀杆宽度为 20 mm

车刀长度为标准长度 ( $L$=125 mm )

车刀刀片边长为 16.5 mm

表示以车刀的外侧面和后端面为测量基准的精密级车刀

## 7.2.2 车削类工具系统

随着车削中心的产生和各种全功能数控车床数量的增加,人们对车削中心和数控车床所使用的刀具提出了更高的要求,形成了一个具有特色的车削类工具系统。数控车削加工用工具系统的构成和结构与机床刀架的形式、刀具类型及刀具是否需要动力驱动等因素有关。目前,已出现了多种车削类工具系统,它们具有换刀速度快、刀具的重复定位精度高和连接刚度好等特点,提高了机床的加工能力和加工效率。图 7-2 所示为数控车削加工用工具系统的一般结构体系。目前广泛采用的德国 DIN69880 工具系统具有重复定位精度高、夹持刚性好、互换性强等特点,可分为非动力刀夹和动力刀夹两部分。另外一种被广泛采用的整体式车削工具系统是 CZG 车削工具系统,它与机床连接接口的具体尺寸及规格可参考相关资料。

(a) 车外圆的刀具组装形式
(b) 车内孔的刀具组装形式

图 7-2 数控车削加工用工具系统的一般结构体系

## 7.3 数控铣床与加工中心刀具系统

数控铣床与数控加工中心使用的刀具系统由刀具和刀柄两大部分组成。其刀具部分和通用刀具一样,如钻头、铣刀、铰刀、丝锥等。在实际生产应用中,应根据机床、夹具、工件材料、加工工序、切削用量及其他相关因素正确选择刀具。选择刀具的总原则是:刀具安装和调整方便、刚性好、耐用度和加工精度高。在保证生产安全和满足加工要求的前提下,刀具的外伸长度应尽可能短,以提高刀具刚性。因为加工中心具有自动交换刀具功能,所以刀柄要能够满足机床主轴的自动松开和夹紧定位,并要求能准确地安装各种切削刀具以适应自动换刀机械手的夹持和运送,以及适应刀具在自动化刀库中的储存和搬运识别。

### 7.3.1 刀 柄

数控铣床和数控加工中心使用的刀具种类繁多,每种刀具都有特定的结构和使用方法。要想实现各种刀具在主轴上的快速准确固定,必须有一套通用中间装置,该装置既能够互换装夹各种刀具,又能够在主轴上实现准确定位。该装置装夹刀具的部分称为工作头,该装置直接与主轴接触的标准定位部分称为刀柄。刀柄是系列化、标准化的产品,刀柄的制造精度比较高,否则在机械手换刀时容易出现掉刀现象。

我国制定的刀具工具标准中,刀柄有直柄(JE)和锥柄(JT)两种形式(图 7-3)。

(a) 直柄刀柄(JE)

(b) 锥柄刀柄(JT)

图 7-3 加工中心用刀柄的结构

## 7.3.2 镗铣类工具系统

数控铣床和加工中心使用的工具系统是镗铣类工具系统,这种工具系统可分为整体式结构和模块式结构两大类。

### 1. 整体式结构工具系统

整体式结构工具系统将刀柄的柄部和夹持刀具的工作部分做成一体,如图 7-4 所示,使用时根据刀具选择不同品种和规格的刀柄即可。图 7-5 所示为我国 TSG82 工具系统,它表明了工具系统中各种工具的连接组合形式,选用时可按图示进行配置。表 7-2 列出了 TSG82 工具系统工具柄部的形式。表 7-3 列出了 TSG82 工具系统的代码及其意义。具体选用时应参照工具生产厂家的系统产品样本。

图 7-4　TSG82 工具系统的组成

**表 7-2**　　　　　　　　　　　　　**TSG82 工具系统工具柄部的形式**

| 代　码 | 代码的意义 |
|---|---|
| JT | 加工中心机床用锥柄柄部,带机械手夹持槽 |
| ST | 一般数控机床用锥柄柄部,无机械手夹持槽 |
| MTW | 无扁尾莫氏锥柄 |
| MT | 有扁尾莫氏锥柄 |
| ZB | 直柄接杆 |
| KH | 锥度为 7:24 的锥柄接杆 |

**表 7-3**　　　　　　　　　　　　　**TSG82 工具系统的代码及其意义**

| 代码 | 代码的意义 | 代码 | 代码的意义 | 代码 | 代码的意义 |
|---|---|---|---|---|---|
| J | 装接长刀杆用锥柄 | KJ | 扩孔刀、铰刀 | TF | 浮动镗刀 |
| Q | 弹簧夹头 | BS | 快速夹头 | TK | 可调镗刀 |
| KH | 锥度为 7:24 的锥柄快换夹头 | H | 倒锪端面刀 | X | 铣削刀具 |
| Z(J) | 装钻夹头 | T | 镗孔刀具 | XS | 三面刃铣刀 |
| MW | 装无扁尾莫氏锥柄刀具 | TZ | 直角镗刀 | XM | 面铣刀 |
| M | 装有扁尾莫氏锥柄刀具 | TQW | 倾斜式微调镗刀 | XDZ | 直角铣刀 |
| G | 攻螺纹夹头 | TQC | 倾斜式粗镗刀 | XD | 端铣刀 |
| C | 切内槽工具 | TZC | 直角粗镗刀 | | |

图 7-5  TSG82 工具系统

### 2.模块式结构工具系统

模块式结构工具系统把整体式工具系统的刀柄加以合理分解,分别制成主柄分模块、中间分模块和工作分模块;然后通过各种合理的连接结构,在保证刀杆定位精度、连接强度和连接刚度的前提下,将这三个分模块连接成整体,如图 7-6 所示。它的优点是可以根据加工需要,通过分模块的灵活搭配连接来调整刀具的长度和种类。按照这种方法,只要备足了必要的分模块,就可以组合成各种所需的工具,进而有效减少刀具工具的规格、品种、数量的储备总量,对企业具有很高的实用经济价值。

| (a) 主柄分模块 | (b) 中间分模块 | (c) 工作分模块 |

图 7-6　模块式结构刀具系统的组成

目前出现的模块式结构工具系统已达数十种,它们之间的主要区别在于分模块的定心方式和锁紧方式不同。国内的 TMG10 工具系统、TMG21 工具系统就属于该类。

采购配备完善、先进的镗铣类刀具工具系统是用好数控铣床和数控加工中心的重要环节。模块式结构工具系统能更好地适应多品种中小批量零件的加工,且有利于工具的生产、使用和管理,能有效地减少用户厂的工具储备量,因此得到了推广使用。

## 7.4　数控机床的对刀装置

### 7.4.1　数控机床对刀方式

数控机床在开始切削加工之前必须先对刀。对刀的目的是为了确定工件坐标系与机床坐标系的相互位置关系,确保在数控加工时刀具、机床、工件、夹具的实际位置与数控加工程序中的坐标数值取得协调一致。对刀过程一般依坐标轴方向分别进行,它可理解为通过找正刀尖(刀位点)与一个在工件坐标系中有确定位置的点(对刀点)来实现。

在实际加工中可以采用试切对刀法,通过测量试切所得工件的实际尺寸来修改有关刀具补偿参数及相应程序,但这种方法占用了生产机时,不利于数控加工的开机率。因此在生产中常使用对刀量块、Z 轴定位器、寻边器等装置来提高对刀效率。

为了提高数控机床的开机率,可以采用机外对刀方式进行对刀。机外对刀方式是事先按数控加工的工艺要求,在对刀仪上测量所需刀具的有关几何尺寸,将这些参数随刀具提供给现场的机床操作者,由操作者根据这些参数修改有关的数控程序和补偿参数(刀具长度及半径的补偿),然后加工零件。这种机外对刀的装置,通常称为对刀仪(或刀具预调仪)。

### 7.4.2　对刀仪

对刀仪按检测对象分类,可分为数控车床用的车刀对刀仪、数控镗铣床和加工中心用的镗铣类机外对刀仪,也有综合两类功能的综合对刀仪。由于数控车床刀具夹持方式的标准化水平不高,车刀对刀的精度要求相对较低,所以在对刀仪产品中,以加工中心使用的机外对刀仪比较常见。

1. 对刀仪的组成部分

(1)刀柄定位机构

刀柄定位机构通常是指对刀仪主轴。因为刀柄定位基准是测量基准,所以对刀仪主轴的制造精度要求很高。一般都与机床主轴定位基准的要求相接近,这样才能使测量数据接近在机床上使用的实际情况。

刀柄定位机构包括一个回转精度很高、与刀柄锥面接触良好、带有刀柄拉紧机构的对刀仪主轴。对刀仪主轴的中心线与两条测量导轨($Z$ 和 $X$)具有很高的平行度和垂直度要求,对刀仪主轴的轴向尺寸基准面与实际装刀时的机床主轴基准面相同,对刀仪主轴能高精度回转并能很方便地找出被测刀尖的最高点。

(2)测头部分

测头有接触式测量与非接触式测量两种。接触式测量用百分表直接测出刀尖的最高点,这种测量方式的精度可达 0.002～0.01 mm,它比较直观,但容易损伤表头和被测刀具的切削刃部。非接触式测量常采用投影光屏,投影物镜的放大倍数有 8、10、15 和 30 倍。由于光屏的质量、测量技巧、视觉误差等多种随机因素的影响,其测量精度在 0.005 mm 左右。这种测量方法不太直观,但可以综合检查被测刀刃的质量。

(3)轴向尺寸测量机构

通过 $Z$ 轴、$X$ 轴两个坐标轴测头的轴向移动,可测得 $Z$ 轴和 $X$ 轴尺寸,这就是被测刀具的轴向尺寸和半径尺寸。具体使用的测量元件有多种,机械式的有游标刻度线纹尺,电测式的有光栅数显、感应同步器数显和磁尺数显等。

(4)测量数据处理装置

为了对被测刀具的测量数据进行有效管理,在对刀仪上配置了计算机及有关附属装置,可以进行测量数据处理,也可以存储、输出和打印刀具预调数据。

2. 对刀仪的种类

(1)车床用光学对刀仪

图 7-7 所示为在数控车床上使用的光学对刀仪,使用时把对刀仪固定在车床床身的某一位置,然后将基准刀安装在刀架上,调整对刀仪的镜头方位,使光学镜头内的十字线交点对准基准刀的刀位点,以后所有刀具都以该点为安装时的基准。这种对刀方法受主观因素的影响较大,对刀精度不太高。

(2)镗铣类数显对刀仪

图 7-7 车床用光学对刀仪

图 7-8 所示为一种镗铣类光学数显式对刀仪。被测刀具 2 可插入转盘 1 的锥孔中,转动手轮 9 可使立柱 7 左右移动,通过 $X$ 轴光栅尺发出信号,显示刀具半径 $X$ 尺寸;测量架 6 可用电动快速和手动微调上下移动,通过 $Z$ 轴光栅尺发出信号,测量出刀具伸出长度 $Z$ 尺寸。

刀尖摆放的正确位置是:从光源 10 发出的平行光束,通过透镜 3、4,经棱镜将刀尖投影在屏幕 5 上。测量时,可转动手轮 9 左右移动立柱 7;并可上下移动测量架 6 使刀尖位于屏幕 5 中的十字线交点处;通过手轮 11 转动转盘 1,使刀尖位于 $X$ 轴方向的最大尺寸位置处。当刀尖对准屏幕 5 中的十字线后可按 CX(置数)键,数显装置即显示输出刀具的半径尺寸;

图 7-8 镗铣类光学数显式对刀仪

1—转盘；2—被测刀具；3、4—透镜；5—屏幕；6—测量架；

7—立柱；8—显示器；9、11—手轮；10—光源

再按 CZ 键，数显装置即显示出刀具的长度尺寸。

开机时，为了校验对刀仪的位置精度，应先将基准刀杆插入转盘 1 中，用上述方法使钢珠 a 的最高点与屏幕 5 中的水平线相切，测量 Z 轴尺寸(刀具长度)；再用相同方法测出点 b 的尺寸(刀具半径)。基准刀杆的尺寸明确记录在对刀仪的使用说明书中，如果在测量基准刀杆的长度或半径时按 d 键，则数显装置"清零"。清零校正后，测量其他刀具所得到的数据，即被测刀具相对于基准刀杆的尺寸差值。

3.对刀仪的使用注意事项

(1)校正零位

对刀仪使用之前，应利用标准心轴对所使用对刀仪的 Z 轴、X 轴进行零位校正。标准心轴应当在所使用的数控机床主轴上事先测量过误差，以确保对刀仪测出的刀具尺寸能消除两个主轴之间的常值系统误差的影响。

(2)零点漂移

持续较长时间使用对刀仪时，有时可能会出现电子报警，除了其他因素外，还需要定期检查电子元器件的零点位置，以消除零点漂移的不良影响。

(3)试切修正

用对刀仪测量得到的数据是刀具在静态条件下的尺寸，测量后刀具在复杂动态条件下工作，受到切削力、切削热、切削振动等不良因素综合影响，加工所得的实际尺寸与预调尺寸不可能完全一致，必然要有一个修正量。如果刀具质量比较稳定，加工情况比较正常，一般轴向尺寸和径向尺寸的修正量为 0.01～0.02 mm。准确的最佳修正值应由操作者根据加工条件和工具系统的刚性，凭经验试切确定。

(4)仪器的测量精度

目前普通对刀仪的精度，一般情况下径向精度为 ±0.000 5 mm，轴向精度为 ±0.01 mm。

### 4.对刀仪的发展动向

#### (1)从数据测量到数据管理

最近正在研究开发的新型对刀仪,其功能不仅仅局限于刀具准备作业,而是将其作为自动化生产系统整体功能的一个重要环节,它能与计数尺、激光测长系统、刀具识别系统和生产管理系统等联合使用,完成测量数据的传输、运算和记录等工作,同时也提出了在线预调刀具的需求。

#### (2)CCD式高精度对刀仪正在成为主流机型

为了提高加工中心的开机率和追求加工的高效化、高精度化,越来越多的用户将装有CCD数码相机的对刀仪作为高精度对刀仪产品使用,而把使用方便、通用性好的投影式对刀仪作为标准产品使用。

对刀仪加装 CCD 数码相机之后,不需要操作者目测的曲线图调整功能就可达到 $\pm 3\ \mu m$ 以内的重复精度,即使采用接触式测量,最小读数值也可达到 $1\ \mu m$。刀架使用滚针轴承,摩擦小,转动灵活,旋转一周即可测出刀具的最大值,可大大提高工作效率。通过鼠标的简单操作,即可完成任意点测量、半径测量和角度测量。此外,通过切换输出图像,能检验刀尖的破损和磨损。如果兼用支持软件,可通过计算机向机床传输刀具数据,解决了人工输入数据操作繁杂而易引起输入错误的问题。

## 7.4.3　对刀器

对刀器的作用是测定数控刀具与工件的相对位置。对刀器的种类很多,包括对刀量块、$Z$ 轴定位器和寻边器等。

### 1.对刀量块

对刀量块的使用方法是:在刀具与工件之间放入量块;调整刀具相对于工件和量块的接触松紧程度,使量块在刀具和工件之间刚好轻轻接触,可以微量移动但不会出现晃动,即可认为刀具的长度偏置值为量块的标定高度值。

### 2.Z 轴定位器

$Z$ 轴定位器是用于测量刀具长度补偿值的装置,其对刀准确、效率高,大大缩短了加工准备时间。采用手动方式对刀操作时,数控机床的运动由操作者手动控制,特别适用于单件、小批量生产。如图 7-9 所示,$Z$ 轴定位器的检测面 1 与底面 4 之间的距离为出厂标定值,使用时将 $Z$ 轴定位器放在工件的表面上,使刀具与 $Z$ 轴定位器的检测面 1 接触;调节刀具位置使表对零,此时被测刀具的长度偏置值即 $Z$ 轴定位器的出厂标定值。

图 7-9　$Z$ 轴定位器及其使用

1—检测面;2—刀具;3—工件;4—底面

### 3.寻边器

寻边器又称找正器,属于高精度测量工具,它可以快速、准确地设定机床主轴与工件基准面的精确位置,适用于数控铣床、数控钻床和数控加工中心机床等。

按工作原理,寻边器可分为偏心式寻边器和光电式寻边器两种。

偏心式寻边器分为上、下两截,用弹簧连接,利用旋转测头的机械偏心摆动幅度来反映

被测位置的检测精度,其对刀精度可达 0.005 mm。偏心式寻边器的使用方法如下:

(1)如图 7-10(a)所示,先将寻边器 $\phi$10 mm 的直柄安装于弹簧夹头刀柄或钻夹头刀柄上,以手指轻压寻边器测头的侧边,使其偏心约 0.5 mm,再使其以 400～600 r/min 的速度转动。

(2)如图 7-10(b)所示,缓慢移动工作台,使旋转测头的周边轻轻接触被测工件的侧面,可以看到寻边器的机械偏心摆动幅度逐渐减小。

(3)当寻边器测头的周边与工件侧面的接触变成图 7-10(c)所示情况时,测头几乎不再偏心振动,看起来就好像处于静止接触状态。

(4)若以微小进给量继续移动机床工作台,则寻边器的测头就如图 7-10(d)所示开始向某一确定的方向滑动,同时可以看到寻边器的机械偏心摆动幅度又逐渐加大,说明已经调整过量,超过了正确位置。显然,上述步骤③的情况,就是所要寻找的基准位置,该基准位置的坐标值就等于机床显示坐标与寻边器的测头半径(5.000 mm)之和。

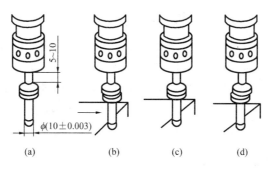

图 7-10　偏心式寻边器及其使用

光电式寻边器的内部装有电池,其触头通常为 $\phi$10 mm 的高精度球体,用弹簧拉紧在光电式寻边器的测量杆上,利用其与工件接触形成电流回路的方式进行位置检测。当触头与金属工件接触时 LED 可发光,使用时不要求主轴转动。借助于光电式寻边器的指示和机床坐标位置的显示,可得到被测表面的准确坐标值;利用球触头的对称性,还可以测量一些简单的三维尺寸。

# 7.5　高速切削刀具系统

高速切削是当今制造业中一项快速发展的新技术。随着切削速度的大幅度提高,高速切削刀具在刀片材料、刀具几何角度、刀杆结构以及切削工艺参数等方面都明显不同于传统切削时的要求。正确选择和优化刀具参数,对于提高加工效率和质量、延长刀具寿命、降低加工成本具有关键作用。

使用高速切削刀具时,除了正确选择刀具材料和切削参数外,还要考虑有关刀具的许多其他问题,如刀具与刀柄的连接、刀柄与机床主轴的连接以及刀具系统的动平衡等。

## 7.5.1　高速切削对刀具的要求

在高速切削时,变形过程是不均匀的,具有周期性出现的局部集中剪切变形区,形成锯齿状的半不连续屑。其显著特征为:第一变形区变窄,剪切角增大,变形系数减小,甚至变形系数≤1;第二变形区的接触长度变短,切屑流出速度极高,前刀面受到周期性载荷的作用,这使高速切削的切削变形减少,切削力大幅度下降。此外,高速切削时刀具前刀面上的摩擦热大大增加,切削钢、钛及镍基合金时的前刀面温度可达 1 000 ℃ 以上,并且最高温度区距刃口很近,这使热磨损占据主导地位,易于形成前刀面上与刃口紧相毗邻部位的月牙洼磨损。而切削刃作用边界处极高的应力和温度梯度使边界磨损更加严重,尤其在高速铣削或其他断续切削时,刀尖及刀刃因受冲击载荷的作用,易于发生脆性破损。因此,高速切削对刀具有着特殊的要求,这些要求主要有:

(1)刀具材料与被加工材料的化学亲和力小。

(2)具有优良的力学性能、热稳定性、抗冲击性和耐磨性。

(3)具有正确、合理的刀具切削角度,刀尖和刃形结构具有足够的抗磨损能力。

(4)刀具系统与数控机床有牢固可靠的连接。

(5)刀具系统有可靠的预警功能。

## 7.5.2 高速切削的刀片材料

高速切削加工对刀片材料提出了特殊的要求,除应具备所需的硬度和耐磨性、强度和韧性、耐热性、工艺性和经济性外,还应具备高可靠性、高耐热性、抗热冲击性能以及良好的高温力学性能。针对生产中实际意义特别重大的对铝合金、铸铁、钢和耐热合金等工件材料的高速切削,已发展的刀具材料主要有涂层刀具、金属陶瓷、陶瓷、立方氮化硼和金刚石刀具等,它们各有特点,适用于不同的工件材料和切削速度范围。

## 7.5.3 高速切削刀具的刀体结构

高速切削刀具在极高的回转速度下工作,其刀体和可转位刀片均受到极大的离心力作用,需要十分可靠的刀体结构和刀片夹紧结构。图 7-11 中给出了三种刀体与刀片的安装夹紧形式。为了调节刀具的不平衡度,在刀体上径向安装了平衡调整螺钉。

图 7-11 超高速机夹可转位铣刀的结构形式

高速切削中采用的平面铣刀刀体现已使用铝合金制造,其优点是刀具质量约为钢的60%,明显降低了转动惯量,使机床达到主轴最高转速的过渡过程时间大为缩短,这明显有利于刀具的更换,且大尺寸刀具不容易产生颤动。为了提高铝合金刀体的表面硬度,可采用表面硬质氧化膜处理,使表面硬度达到 350～400HV。

为了提高刀具的刚度,钻头、立铣刀等小直径刀具可设计成整体硬质合金刀具,并被广泛应用于印制电路板的高速钻孔和仪表零件的高速加工上,这一类刀具已在模具高速切削中成为主流刀具。

为了更好地冷却,出现了带冷却孔结构的刀具设计;为了容易排屑,将钻头的槽设计成抛物线截面;为了得到更好的加工表面,简化后续工序,广泛采用 CBN 球头立铣刀。

断屑刀片在数控机床上已成为重要的断屑手段,由于走刀量和切削深度都影响断屑效果,所以其合理选择和应用较为困难。

高速切削刀具的切削部分应尽量短,以提高刀具的刚性和减少刀刃破损的概率。如陶瓷铣刀的切削部分就比较短,而高速钻头副切削刃的倒锥就比较大。

### 7.5.4　高速切削刀具的刀柄结构

刀柄是高速切削加工的一个关键部件。由于高速切削所用刀具的旋转速度极高,所以无论从保证加工精度方面考虑,还是从操作安全性方面考虑,对刀具的装夹技术都有很高的要求。

传统的刀柄与数控铣床主轴的连接采用 7：24 锥面定心刀柄(BT、ISO)方式,这种方式由于完全依靠大锥度的内、外圆锥表面结合,刀具与主轴的连接刚性相对较低,当主轴转速超过 10 000 r/min 时,由于极大离心力的作用,主轴 7：24 锥孔的大端会产生不可忽视的孔径扩张现象(图 7-12),使刀具的轴向定位精度与连接刚度下降,产生振动加剧的现象。主轴定位锥孔大端的孔径膨胀扩张还会引起刀柄及夹紧机构质量的偏离,影响主轴的动平衡效果。因此,传

高速回转时大端径向扩张

图 7-12　普通标准主轴孔的孔径扩张现象

统铣削刀具的尾柄与数控铣床 7：24 锥面主轴锥孔的定心配合方式及配合精度,已经远远不能满足高速切削时的刚度与精度要求,需要开发新型的高速工具系统,以改进高速切削刀具系统的工作可靠性。

改善刀具与主轴的连接使之获得良好高速性能的最佳途径,是将原来的单靠 7：24 锥面接触定位方式改为锥面与端面同时接触的定位方式。后者的本质是采用了过定位方案,使其弥补了单靠 7：24 锥面定位方案的许多不足,现在已经成为高速切削刀具与高速主轴连接的主要结构形式,其中最有代表性的是德国的 HSK 刀柄和美国的 KM 刀柄。

HSK 刀柄为德国亚琛工业大学开发的一种新型的高速锥型刀柄,与常规的 7：24 锥度BT 刀柄不同,它采用 1：10 短锥面与端面双重定位的方案(图 7-13),通过斜楔结构推开开口套筒,使空心柄部产生弹性变形来实现径向定位,再用高精度凸缘面来保证轴向定位精度和连接刚度,这就从夹持原理上消除了离心力作用的不良影响。更换刀具时 HSK 刀柄的轴向、径向重复定位精度均可达到 1 μm,HSK 刀具的短锥柄部较短(约为标准 BT 锥柄长度的1/2)、质量较轻,因此换刀时间短,有利于高速 ATC 换刀及机床结构小型化。在全部转速范围内,HSK 锥柄比 BT 锥柄具有更大的动、静径向刚度和良好的切削性能。同时该刀柄的增力效果显著,可达牵引力的 3 倍,适用于 20 000～46 000 r/min 的超高速主轴场

合。但这种结构存在与传统的 7∶24 锥柄连接不兼容、制造工艺难度较大、制造成本较高等缺点。

HSK刀柄　(a)锁紧前,微量间隙　主轴　(b)锁紧后,端面贴紧

图 7-13　HSK 与主轴的连接结构

KM 刀柄是 1987 年美国 Kennametal 公司与德国 Widia 公司联合研制的 1∶10 短锥空心刀柄(图 7-14),其锥面长度仅为标准 7∶24 锥度刀柄锥面长度的 1/3。其配合锥面比较短,且刀柄设计为中空结构,当拉杆向右轴向移动时,拉杆上的圆弧槽推动钢球沿径向凸出,卡入刀柄的径向孔槽内,使刀柄同步向右轴向移动。在拉杆轴向拉力的作用下,空心刀柄的短锥面径向收缩,实现端面与锥面同时接触定位。该刀柄锥度配合

图 7-14　KM 刀柄与主轴的连接结构

部分有较大过盈量(0.02～0.05 mm),所需的制造精度比 7∶24 长锥面配合所需的精度低;该刀柄的锥柄直径较小,在高速旋转时的径向扩张量小,高速性能好。它的主要缺点是:它与传统的 7∶24 锥柄连接方式不兼容;1∶10 短锥面的自锁性可能会使换刀出现困难;锥柄是空心结构,夹紧需由刀柄的法兰端面来实现,增加了刀具的悬伸长度,相对削弱了连接刚度。

HSK 刀具系统和 KM 刀具系统都具有接触刚性好、夹紧可靠、传递扭矩大、重复定位精度高(可达 0.001～0.002 5 mm)、具有适应高速旋转和换刀时间短以及与旋转刀具通用性强等优点,为刀具提高切削效率和加工质量,减少磨损及破损创造了条件。因此,此类刀柄特别适用于高速切削加工。德国已将 HSK 刀柄正式纳入 DIN69893 标准,并获得 ISO/TC29专业委员会的认可。HSK 刀柄与 KM 刀柄作为机床刀具接口或刀具系统模块的连接方式,是机械加工向高速切削领域发展不可缺少的配套系统。

### 7.5.5　高速切削刀具的安全性

高速切削时,高速旋转的刀具积蓄了巨大的能量,承受着巨大的离心力。例如当主轴转速达到 40 000 r/min 时,若有刀片崩裂,掉下来的刀具碎片就像出膛的子弹,可能造成重大事故和伤害。因此,妥善解决伴随着高速切削而出现的安全性问题已经成为进一步推广高速切削工艺的前提。

对于机夹可转位不重磨铣刀的高速切削安全性,除了刀体的自身强度之外,还有零件、刀片夹紧的可靠性问题。根据计算和试验,机夹可转位不重磨铣刀在高速旋转条件下的失效可有两种形式:一种形式是夹紧刀片的螺钉被剪断,刀片或其他夹紧元件被甩飞;另一种

形式是刀体发生爆裂破碎。在多数情况下首先出现的是前一种失效形式,即在极高的旋转速度下出现某些零件被甩飞;只有随着转速进一步提高达到了刀体强度的临界值,才会出现后一种刀体爆裂破碎的失效形式。

对一把直径为 80 mm 的直角面铣刀的模拟计算结果表明,在 30 000～35 000 r/min 时夹紧螺钉已达到夹紧失效的临界状态,而刀体的爆裂破碎失效临界状态出现在 60 000 r/min 以上。同一把铣刀的爆裂破碎试验表明,在 30 000～35 000 r/min 转速范围内,螺钉的夹紧可能完全失效,所有被试验刀具均发现一个或多个螺钉被剪断,其余的螺钉也都产生强烈塑性变形,刀片已离开刀座支撑面 0.1～0.5 mm。因此,机夹可转位不重磨铣刀首先发生的是零件被甩飞的失效。这种失效与刀体爆裂破碎造成的损害相比,由于转速相对较低,离心力相对较小,零件被甩飞造成的损害要小得多,但却使刀具失去了应有的使用功能。对刀片被甩飞之前位移过程的测量研究表明,在转速上升至 13 000 r/min 的过程中,刀片的位移量可达 45 μm;由于刀体变形不均匀,以及每个刀片的夹紧状态、摩擦条件等存在差异,一把铣刀的 4 个刀片可有 15～20 μm 的分散度。当转速达到 16 000 r/min 时,刀片的主偏角偏转了 0.3°。这些结果不仅对于安全性有影响,而且对于分析高速切削的加工精度也有价值。

模拟计算和爆裂破碎试验研究结果表明,高速铣刀刀片的夹紧方法不允许采用通常的依靠摩擦力夹紧,而应该采用带定位中心孔的螺钉夹紧。与安全有关的结构参数包括:刀片中心孔相对于刀座螺钉孔的偏心量、刀片中心孔的形状、螺钉头的形状等。这些因素决定了螺钉在静止状态下夹紧刀片时所产生的预应力大小,而过大的预应力可能使螺钉产生塑性变形,降低了夹紧系统的失效转速。刀具在高速旋转切削加工时,刀片的离心力对螺钉产生新的作用力,切削力与离心力、预应力叠加使螺钉被剪断或发生严重塑性变形。据测试,直径 80 mm 的铣刀以 30 000 r/min 高速旋转时,一个 7 g 的刀片可产生 2 500 N 的离心力。因此,改进夹紧系统,提高螺钉被甩飞的失效转速,可以发掘高速铣刀的潜力。日本三菱金属公司开发的 OCATCUT 系列高速铣刀,其刀座与刀片结构如图 7-15 所示,它利用刀片底面的圆键孔与刀体上的圆环凸台相互接触配合,改善了刀片夹紧的可靠性,使这类铣刀刀片的被甩飞失效转速提高了 24%。图 7-16 所示为无孔刀片的防甩飞设计,这种结构可以用于 16 000 r/min 转速范围内。

图 7-15　有孔刀片的刀座与刀片

图 7-16　无孔刀片的防甩飞设计

### 7.5.6　高速切削刀具的动平衡

《高速旋转铣刀的安全性要求》标准规定:用于高速切削的铣刀必须经过动平衡测试,并应达到 ISO 1940-1 规定的 G1 平衡质量等级以上。要想达到如此高等级的动平衡要求,采用常规方法仅在装配之前对主轴的每个零件分别进行动平衡是不够的,还必须在组装之后进行整体精确动平衡,甚至还要设计专门的自动平衡系统来实现主轴在线动平衡,以确保主轴高速切削刀具系统的高速平稳运行。

引起高速切削刀具系统动不平衡的主要因素有:刀具平衡极限和残余不平衡度、刀具结构不平衡度、刀柄不对称度、刀具及夹头的安装(如单刃镗刀)不对称度、主轴-刀具界面上的径向装夹精度、主轴的磨损与回转精度、刀具与主轴接合面上的杂物颗粒污染等。设刀具在距离旋转中心 $e$(mm)处存在等效的不平衡质量 $m$(g),则刀具允许的不平衡量 $U$(g·mm)可定义为刀具不平衡质量与其偏心距离的乘积,即 $U=me$。根据牛顿第二定律,该不平衡质量将产生与旋转线速度平方成正比的离心力 $F$。

对于旋转体的平衡,国际上采用的标准是 ISO 1940-1 或美国标准 ANSIS 2.19,用 $G$ 参数对刚性旋转体进行分级,$G$ 的数字量等级从 $G0.4$ 到 $G4000$。$G$ 后面的数字表示每单位旋转体质量允许的残余不平衡量,$G$ 的单位是 g·mm/kg,它也等于残余质量中心以 $\mu$m 表示的偏移量。$G$ 后面的数字越小,平衡等级越高。

在该标准中,所允许的不平衡量 $U$( g·mm )为

$$U=9\,545Gm/n$$

式中　$U$——$G$ 等级量,每单位旋转体质量所允许的残余不平衡量,g·mm/kg;

$\quad\quad m$——旋转部件的质量,kg;

$\quad\quad n$——主轴转速,r/min。

对不同机床的动平衡要求是:普通机床的旋转件 $G6.3$;普通刀柄和机床传动件 $G2.5$;磨床及精密机械旋转件 $G1.0$;精密磨床主轴及部分高速电主轴 $G0.4$;6 000 r/min 以上的高速切削刀具和刀柄系统的动平衡等级必须≤$G2.5$。

## 7.6　数控车床的刀架

### 7.6.1　数控回转刀架

数控回转刀架是一种简单的自动换刀装置,常用于数控车床或车削中心机床。根据不同机床的要求,数控回转刀架有四方回转刀架、六角回转刀架或圆盘式轴向装刀刀架等多种形式。在数控回转刀架上,可以分别安装四把、六把或更多把刀具,可以按 CNC 数控装置的指令实现自动换刀。

数控回转刀架在结构上应该具有良好的强度和刚度,以承受粗车加工时较大的切削抗力。由于数控车床在加工过程中不允许进行人工干预,所以车削加工的精度在很大程度上取决于刀

尖位置的准确性。因此,数控回转刀架必须选择可靠的定位方案和合理的定位结构,以保证在每次自动转位之后,使数控回转刀架具有尽可能高的重复定位精度(一般为 0.001~0.005 mm)。

一般情况下,数控回转刀架的换刀动作包括刀架抬起、刀架转位及刀架压紧等。根据工作原理的不同,数控回转刀架可分为螺母升降式自动转位刀架、十字槽轮式自动转位刀架、凸台棘爪式自动转位刀架、电磁式自动转位刀架和液压式自动转位刀架等。

数控车床四方回转刀架可以安装四把不同的刀具,转位信号由数控加工程序发出指令。如图 7-17 所示为 LD4B 型立式电动四方刀架的外形尺寸,该刀架采用电动机经蜗杆蜗轮传动、由三齿盘啮合螺杆锁紧的工作原理。如图 7-18 所示为它的内部结构,具体工作过程为:当 CNC 数控系统发出转位信号后,刀架电动机带动蜗杆 11 转动,蜗杆 11 带动蜗轮 7 转动,蜗轮 7 与螺杆 9 用键连接,螺杆 9 的转动把夹紧轮 14 往上抬,从而使三个齿圈(内齿圈、外齿圈和夹紧齿圈)都松开,这时离合销进入离合盘 16 的槽内,反靠销 26 同时脱离反靠盘 10 的槽上刀体 15 开始转动。当上刀体 15 转到对应的刀位时,磁钢 22 与发信盘 24 上的霍尔元件相对应,发出到位信号。系统收到信号后发出电动机反转延时信号,电动机反转,上刀体 15 稍有反转,反靠销 26 进入反靠盘 10 的槽中实行初定位,离合销 25 脱离离合盘 16 的槽,夹紧轮 14 往下压紧内、外齿圈直至锁紧,延时结束。主机系统指令下一道工序。

图 7-17　LD4B 型立式电动四方刀架的外形尺寸

数控车床四方刀架一般安装在中拖板上打好的相应螺钉孔处,用一字形螺丝刀拧下刀架下刀体轴承盖闷头,然后用内六角扳手沿顺时针方向转动蜗杆,使上刀体旋转约 45°,即可露出刀架安装孔,然后用相应螺钉把刀架固定,并调整刀尖与车床主轴中心一致。

图 7-18　数控车床四方刀架的结构

1—右联轴器；2—左联轴器；3—调整垫；4—轴承盖；5—闷头；6—下刀体；7—蜗轮；8—定轴；9—螺杆；
10—反靠盘；11—蜗杆；12—外齿圈；13—防护圈；14—夹紧轮；15—上刀体；16—离合盘；
17—止退圈；18—大螺母；19—罩座；20—铝盖；21—发信支座；22—磁钢；23—小螺母；
24—发信盘；25—离合销；26—反靠销；27—连接座；28—电动机罩

## 7.6.2　车削中心的动力刀架

如图 7-19(a)所示为用于全功能数控车床及车削中心机床的动力转塔刀架。在刀盘上既可以安装各种非动力辅助刀夹(车刀夹、镗刀夹、弹簧夹头和莫氏锥度刀柄)夹持刀具进行加工，还可以安装动力刀夹进行主动切削，配合主机完成车、铣、钻、镗等各种复杂工序，实现加工程序的自动化、高效化。

如图 7-19(b)所示为动力转塔刀架的传动示意图，刀架采用端齿盘作为分度定位元件，刀架转位由三相异步电动机驱动；电动机内部带有制动机构，刀具位置由二进制绝对编码器识别，该刀架可双向转位和在任意刀位就近选刀。动力刀架由交流伺服电动机驱动，通过同步齿形带、传动轴、传动齿轮、端齿离合器将动力传递到动力刀夹，再通过刀夹内部的齿轮传动带动刀具回转，实现主动切削。

(a) 外形　　　　　　　　　　　　　　　(b) 内部传动示意图

图 7-19　车削中心用动力转塔刀架

# 思考题与习题

7-1　数控加工对刀具有什么要求？

7-2　数控刀具的特点有哪些？

7-3　数控机床常用的对刀工具有哪些？

7-4　数控机床对自动换刀装置的基本要求是什么？常用的换刀装置有哪些结构形式？

7-5　车床上的回转刀架换刀时需要完成哪些动作？如何实现？

7-6　目前高硬度刀具材料有哪几种？它们的性能特点和使用范围如何？

7-7　数控加工对刀具有什么要求？数控机床常用的车刀和铣刀有哪些类型？

7-8　高速切削的特点有哪些？

7-9　高速加工过程中对刀具有何要求？

7-10　高速铣削有哪些工艺特点？

# 第8章

## 数控机床维修基础知识

## 8.1 概　述

数控机床是一种典型的机电一体化产品,在企业生产中占有十分重要的地位。做好数控机床的日常维护和设备管理工作,可以大大降低设备故障率,发挥数控机床应有的效率,保护企业的生产经济利益,同时也可为出现故障时的快速诊断、快速修复提供良好的条件。

数控机床的使用寿命和效率,不仅取决于机床本身的精度和性能,更主要取决于日常维护。因此与普通设备管理工作一样,数控机床也应当贯彻"预防为主"的设备管理思想。正确合理的使用和精心的日常维护,能够防止设备的非正常磨损,使设备经常保持良好的技术状态,从而有效地避免突发性故障,延长机床的使用寿命,切实保障设备的安全运行。

### 8.1.1 数控机床维修安全规范

数控机床维修必须重视有关的安全防范措施,在检查机床操作之前要熟悉机床厂家提供的操作说明书和编程说明书,并只能由经过技术培训的人员来进行数控机床的维修工作。

1.数控机床操作安全注意事项

(1)在拆除外罩的情况下开机检查时,应当站在离机床较远的地方进行操作,以确保衣物不会被卷到主轴或其他运动部件中。在检查机床动作时,应当先进行空运转,然后进行实物试加工,以防万一机床出现误动作引起工件掉落或刀具破损飞出,造成切屑飞散,伤及人员与设备。

(2)打开电气柜门检查时,需注意电气柜中有高电压,切勿触碰高压部分。

(3)在采用自动方式加工工件时,要首先采用单程序段运行,并将进给速度倍率调低;或采用机床锁定功能,在不安装刀具和工件的情况下运行自动循环过程,以确认机床动作的正确性,防止机床异常动作引起工件、机床或操作者被伤害。

(4)在机床运行之前要认真核实检查所输入的程序,纠正数据输入错误,防止自动运行操作中由于程序或数据错误引起的机床动作失控事故。

(5)一般来说,每一台机床都有一个可允许的最大进给速度,但对于同一台机床的不同操作,所适用的最佳进给速度各有不同。应当参照机床说明书来确定最合适的进给速度,使给定的进给速度适合于指定的操作,否则会加速机床磨损,甚至造成事故。

(6)当采用刀具补偿功能时,要随时检查刀具补偿的方向和补偿量,因为如果输入的数据不正确,机床会出现动作异常,可能引起对工件、机床的损害或造成人员伤亡。

2. 更换电子元器件注意事项

(1)更换电子元器件必须做到"断电插拔",在关闭 CNC 的电源和关闭强电主电源之后进行。如果只关闭 CNC 的电源,主电源仍会继续向所维修部件(如伺服单元)供电,在这种情况下所更换的新装置可能被击穿损坏,同时操作人员也有触电的危险。

(2)至少要在切断电源 20 min 后,才可以更换放大器。切断电源后,伺服放大器和主轴放大器的电压会保留一段时间,因此即使在关闭电源后也有被电击的危险,至少要在关闭电源 20 min 后,残余的电压才会逐渐消失掉。

(3)在更换电气单元时,要确保新单元的参数及其设置与原来单元的相同。否则不正确的参数将使机床运动失控,损坏工件或机床,造成事故。

3. 数控机床参数设定注意事项

(1)为避免因输入不正确的参数而造成机床失控,在修改参数后第一次加工工件时,要盖好机床护罩,利用单程序段功能、进给速度倍率功能、机床锁定功能及采用不装刀具操作等方式,开机验证机床运行的正确性,然后才可正式使用自动加工循环等功能。

(2)出厂时 CNC 和 PLC 的参数已被设定在最佳值,通常不需要修改;当由于某些原因必须修改其参数时,修改之前要确认你完全了解该参数的有关功能,因为如果错误地设定了参数值,机床会出现意外的运动,可能造成事故。

4. 数控机床日常维护注意事项

(1)存储器备用电池的更换

CNC 利用电池来保存数控系统存储器中的内容。当存储器电池电压不足时,在机床操作面板和 CRT 屏幕上会显示"电池电压不足"报警,遇此情况应在一周内更换电池,否则 CNC 存储器的内容将会丢失。更换存储器备用电池要按说明书中所述的方法,必须在机床(CNC)电源接通的状态下进行,以防数据丢失。由于是在电源接通和电气柜门打开的状态下更换电池,因此工作时要避免触及高压电路,防止触电事故,并应使机床处于"紧急停止"状态。

(2)绝对脉冲编码器电池的更换

绝对脉冲编码器利用电池来保存机床的绝对位置信息。如果电池电压不足,会在机床操作面板或 CRT 屏幕上显示低电池电压报警,也应当在一周内更换电池,否则保留在脉冲编码器中的绝对位置数据将会丢失。

(3)保险丝的更换

在更换保险丝之前,必须首先找出引起保险丝熔断的根本原因,待确认其原因消除之后才可以更换新的保险丝。随意更换保险丝可能会引起严重的后果,所以只有接受过正规安全维护培训的合格人员,才有资格从事这项工作。

## 8.1.2 数控机床维修主要内容

1. 机床本体的机械维修

机床本体的机械维修是指对数控机床机械部件的维修,如主轴箱的冷却和润滑,齿轮副、导轨副、滚珠丝杠螺母副的间隙调整和润滑,轴承的预紧,液压与气动装置的压力、流量调整等。由于数控机床的机械部件长期处于运动摩擦状态,所以机床本体的维护和维修对保证数控机床的精度具有十分重要的意义。

2. 电气控制系统的维修

电气控制系统的维修主要包括以下五个部分:

(1)伺服驱动电路

伺服驱动电路主要指坐标轴进给驱动和主轴驱动的连接电路。数控机床从电气角度看,最明显的特征就是用电气驱动替代了普通机床的机械传动,将相应的主运动和进给运动改由主轴电动机和伺服电动机来执行完成,而各电动机必须配备相应的驱动装置及电源。由于受切削力、切削温度及各种干扰因素的影响,有可能使伺服性能变化、电气参数变化或电气元件失效,从而引起故障。

(2)位置反馈电路

位置反馈电路主要指数控系统与位置检测装置之间的连接电路。数控机床最终是以位置控制为目的的,所以位置检测装置的维护质量将直接影响到机床的运动精度和定位精度。

(3)电源及保护电路

电源及保护电路主要指数控机床强电线路中的电源控制电路,通常由电源变压器、控制变压器、断路器、保护开关、接触器、熔断器等连接构成,为交流电动机(如液压泵电动机、冷却泵电动机、润滑泵电动机等)、电磁铁、离合器和电磁阀等执行元件进行供电和控制保护。

(4)开、关信号连接电路

开、关信号是指数控系统与机床实时状态之间的输入/输出控制信号,通常采用二进制数据位的“1”或“0”分别表示“通”或“断”。需要注意那些分布于机床各部位的操作按钮、限位开关、继电器、电磁阀等机床电器开关的状态,它们的正确性和可靠性将直接影响到机床能否正确执行动作。这些开、关信号作为可编程控制器的输入和输出量,它们的故障是数控机床的常见故障。数控系统通过对可编程控制器的 I/O 接口的状态进行检测,就可初步判断发生故障的范围和原因,并可通过 PLC 对相应开、关量进行处理,从而实现对主轴、进给、换刀、润滑、冷却、液压与气动等系统的开、关量控制。

(5)数控系统

数控系统属于计算机产品,其硬件结构是将电子元器件焊(贴)到印制电路板上成为板、卡级产品,再由多块板、卡借助接插件连接外部设备成为系统级最终产品。计算机关键技术的发展,如元器件的筛选、印制电路板的焊接和贴敷、生产过程的控制、最终产品的检验和整机的考机等,都极大地提高了数控系统的可靠性。

综上所述,数控机床机械维修与电气控制系统的维修相比较,电气系统的故障诊断及维护内容较多、涉及面广、发生率高,是数控机床维修的重点。另有资料表明,由操作、保养和调整不当产生的故障占数控机床全部故障的 57%,伺服系统、电源及电气控制部分的故障占数控机床全部故障的 37.5%,而数控系统的故障仅占数控机床全部故障的 5.5%。

## 8.1.3 数控机床定期维护保养

数控机床定期维护保养的内容和规则各具特色,应当根据机床的种类、型号及实际使用情况,并参照机床说明书的要求,制定必要的定期、定级保养制度。

**1.保持机床良好的润滑状态**

定期检查清洗自动润滑系统,添加或更换油脂、油液,使丝杠、导轨等各运动部件保持良好的润滑状态,降低机械磨损速度。

**2.定期检查液压与气压系统**

定期对液压系统进行油质化验检查,及时更换液压油,定期对各润滑、液压与气压系统的过滤器或过滤网进行清洗或更换,及时对气压系统的气水分离过滤器排放积水。

**3.定期进行直流电动机的电刷和换向器检查、清洗与更换**

如果换向器表面脏了,应用白布蘸酒精予以清洗;若表面粗糙,可用细金相砂纸予以修整;若发现电刷长度为 10 mm 以下,则应予以更换。

**4.定期进行各坐标轴超程的硬件限位试验**

数控机床虽然装有各种硬件限位开关,但平时却主要靠软件限位起超程保护作用。由于切削液渗入等原因,硬件限位开关容易产生锈蚀,在关键时刻如果限位开关锈蚀失效将发生机床碰撞事故,所以必须定期进行各坐标轴的硬件超程限位试验。试验方法为:用手按一下限位开关,看是否出现超程警报,或检查相应 I/O 接口输入信号是否变化。

**5.定期检查电气部件**

定期对电气柜内的冷却风扇进行清扫,及时更换空气过滤网等。若光电阅读机的受光部位太脏,则应及时清洗,以防止出现读数错误;若电路板上太脏或受湿,则应使用吸尘器进行清扫,以免发生短路故障。平时应当尽量少开电气柜门,以保持电气柜内的清洁干燥;即使是夏季高温期间,也不可以采用开门散热的方式降温。

**6.数控机床封存期间的维护**

数控机床不宜长期封存不用,以免由于受潮等原因加快电子元器件的变质或损坏。如果数控机床较长时间不用,则要定期通电,运行检查机床功能的完整试验程序。平时 1～3 周应通电试运行一次,在环境湿度较大的梅雨季节每周应通电试运行两次,每次空运行约 1 h,以利用机床自身的发热量来驱除机内湿气,使电子元器件不致受潮。通电试运行时还应当检查电池电力是否充足,必要时应及时更换新的备用电池,以防止系统软件和系统参数的丢失。

**7.备用电路板的维护**

备用电路板长期不用容易出现故障,因此应当定期将备用电路板安装到 CNC 装置上通电运行一段时间,以防备用电路板损坏。

**8.电网电压波动的检测**

一般情况下,CNC 装置允许电网电压在(＋10％～−15％)额定值范围内波动,如果超出此范围就会造成系统无法正常工作,甚至引起 CNC 系统内电子元器件的损坏,因此要经常检测 CNC 装置所用的电网电压的波动,必要时应当采取相应的有效防护措施。

**9.定期进行机床机械精度的检查校正**

机床机械精度的校正方法有软、硬两种。软校正方法是通过系统参数补偿,如丝杠反向间隙补偿、各坐标定位精度定点补偿、机床回参考点位置校正等。硬校正方法一般在机床大修时进行,例如进行机床导轨修刮;或由专职的机床维修人员来完成,例如滚珠丝杠螺母副预紧,调整滚珠丝杠螺母副的反向间隙、齿轮传动副的间隙等。

表 8-1 为某数控机床的定期保养表,其中具体列出了该数控机床定期保养的检查周期、检查部位和检查要求,以供参考。

表 8-1 数控机床定期保养表

| 序号 | 检查周期 | 检查部位 | 检查要求 |
|---|---|---|---|
| 1 | 每天 | 导轨润滑 | 检查润滑油的油面、油量,及时添加油;润滑油泵能否定时启动、泵油及停止;导轨各润滑点,在泵油时是否有润滑油流出 |
| 2 | 每天 | X、Y、Z 及回转轴的导轨 | 清除导轨面上的切屑、脏物、冷却水剂,检查导轨润滑油是否充分,导轨面上有无划伤损坏及锈斑,导轨防尘刮板上有无夹带铁屑,如果是安装滚动滑块的导轨,当导轨上出现划伤时应检查滚动滑块 |
| 3 | 每天 | 压缩空气气源 | 检查气源供气压力是否正常,含水量是否过大 |
| 4 | 每天 | 机床进气口的油、水自动分离器和自动空气干燥器 | 及时清理分水器中滤出的水分,加入足够润滑油,检查空气干燥器是否能自动切换工作,干燥剂是否饱和 |
| 5 | 每天 | 气-液转换器和增压器 | 检查存油面高度并及时补油 |
| 6 | 每天 | 主轴箱润滑恒温油箱 | 恒温油箱正常工作,由主轴箱上油标确定是否有油润滑,调节油箱制冷温度能正常启动,制冷温度不要低于室温太多〔相差 2～5 ℃,否则主轴容易"出汗"(空气水分凝聚)〕 |
| 7 | 每天 | 机床液压系统 | 油箱、油泵无异常噪声,压力表指示正常工作压力,油箱工作油面在允许范围内,回油路上的背压不得过高,各管路接头无泄漏和明显振动 |
| 8 | 每天 | 主轴箱液压平衡系统 | 平衡油路无泄漏,平衡压力表指示正常,主轴箱在上下快速移动时压力表波动不大,油路补油机构动作正常 |
| 9 | 每天 | 数控系统的输入/输出 | 光电阅读机清洁,机械结构润滑良好,外接快速穿孔机及程序盒连接正常 |
| 10 | 每天 | 各种电气装置及散热通风装置 | 数控柜、机床电气柜进、排风扇工作正常,风道过滤网无堵塞,主轴电机、伺服电机、冷却风道正常,恒温油箱、液压油箱的冷却散热片通风正常 |
| 11 | 每天 | 各种防护装置 | 导轨、机床防护罩动作灵活且无漏水,刀库防护栏杆、机床工作区防护栏检查门开关动作正常,在机床四周各防护装置上的操作按钮、开关、急停按钮工作正常 |
| 12 | 每周 | 电气柜 | 清洗各电气柜进气过滤网 |
| 13 | 半年 | 滚珠丝杠螺母副 | 清洗丝杠上旧的润滑油脂,涂上新油脂,清洗螺母两端的防尘圈 |
| 14 | 半年 | 液压油路 | 清洗溢流阀、减压阀、滤油器、油箱油底,更换或过滤液压油,注意在向油箱加入新油时必须经过过滤和除去水分 |
| 15 | 半年 | 主轴箱润滑恒温油箱 | 清洗过滤器,更换润滑油,检查主轴箱各润滑点是否正常供油 |
| 16 | 每年 | 检查并更换直流伺服电机电刷 | 从电刷窝内取出电刷,用酒精棉清除电刷窝内和整流子上的炭粉,当发现整流子表面有被电弧烧伤之处时,抛光表面、去毛刺,检查电刷表面和弹簧有无失去弹性,更换长度过短的电刷,并于跑合后再正常使用 |
| 17 | 每年 | 润滑油泵、滤油器等 | 清理润滑油箱油底,清洗更换滤油器 |
| 18 | 不定期 | 各轴导轨的镶条、压紧滚轮、丝杠、主轴传动带 | 按机床说明书的规定调整间隙或预紧 |
| 19 | 不定期 | 冷却水箱 | 检查水箱液面高度,冷却液各级过滤装置是否工作正常,冷却液是否变质,经常清洗过滤器,疏通防护罩和床身上各回水通道,必要时更换并清理水箱底部 |
| 20 | 不定期 | 排屑器 | 检查有无卡阻现象等 |
| 21 | 不定期 | 清理废油池 | 及时取走废油池中废油以免外溢,当发现废油池中突然油量增多时,应检查液压管路中的漏油点 |

# 8.2  机床故障诊断的基本方法

数控机床故障诊断一般分三个阶段进行,即故障检测、故障判断与隔离、故障定位。第一阶段的故障检测,是对数控系统进行测试,判断是否存在故障;第二阶段的故障判断与隔离,是正确把握住所发生故障的类型,并分离出发生故障的可能部位;第三阶段是将故障定位到可以更换的模块或印制电路板,从而排除数控机床的故障。

通过故障诊断的综合判断和筛选,辅以必要的试验测试,可以达到快速确认和及时排除故障的目的,是维修数控机床的有效方法。现将 FANUC 公司推荐采用的"故障追踪方法"及日常采用的几种故障诊断方法介绍如下。

## 8.2.1  故障追踪方法

故障追踪是指对故障发生的时间、操作方式、故障的内容进行追踪分析,并尽快找出故障类型的过程。故障追踪法的工作要点如下:

1.调查故障发生的时间

维修人员要认真调查故障现场,首先记录故障发生的日期、时间和频率,弄清楚是电源接通时出现故障,还是操作过程中出现故障。如果是操作中出现故障,需要弄清楚操作多长时间后才发生故障,还应注意故障现场是否出现过雷击干扰或其他电源干扰。对于多次出现的同一种故障,应确认其发生频率,即按每小时、每天或每月计算,大约发生过多少次。

2.调查故障发生时机床的加工操作方式

调查并记录出现故障时数控系统是处于哪一种操作方式,如手动方式、存储器操作方式、MDI 方式、返回参考点方式等。

如果在程序运行中发生故障,应记录故障位于程序中的大致位置,即发生故障时的程序号和程序段号。应当深入了解该程序段的工作内容,了解运行什么指令时出现故障,是否在坐标轴移动时出现故障,是否在执行 M、S 或 T 代码时出现故障,是否在数据输入时出现故障,是否在进行同样操作时发生同一故障等。

对于与进给伺服运动有关的故障,需要分析故障是在低速进给还是高速进给时出现。可以在断开电缆的情况下测试查找存在故障的坐标轴或主轴,进一步分析什么时候(电压接通时、加速时、减速时还是正常运转时)出现该故障。

3.调查发生了哪一种故障

机床有故障报警显示功能时,按动报警键,在 CRT 界面上读取报警信息,并且进一步启动自诊断功能,查阅相关诊断号,以缩小故障范围,确认报警的内容,并试图修复。

4.调查数控装置附近是否有干扰

当故障出现的频率较低时,应考虑电源电压的波动干扰。确认同一电源上是否连有其他大功率电动机或电焊机,查清楚这些设备的运行与数控机床发生故障间有无联系。

对于输入电压,应确认以下几点:电压有无波动;相间有无电压差;是否达到了标准的电压值;还应该记录控制单元周围的环境温度(运行时应为 0~45 ℃)是多少,查清楚控制单元附近是否受到了较大的振动等。

### 8.2.2　直观检查法

直观检查法是一种最基本的方法,也是最简单的方法。维修人员通过对故障发生时产生的各种光、声、味等异常现象的观察,认真检查系统的每一处,观察有无烧毁和损伤痕迹,往往可将故障范围缩小到某一个模块,甚至某一块印制电路板。但这要求维修人员具有丰富的实践经验以及较强的综合判断能力。

【例 8-1】　机床类型:FANUC-7CM 系统卧式加工中心。

故障现象:运行中 Z 轴运动偶尔出现报警,指示的实际位置与指令值不一致。

故障诊断与处理:直观检查发现 Z 轴编码器的外壳被撞变形,所以怀疑该编码器已被损坏。换上一个新的编码器之后,故障排除。

利用人的听觉可查寻数控机床各种异常声响的故障来源,从而判断故障部位。电气部分常见的异常声响有电源变压器、阻抗变换器与电抗器等因铁芯松动、锈蚀引起的铁片振动的"吱吱"声;继电器、接触器等磁回路间隙过大、短路环断裂、动静铁芯或衔铁轴线偏差、线圈欠压运行等原因引起的电磁"嗡嗡"声或触点接触不良的声响;电气元器件因过流或过压运行异常,所引起的击穿爆裂声等。至于伺服电动机、气动或液压元器件等发出的异常声响,基本上与机械故障异常声响相同,主要表现为机械摩擦声、振动声与撞击声等。

现场维修中利用人的嗅觉功能和触觉功能,也可查寻因过流、过载、超温引起的故障。例如电气元器件运行过程中,因漏电、过流、过载等原因会引起异常温升和异常气味;气动、液压、冷却系统的管路阻塞、泵卡死等机械故障将引起气压与液压元器件过载及泵电动机超温散发出焦煳味,严重时甚至会引起线圈烧损。

【例 8-2】　机床类型:国产 JCS-018 立式加工中心,采用 FANUC-BESK-7M 数控系统。

故障现象:加工程序完成后,X 轴不执行自动返回参考点动作,CRT 上无报警显示,机床各部分也无报警显示,但手动 X 轴能够移动。将 X 轴用手动方式移至参考点后,机床又能正常加工;加工完成后,又重复上述现象。

故障诊断与处理:由于 X 轴手动方式移至参考点后机床能正常加工,可以判断 CNC 系统、伺服系统无故障。考虑故障可能发生在 X 轴回参考点的过程中,怀疑故障与 X 轴参考点的参数变化有关,然而将与 X 轴参考点有关的参数调出检查,却发现这些参数均正常。从数控机床的工作原理可知,坐标轴参考点除了与参数有关外,还与轴的原点位置、参考点的位置有关。检查数控机床上 X 轴参考点的限位开关,发现该开关因油污严重而始终处于接通状态,导致系统认为已经回到了参考点,不执行 X 轴返回参考点的动作。将该限位开关清洗、修复后,故障排除。

### 8.2.3　自诊断功能法

故障自诊断技术是当今数控系统中一项十分重要的技术,它是评价数控系统性能的一个重要指标。随着微处理器技术的发展,数控系统的自诊断能力越来越强,从原来的简单诊断朝着多功能化和智能化的方向发展。数控系统一旦发生故障,借助于系统的自诊断功能,常常可以迅速、准确地查明原因并确定故障部位。

CNC 系统自诊断技术的应用主要有三种方式,即启动诊断、在线诊断和离线诊断。

1. 启动诊断

启动诊断是指从每次通电开始至进入正常的运行准备状态为止,系统内部的诊断程序自动执行对 CPU、存储器、总线和 I/O 单元等模块、印制电路板、CRT 单元、阅读机及软盘驱动器等外围设备进行运行前的功能测试,确认系统的主要硬件是否可以正常工作,并将检测结果在 CRT 上显示出来。只有当全部开机诊断项目都正常通过后,系统才能进入正常运行准备状态。利用启动诊断,可以测出系统大部分硬件故障,因此它是提高系统可靠性的有力措施。一旦检测通不过,即在 CRT 上显示报警信息或报警号,指出哪个部件发生了故障,将故障原因定位在某一范围内,甚至可以将故障原因定位到某个电路板、模块、芯片上,维修人员借助于维修手册中提供的多种可能原因及相应排除方法,可以快速找到真正的故障原因并加以排除。FANUC 公司 20 世纪 70 年代以后推出的 CNC 系统,自诊断技术大多采用了启动诊断方式。

【例 8-3】 机床类型:配置 FANUC-10TE 数控系统的数控机床。

故障现象:开机后 CRT 显示

FS10TE 1399B

ROM TEST:END

RAM TEST

故障诊断与处理:CRT 显示的内容表明 ROM 测试通过,RAM 测试未通过。这需要从 RAM 本身参数是否丢失、外部电池是否失效或是否接触不良等方面进行检查并做相应处理。

2. 在线诊断

在线诊断是指通过 CNC 系统的内装诊断程序,在数控机床处于正常运行状态时,实时自动对数控装置、伺服系统、外部的 I/O 及其他外部装置进行自动测试、检查,并显示有关状态信息。当机床在运行中发生故障时,利用在线诊断功能,在 CRT 上会显示诊断编号和内容,还能显示出系统与主机之间接口信号的状态,从而判断出故障起因是在数控系统部分还是机械部分,并能实时显示 CNC 内部关键标志寄存器及 PLC 内操作单元的状态,指示出故障的大致部位。在线诊断方法是当前维修中最常用也是最有效的一种方法,在线诊断功能提示的故障信息越丰富,越能给故障诊断带来方便。

【例 8-4】 机床类型:XK5040 数控铣床,配置 FANUC-3MA 数控系统

故障现象:驱动 Z 轴时就产生 31 号报警。

故障诊断与处理:查维修手册,31 号报警为误差寄存器的内容大于规定值。根据 31 号报警指示,将 31 号机床参数的内容由"2000"改为"5000",与 X、Y 轴的机床参数相同,然后用手轮驱动 Z 轴,31 号报警消除,但又产生了 32 号报警。查维修手册知,32 号报警为 Z 轴误差寄存器的数值超过了"±32767"或数模变换器的命令值超出了"−8192～+8191"。将参数改为"3 333"后,32 号报警消除,31 号报警又出现。反复修改机床参数,故障均不能排除。为了诊断 Z 轴位置控制单元是否发生故障,将 800、801、802 诊断号调出,发现 800 在 −1 与 −2 间变化,801 在 +1 与 −1 间变化,而 802 却为 0,没有任何变化,说明 Z 轴位置控制单元出现了故障。为了进一步确认故障,将 Z 轴与 Y 轴的位置信号进行对换,即用 Y 轴控制信号去控制 Z 轴,用 Z 轴控制信号去控制 Y 轴,发现 Z 信号能驱动 Y 轴,Y 信号却不能驱动 Z 轴,这样就将故障定点在 Z 轴伺服电机。拆开 Z 轴伺服电机进行检查,发现编码器上的固定螺钉断了,位置编码器与电动机之间的十字形连接块已经脱落,使电动机在工作中因无反馈信号而产生了报警。将伺服电机与位置编码器用十字形连接块连接好,故障排除。

### 3. 离线诊断

离线诊断也称为脱机诊断,其目的主要是故障定位和修复系统。早期的 CNC 装置采用专用诊断纸带对 CNC 系统进行脱机诊断,诊断时将诊断纸带的内容读入 CNC 系统的 RAM 中,微处理器根据所得到的相应输出数据进行分析,以判断系统是否存在故障,并确定故障的位置。近期的 CNC 系统采用工程师面板或专用测试装置进行离线诊断测试。在现代 CNC 系统中,由于计算机技术及网络通信技术的飞速进步,自诊断系统也朝着两个方向发展,一方面依靠系统资源发展人工智能专家故障诊断系统,另一方面利用网络技术发展网络远程通信自诊断系统。

## 8.2.4　参数检查法

数控系统中有许多参数地址,其中存入的参数值是由数控机床制造厂通过调整确定的,它们直接影响着数控机床的性能。参数通常是存放在存储介质(磁泡存储器或由电池保持的 CMOSRAM)中的,一旦电池电量不足或受到外界的某种因素干扰,会使某些参数丢失或变化,使系统发生混乱,导致机床无法正常工作。当数控机床长期闲置之后重新启动系统时,如果无缘无故地出现不正常现象或有故障而无报警,就应根据故障的特征检查和核校有关参数。此外,数控机床经过长期运行之后,由于机械运动部件的磨损、电气元器件性能的变化等原因,也需要对有关参数进行修正。

## 8.2.5　功能程序测试法

功能程序测试法是将数控系统的常用功能和重要的特殊功能,例如快速点定位、直线插补、圆弧插补、螺纹切削、固定循环、用户宏程序等编制成一个功能测试程序,然后启动数控系统运行这个功能测试程序,用它来检查机床执行这些功能的准确性和可靠性,从而快速判断系统发生故障的可能起因。对于长期闲置的数控机床和第一次开机时的检查,以及在机床出现加工废品但一时难以确定是编程还是操作失误所致的情况下,本方法是判断数控机床故障的有效手段,可连续多次运行功能测试程序,诊断系统运行的稳定性。

【例 8-5】 机床类型:配置 FANUC-7CM 数控系统的卧式加工中心。

故障现象:运行自动加工程序后,出现零件尺寸误差变大,系统却无报警。

故障诊断与处理:使用功能程序测试法,将存储在功能测试带中的程序输入系统,并进行空运行。测试过程如图 8-1 所示。当运行到含有 G01、G02、G03、G18、G19、G41、G42 等指令的四角带圆弧的长方形典型图形程序时,发现机床运行轨迹与所要求的图形尺寸不符,从而确认该机床数控系统的刀补功能不良。该系统的刀补软件存放在 EPROM 芯片中,更换相应的集成电路后,机床加工恢复正常。

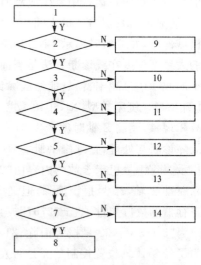

图 8-1　功能程序测试流程图
1—加工后工件尺寸超差;2—自动回零功能正常否;
3—直线插补功能正常否;4—圆弧插补功能正常否;
5—刀补功能正常否;6—自动换刀功能正常否;
7—固定循环功能正常否;8—功能齐全正常;
9—自动回原点故障;10—直线插补故障;
11—圆弧插补故障;12—刀补功能故障;
13—自动换刀故障;14—固定循环故障

### 8.2.6 交换替代法

交换替代法是在已大致分析出故障起因的
前提下,维修人员利用备用的印制电路板等元器件替换有疑点的部分,从而把故障范围缩小
到印制电路板或芯片一级的方法。在备板交换之前,应仔细检查备板是否完好,备板与原板
的各种设定状态是否一致,包括印制电路板上的开关位置、短路棒的设定状态、电位器的调
整位置是否都完全相同。在置换 CNC 装置的存储器板时,往往还需要对系统进行存储器
初始化的操作。如 F6 系统,用的是磁泡存储器,必须进行这项工作,即重新设定各种参数,
否则系统不能正常工作。又如在更换 F7 系统的存储器板之后,不但需要重新输入系统参
数,还需要对存储器区进行分配操作,如果缺少了后一步,一旦输入零件程序将产生 60 号报
警(存储器容量不够)。有的 FANUC 系统,在更换了主板之后,还需要进行一些特定的操
作。如 F10 系统,必须先输入 9000~9031 号选择参数,然后才能输入 0000~8010 号的系统
参数和 PC 参数。总之,交换替代法一定要严格参照系统操作说明书、维修说明书的有关要
求步骤进行操作,这是一种简单易行的方法,也是现场判断时最常用的方法之一。

【例 8-6】 机床类型:XK5040-1 型数控铣床,采用 FANUC-3M 数控系统。

故障现象:机床通电开机后,CRT 屏幕无显示。

故障诊断与处理:根据维修手册,首先检查 CRT 高压电路、行输出电路、场输出电路及
I/O 接口,以上部位均无异常,并且该机床除 CRT 不显示外,各种加工程序和动作均正常。
从以上情况分析,该故障可能发生在数控系统内部。使用仪器检查,发现 PC-2 模板上的
CRT 视放电路无输出电压,怀疑是 PC-2 模板内部故障。采用交换替代法,用相同功能模板
PC-2 替换怀疑有故障的 PC-2 模板,CRT 恢复显示。更换 PC-2 模板,故障排除。

### 8.2.7 转移法

转移法是将数控系统中具有相同功能的模板、印制电路板、集成电路芯片或元器件相互
交换,观察故障现象是否随之转移,从而分析确定故障的具体部位的方法。转移法从实质上
来说属于交换替代法。

【例 8-7】 机床类型:JCS-018 立式加工中心,采用 FANUC-BESK-7M 数控系统。

故障现象:运行中,Z 轴电动机忽然出现异常振动声,马上停机。

故障诊断与处理:将 Z 轴电动机与丝杠分开,试车时仍然振动,可见振动不是由机械传
动机构的原因造成的。为了区分是伺服单元故障,还是电动机的故障,采用 Y 轴伺服单元控
制 Z 轴电动机,还是振动,所以判断为电动机有故障。将 Z 轴电动机修复后,故障排除。

### 8.2.8 测量比较法

有些数控系统的生产厂家(如 FANUC 公司)在设计数控系统使用的印制电路板时,为
了调整、维修的便利,在印制电路板上设计了多个检测端子。用户也可利用这些检测端子测
量正常的印制电路板和有故障的印制电路板之间的电压或波形的差异,从而分析出故障起
因及故障的所在位置。甚至,有时还可对正常的印制电路板制造"人为故障",如断开连线或
短路、拔去组件等,以判断真实的故障起因。为了用好测量比较法,维修人员平时应留意测
量印制电路板上关键部位或易出故障部位的电压值与波形,并记录作为资料积累,因为数控

系统的生产厂家通常很少提供这方面的资料。

## 8.2.9 敲击法

如果数控系统的故障若隐若现,可用敲击法检查出故障的部位所在。通常这种若有若无的故障大多是由于虚焊或接触不良引起的,采用绝缘物轻轻敲打有虚焊或接触不良的可疑之处,接触不良故障很容易重复再现。

【例 8-8】 机床类型:MCH1500 卧式加工中心,配备 FANUC-0M 系统。

故障现象:在安装调试时,CRT 显示器突然无显示,但机床仍可继续运转;停机后再开,一切正常;使设备正常运转,该故障经常出现。

故障诊断与处理:采用直观法进行检查,发现当车间上方的门式起重机经过时,环境震动较大,就会出现此故障,由此初步判断是元器件接触不良。检查显示板,戴绝缘手套用手触动板上元器件,当触动某一集成块管脚时,CRT 上的显示就会消失。经观察发现该管脚没有完全插入插座中,另外,该集成块旁边的晶振有一个引脚没有焊锡。将松动的集成块插牢,在晶振引脚处焊锡,故障消除。

## 8.2.10 局部升温法

电气元器件经过长期运行后均会老化,使性能变坏,当它们尚未完全损坏时,出现的故障会变得时隐时现。这时可用热吹风机或电烙铁对可疑的电气元器件进行局部升温,可加速其老化和彻底暴露有故障部件。采用此法时,一定要注意各种元器件的温度参数等性能,避免将原来是好的电气元器件烤坏。

【例 8-9】 机床类型:配 FANUC-7CM 系统的 XK715F 型数控立式铣床。

故障现象:工作半小时后 CRT 中部变白,逐渐严重,最后全部变暗,无显示。关机数小时后再开机,工作半小时之后,CRT 又"旧病复发"。

故障诊断与处理:该故障发生时机床其他部分工作正常,判断故障在 CRT 箱内,且与温度有关。检查后知,CRT 箱内装有两处冷却风扇,分别冷却电源部分和接口板。人为地将接口板冷却风扇停转,发现开机后仅几分钟就出现上述故障,可见该接口电路板的热稳定性不良。调换此接口板后故障消除。

## 8.2.11 原理分析法

根据数控系统的组成原理,可从逻辑上分析出各点的逻辑电平和特征参数(如电压值或波形等),然后用万用表、逻辑笔、示波器或逻辑分析仪对其进行测量、分析和比较,从而对故障进行定位的方法为原理分析法。运用这种方法,要求维修人员有较高的水平,最好有数控系统逻辑图,能对整个数控系统或每部分电路的原理有清楚、深入的了解。

# 8.3 数控机床机械故障诊断

## 8.3.1 概　述

数控机床的性能比普通机床有了根本性的提高,所以在机械结构上也有了重大变化。

熟悉数控机床机械系统故障的诊断与排除方法,对数控机床的诊断与维护很有帮助。

数控机床机械系统故障诊断包括对数控机床运行状态的监视、识别和预测三个方面的内容。通过对数控机床机械装置的某些特征参数,如振动、温度、噪声、油液光谱等进行测定分析,将测定值与规定的正常值进行比较,可以判断机械系统装置的工作状态是否正常。常用的数控机床机械系统故障诊断技术,可分为简易诊断技术和精密诊断技术两类。

1. 简易诊断技术

简易诊断技术也称为机械检测技术,它由现场维修人员使用一般的检查工具,或通过感觉器官的听、摸、看、问、嗅等,对机床的运行状态进行故障检测与诊断。简易诊断技术能快速查找故障区域,确定劣化部位,选择有疑难问题的故障再进行精密诊断。

2. 精密诊断技术

精密诊断技术针对简易诊断中提出的疑难故障,由专职人员利用先进的测试手段进行精密的定量检测分析,查找出故障原因、故障位置并采集有关数据,然后确定应当采取的最佳维修方案。

通常情况下,一般都采用简易诊断技术来诊断机床的状态,只有对那些在简易诊断中提出疑难故障的机床,才需要进行精密诊断,配合使用这两种诊断技术,才是最为经济有效的。

## 8.3.2 数控机床机械系统的故障诊断方法

数控机床机械系统的故障诊断方法参见表8-2。

**表 8-2　　　　　　数控机床机械系统的故障诊断方法**

| 类型 | 诊断方法 | 原理及特征 | 应用 |
|---|---|---|---|
| 简易诊断技术 | 听、摸、看、问、嗅 | 借助于简单工具、仪器(如百分表、水准仪、光学仪等)进行检测;通过人的感官,直接观察形貌、声音、温度、颜色和气味的变化,根据经验来诊断 | 需要有丰富的实践经验,目前被广泛应用于现场诊断 |
| 精密诊断技术 | 温度检测 | 接触型:采用温度计、热电偶、测温贴片、热敏涂料直接接触轴承、电动机、齿轮箱等装置的表面进行测量;非接触型:采用先进的红外测温仪、红外热像仪、红外扫描仪等遥测不宜接近的物体;具有快速、正确、方便的特点 | 用于机床运行中发热异常的检测 |
| | 振动检测 | 通过安装在机床某些特征位置上的传感器,利用振动巡回检测,测量机床上特定位置处的总振级大小,如位移、速度、加速度和幅频特性等,对故障进行预测和检测 | 振动和噪声是应用最频繁的诊断信息,首先是强度测定,确定有异常时,再做定量分析 |
| | 噪声检测 | 用噪声计、声波计对机床齿轮、轴承运行中的噪声信号频谱的变化规律进行深入分析,辨识和判别齿轮、轴承的磨损失效故障状态 | |
| | 油液分析 | 通过原子吸收光谱仪,对磨损进入润滑油或液压油中的各种金属微粒和外来杂质等残余物形状、大小、成分、浓度进行分析,判断磨损状态、机理和严重程度,有效掌握零件磨损情况 | 用于检测零件磨损情况 |
| | 裂纹分析 | 通过磁性探伤法、超声波法、电阻法、声发射法等,观察零件内部机体的裂纹缺陷 | 疲劳裂纹可能导致重大事故,测量不同性质材料的裂纹应采用不同方法 |

## 8.3.3 数控机床典型机械部件的故障诊断与处理方法

### 1.主轴部件

数控机床主轴部件是机床的执行件,它的工作性能直接影响数控机床的加工质量与生产率。主轴部件出现的故障有主轴运转时发出的异常响声、抓刀松刀不良故障、自动调速故障、主轴精度保持性故障等。表 8-3 为数控机床主轴部件常见的故障及其诊断与处理方法。

表 8-3　　　　　　　　　　　数控机床主轴部件常见的故障及其诊断与处理方法

| 序号 | 故障现象 | 故障原因 | 处理方法 |
|---|---|---|---|
| 1 | 主轴发热 | 主轴前后轴承损伤或轴承不清洁 | 更换坏轴承,清除脏物 |
| | | 主轴前端盖与主轴箱体压盖研伤 | 修磨主轴前端盖使其压紧主轴前轴承,轴承与后盖应有 0.02~0.05 mm 轴向间隙 |
| | | 轴承润滑油脂耗尽或润滑油脂涂抹过多 | 涂抹润滑油脂,每个轴承润滑油脂的填充量约为轴承空间的 1/3 |
| 2 | 主轴在强力切削时停转 | 电动机与主轴连接的皮带过松 | 移动电动机座,张紧皮带,然后将电动机座重新锁紧 |
| | | 皮带表面有油 | 用汽油清洗后擦干净,再装上 |
| | | 皮带使用过久而失效 | 更换新皮带 |
| | | 摩擦离合器调整过松或磨损 | 调整摩擦离合器,修复或更换摩擦片 |
| 3 | 主轴噪声 | 缺少润滑 | 涂抹润滑油脂,保证每个轴承涂抹润滑油脂量约占轴承空间的 1/3 |
| | | 传动轴损坏或传动轴弯曲 | 修复或更换轴承,校直传动轴 |
| | | 齿轮啮合间隙不均匀或齿轮损坏 | 调整啮合间隙或更换新齿轮 |
| | | 主轴与电动机连接的皮带过紧 | 移动电动机座,使皮带松紧度合适 |
| | | 小带轮与大带轮传动平衡情况不佳,或带轮上的动平衡块脱落 | 重新进行动平衡调整 |
| 4 | 主轴没有润滑油循环或润滑不足 | 油泵转向不正确,或间隙太大 | 改变油泵转向或修理油泵 |
| | | 吸油管没有插入至油箱的油面以下 | 将吸油管插入至油面以下 2/3 处 |
| | | 油管或滤油器堵塞 | 清除堵塞物 |
| | | 润滑油压力不足 | 调整供油压力 |
| 5 | 润滑油泄漏 | 润滑油油量过多 | 调整供油量 |
| | | 密封件损坏 | 更换密封件 |
| | | 管件损坏 | 更换管件 |
| 6 | 刀具不能夹紧 | 碟形弹簧位移量较小 | 调整碟形弹簧行程长度 |
| | | 刀具松夹弹簧上的螺母松动 | 顺时针旋转松夹刀具弹簧上的螺母,使其最大工作载荷为 13 kN |
| 7 | 刀具夹紧后不能松开 | 松刀弹簧压合过紧 | 逆时针旋转松夹刀具弹簧上的螺母,使其最大工作载荷不超过 13 kN |
| | | 液压缸压力和行程不够 | 调整液压缸压力和活塞行程开关位置 |

【例 8-10】　机床类型:V400 型立式加工中心。

故障现象:执行自动换刀指令或试图采取手动换刀时,均换不了刀具,也无任何报警显示,且换刀时的信号传送正常。

故障诊断与处理:根据换刀时的信号传送正常且无任何报警显示,可以判断CNC系统和伺服系统均无故障。通过检查,发现拉刀杆端部的螺母已经松动,使松刀缸顶杆与拉刀杆端部之间的距离变大,当松刀缸动作时没有将拉刀杆推压到设定的位置,因此刀柄不可能从主轴锥孔中取出。旋紧螺母,调节两者之间的距离到合适位置,故障排除。(本例可参考图5-7"加工中心机床的主轴结构")

**【例8-11】** 机床类型:V400型立式加工中心。

故障现象:使用过程中发现有时主轴拉不紧刀具,数控系统无任何报警信息。

故障诊断与处理:主轴拉不紧刀具的主要原因有碟型弹簧变形或损坏;松刀缸动作行程不到位;拉杆与刀柄夹头之间的螺纹连接松动脱出,后退1.5 mm以上。一般来说,拉杆与刀柄夹头之间的连接应当非常牢固,通常采用螺纹连接、外加螺母锁紧或采用螺纹密封胶防松。但该型号机床的拉杆与刀柄夹之间没有任何防松措施,在插拔刀具时,如果刀具中心与主轴锥孔稍有偏差,拉杆与刀柄夹头之间就存在一个偏心摩擦,刀柄夹头在这种偏心摩擦与冲击的长期共同作用下,螺纹松动退扣,出现主轴拉不紧刀具的故障现象。检查拉杆与刀柄夹之间的螺纹连接,出现松动应及时拧紧,就可以改善和消除这一故障。

2.滚珠丝杠螺母副

滚珠丝杠螺母副的故障大多是由于运动质量下降、反向间隙过大、出现机械爬行、润滑状况不良、轴承噪声过大等原因造成的,表8-4为滚珠丝杠螺母副的常见故障及其诊断与处理方法。

表8-4 滚珠丝杠螺母副的常见故障及其诊断与处理方法

| 序号 | 故障现象 | 故障原因 | 处理方法 |
|---|---|---|---|
| 1 | 滚珠丝杠副发出噪声 | 丝杠支承轴承的压盖压合情况不良 | 调整轴承压盖,使其压紧轴承端面 |
| | | 丝杠支承轴承破损 | 更换轴承 |
| | | 电动机与丝杠联轴器松动 | 拧紧联轴器销紧螺钉 |
| | | 丝杠润滑不良 | 改善润滑条件,使润滑油油量充足 |
| | | 滚珠丝杠副滚珠破损 | 更换滚珠 |
| 2 | 滚珠丝杠运动不灵活 | 轴向预加载荷太大 | 调整轴向间隙和预加载荷 |
| | | 丝杠与导轨不平行 | 调整丝杠支座位置,使丝杠与导轨平行 |
| | | 螺母轴线与导轨不平行 | 调整螺母座的位置 |
| | | 丝杠弯曲变形 | 校直丝杠 |
| 3 | 滚珠丝杠副运行不灵活 | 滚珠丝杠副润滑状况不良 | 移动工作台,取下轴套,再涂上润滑脂 |

3.刀架、刀库及换刀装置

刀架、刀库及换刀装置的故障表现形式有刀具夹持不牢固、夹紧后刀具不能松开、刀套夹不紧刀具、刀具从机械手中脱落、机械手换刀速度过快等,这些故障最终都可能引起换刀动作卡阻,导致数控机床整机无法工作,因此维修人员要有足够的重视。表8-5列出了刀架、刀库及换刀装置的故障及其诊断与处理方法。

表 8-5　　　　　　刀架、刀库及换刀装置故障及其诊断与处理方法

| 序号 | 故障现象 | 故障原因 | 处理方法 |
|------|----------|----------|----------|
| 1 | 刀具不能夹紧 | 气泵气压不足 | 使气泵气压恢复到额定范围内 |
|  |  | 增压漏气 | 关紧增压 |
|  |  | 刀具卡紧液压缸漏油 | 更换密封装置,使液压缸不漏油 |
|  |  | 刀具松卡弹簧上的螺母松动 | 旋紧螺母 |
| 2 | 刀具夹紧后不能松开 | 松锁刀弹簧压力过紧 | 调节松锁刀弹簧上的螺母,使其最大载荷不超过额定数值 |
| 3 | 刀套不能夹紧刀具 | 检查刀套上的调节螺母 | 顺时针旋紧刀套两端的调节螺母,压紧弹簧,顶紧卡紧销 |
| 4 | 刀具从机械手中脱落 | 刀具超重,机械手卡紧销损坏 | 刀具不得超重;更换机械手卡紧销 |
| 5 | 机械手换刀速度过快 | 气压太高或节流阀开口过大 | 调整气泵的压力和流量,旋转节流阀至换刀速度合适 |

# 8.4　数控机床电气故障诊断

　　数控机床电气系统主要利用自诊断功能报警信号、信息状态指示灯、各关键测试点的波形与电压值、机床各有关参数的设定值等信息,借助于专用诊断元器件进行电气故障诊断,并参考维修手册等资料来排除故障。数控机床电气控制部分的常见故障主要有:

　　1.电池报警故障

　　当数控机床断电时,为了保存机床控制系统中的参数及加工程序,需要后备电池予以支持。这些电池到了一定的使用寿命(其电压低于允许值)时,就会产生电池故障报警,应当及时予以更换,否则就容易丢失机床参数数据。更换电池应该在机床通电状态下进行,以确保系统数据不会丢失。

　　2.键盘故障

　　在用键盘输入程序时,如果出现字符不能输入或不能消除、程序不能复位、屏幕显示不能更换页面等故障,应考虑有关按键是否接触良好。若修复或更换键盘仍不见成效,或者所有按键都不起作用,可进一步检查有关的接口电路和连接电缆状况,对症处理。

　　3.熔丝故障

　　控制系统内部的熔丝烧断故障多出现于对控制系统进行测量时的误操作,或机床刚性碰撞等意外事故中。维修人员要熟悉各熔丝的保护范围,发生问题时应能及时查出最终根源,确认最终根源已经排除之后,方可更换熔丝。

　　4.控制系统的"NOT READY"故障

　　(1)首先检查 CRT 显示面板上是否有故障指示灯闪亮或故障信息提示,按故障信息目录的提示予以解决。

　　(2)检查伺服系统电源装置是否有熔丝断、断路器跳闸等问题,若合闸或更换熔丝后断路器再次跳闸,应检查电源部分是否有问题;检查是否存在电动机过热、大功率晶体管组件过电流等故障而使监控电路起作用;检查控制系统各电路板上是否有故障灯显示。

　　(3)检查控制系统所需的交流电源、直流电源的电压值是否正常。若电压不正常,也可

能造成逻辑混乱,引起"NOT READY"故障。

**5.伺服超差**

所谓伺服超差,是指机床的实际进给值与指令值之差超过所允许的限定值,此类问题应做如下检查:检查数控系统设置的允许伺服偏差是否太小;检查 CNC 控制系统与驱动放大模块之间、CNC 控制系统与位置检测器之间、驱动放大器与伺服电机之间的连线是否正确可靠;检查位置检测器的信号及相关的 D/A 转换电路是否有问题;检查驱动放大器输出电压是否有问题;检查电动机轴与传动机械之间的配合是否良好,是否有松动或间隙存在;检查位置增益是否符合要求,必要时可对有关的电位器进行调整。

**6.机床停止时,有关进给轴发生振动**

此类问题应做如下检查:检查高频脉冲信号,观察其波形及波幅,若不符合要求应调节有关电位器;检查伺服放大器速度环的补偿功能,若不合适则应调节补偿电位器;检查位置检测装置编码盘的轴、联轴节、传动轮系是否啮合良好,有无松动现象,必要时应予以修复。

**7.机床运行时声音不正常,有抖动现象**

此类问题应做如下检查:首先检查测速电机换向器表面是否光滑、清洁,电刷与换向器接触是否良好,因为问题往往出现在这里,若有问题应及时进行清理或修整;检查伺服放大部分速度环节的功能,若不合适应予以调整;检查伺服放大器的位置增益,若有问题应调节有关电位器;检查位置检测器与联轴节之间的装配连接是否松动;检查由位置检测器来的反馈信号的波形及 D/A 转换后的波形幅度,若有问题应进行修理或更换。

**8.飞车现象(通常所说的"失控")**

此类问题应做如下检查:检查位置传感器或速度传感器的信号是否反相,是否因电枢线接反了,即整个系统不是负反馈而变成正反馈了;检查速度指令是否给定不正确:检查位置传感器或速度传感器的反馈信号是否有接线断开情况;检查 CNC 控制系统或伺服控制板是否有逻辑故障;⑤检查是否有电源板故障引起的逻辑混乱。

**9.所有各轴均不运动**

此类问题应做如下检查:检查用户的保护性操作(如急停按钮、制动装置等)是否没有复位,有关运动的相应开关是否正确;检查主电源熔丝是否已经熔断;是否由于过载保护断路器发生动作或监控用继电器的触点未接触好,呈现常开状态而使伺服放大部分的信号无法发出。

**10.电动机过热**

此类问题应做如下检查:是否滑板运行时的摩擦力或阻力太大;是否因电流设定错误而导致热保护继电器脱扣;当励磁电流太低或永磁式电机失磁时,为获得所需力矩也可引起电枢电流增高而使电动机发热;切削条件不良,切削力太大,引起电动机电流增高;制动装置没有充分释放,出现运动卡阻使电动机过载;由于齿轮传动系统的损坏或传感器有问题,也可使电机过热;电动机内部因匝间短路而引起的过热;采用风扇冷却时,电动机的风扇损坏也可使电动机过热。

# 思考题与习题

8-1 数控机床的日常保养有什么重要意义?应当如何做好数控机床的日常维护和定

期保养工作?

8-2 数控机床故障诊断的目的和基本原则是什么?

8-3 数控系统常用的故障诊断方法主要有哪些?

8-4 数控机床的自诊断功能主要包括哪些内容?

8-5 数控机床伺服驱动系统的常见故障有哪些?

8-6 数控机床输入/输出故障的表现形式有哪些?

8-7 数控机床机械部分的常见故障有哪些?

8-8 数控机床运行中主轴发热的原因是什么?如何排除此类故障?

8-9 加工中心机床的刀柄从机械手中脱落,可能是什么原因?

8-10 FANUC-7CM系统控制的数控机床,出现Y轴异常,并产生37号报警。查维修手册,37号报警内容为:Y轴位置控制偏移过大。产生原因:伺服电机电源断线;位置检测器和伺服电机之间的连接松动。该机床伺服系统连接如图8-2所示,试用合适的方法确定故障部位。

图8-2 伺服系统连接图

8-11 数控机床在加工过程中主轴的切削振动很大,可能是机床的什么部位出了故障,应该如何排除?

8-12 有一台配置FANUC-0I系统的加工中心在切断电源后发生升降台突然下滑的现象,试分析产生故障的可能原因,并提出有效的处理措施。

# 参考文献

[1] 吴祖育.数控机床.上海:上海科学技术出版社,1995

[2] 毕承思.现代数控机床.北京:机械工业出版社,1991

[3] 廖效果.数控技术.武汉:湖北科学技术出版社,2000

[4] 林其骏.数控技术及应用.北京:机械工业出版社,2001

[5] 李宏胜.机床数控技术与应用.北京:高等教育出版社,2001

[6] 王侃夫.数控机床控制技术与系统.北京:机械工业出版社,2002

[7] 杜君文.数控技术.天津:天津大学出版社,2002

[8] 王仁德,赵春雨,张耀满.机床数控技术.沈阳:东北大学出版社,2002

[9] 顾京.数控加工编程及操作.北京:高等教育出版社,2003

[10] 刘战术,窦凯.数控机床及其维护.北京:人民邮电出版社,2005

[11] 徐衡.数控机床维修.沈阳:沈阳科学技术出版社,2005

[12] 任玉田.新编机床数控技术.北京:北京理工大学出版社,2005

[13] 朱晓春.数控技术.北京:机械工业出版社,2001

[14] 刘书华.数控机床与编程.北京:机械工业出版社,2001

[15] 杨有君.数字控制技术与数控机床.北京:机械工业出版社,2002

[16] 毕毓杰.数控技术.北京:机械工业出版社,2004

[17] 朱正伟.数控机床机械系统.北京:中国劳动社会保障出版社,2004

[18] 何玉安.数控技术及其应用.北京:机械工业出版社,2004

[19] 王平.数控机床与编程实用教程.北京:化学工业出版社,2001

[20] 韩鸿鸾,张秀玲.数控加工技师手册.北京:机械工业出版社,2006

[21] 王贵明.数控实用技术.北京:机械工业出版社,2001

[22] 陈蔚芳,王宏涛.机床数控技术及应用.北京:科学出版社,2005

[23] 李占军.数控编程.第2版.北京:机械工业出版社,2007

[24] 马宏伟.数控技术.北京:电子工业出版社,2010

[25] 李伟,魏国丰.数控技术.北京:中国电力出版社,2011

[26] 宁立伟.机床数控技术.北京:高等教育出版社,2010

[27] 林宋,张超英.现代数控机床.第2版.北京:化学工业出版社,2011

[28] 陈子银.数控机床结构、原理与应用.第2版.北京:北京理工大学出版社,2009

[29] 周文玉,杜国臣.数控加工技术.北京:高等教育出版社,2010

[30] 方新.数控机床与编程.北京:高等教育出版社,2007

[31] 彭美武.计算机数控技术.北京:化学工业出版社,2011

[32] 余英良.数控机床加工技术.北京:高等教育出版社,2007